JN296123

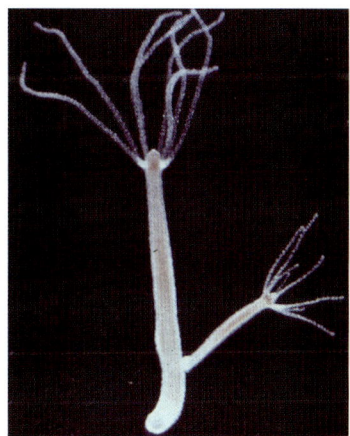

口絵1　ヒドラ　→p.23

口絵2　センチュウ（*C. elegans*）　→p.58

口絵3　アメフラシ　→p.74

口絵4　昼行性のハエトリグモ，昼夜行性のコガネグモおよび夜行性のオニグモ
　　　ハエトリグモ（左）の正面には巨大な前中眼がみえている．コガネグモ（中央）は昼夜にわたって円網の中央部で下向きにとまっているが，オニグモ（右）は朝になると網をたたみ，写真下のように物陰で固まってしまう．→p.131

口絵5　棘皮動物門の仲間
左：ウミユリ綱トリノアシ，中央上：ヒトデ綱モミジガイ（口側面），中央下：クモヒトデ綱ジュズクモヒトデ（反口側面），右上：ウニ綱バフンウニ（裸殻の反口面），右下：ナマコ綱クリイロナマコ．→p.146

口絵7　ウシガエル　→p.222

口絵6　実験に用いたおもな魚種
上からゴンズイ（*Plotosus japonicus*），オジサン（*Parupeneus trifasciatus*，ヒメジの仲間），コイ（*Cyprinus carpio*）．
写真提供：本村浩之博士．→p.193

動物の多様な生き方 5

さまざまな神経系をもつ動物たち

神経系の比較生物学

日本比較生理生化学会 編
担当編集委員:小泉 修

共立出版

執筆者一覧（担当章）

小泉　　修（序章，第2章）福岡女子大学人間環境学部
洲崎　敏伸（第1章）神戸大学理学研究科生物学専攻
織井　秀文（第3章）兵庫県立大学大学院生命理学研究科
松浦　哲也（第4章）岩手大学数理基礎科学系
黒川　　信（第5章）首都大学東京大学院理工学研究科
南方　宏之（第6章）（財）サントリー生物有機科学研究所
山岸　　宏（第7章）筑波大学大学院生命環境科学研究科
山下　茂樹（第8章）九州大学大学院芸術工学研究院
本川　達雄（第9章）東京工業大学大学院生命理工学研究科
日下部岳広（第10章）甲南大学理工学部生物学科
清原　貞夫（第11章）鹿児島大学大学院理工学研究科
桐野　正人（第11章）鹿児島大学教育センター
中川　秀樹（第12章）九州工業大学大学院生命体工学研究科

■ ■ ■ ■ ■

日本比較生理生化学会出版企画委員会
小泉　修・酒井正樹・曽我部正博・寺北明久・吉村建二郎

動物の多様な生き方
刊行にあたって

　私たちにとってかけがえのないこの地球上には，動物・植物などさまざまな生物が生きている．これらはそれぞれ姿，形も大きさも違い，また，生きる場所も色々に違うように，さまざまな仕方で命の営みを行っている．このように生物の営みは，多様性に満ちている．

　また，これらの生物はお互いに色々な形でかかわりあっている．地球上で大繁栄している昆虫類（現在同定されている全動物種の7〜8割は昆虫が占めている）は，蜜を得る代わりに受粉を助け，花をつける植物とともに栄えてきた．海の動物たちに貴重な生育場所を与えるサンゴは，共生する藻類が光合成でつくりだすエネルギーをもらっている．多くの哺乳類は植物に依存して命をつないでいるが，同時に彼らは肉食哺乳類の糧となっている．

　このように，地球上の生物はそれぞれに棲み分けて，お互いに他とかかわり合い，広い意味で共存しながらそれぞれの命を長らえている．これが生物の本質であり，この共存は生物の理解にとって欠かせない視点である．

　一方，これらの生き物を対象にする新しい生命科学は20世紀なかばに勃興した分子生物学を基盤に急速な発展を遂げてきた．その進歩はとどまることなくむしろ加速している．生命科学のすべての分野で，今日この時点でも，研究者たちは興奮に満ちた日々のまっただなかにいる．

　このような生命科学の発展に，大腸菌，ウイルス，ショウジョウバエ，線虫，ゼブラフィッシュ，マウスなど，いわゆるモデル生物とよばれる特殊な生物が果たした役割は大きい．しかし，生命現象の理解にモデル生物による研究だけでは不十分で，多様性の視点が大切であることが認識されはじめている．

　日本比較生理生化学会は，対象動物を用いて，異なる研究手法で，異なる階層（遺伝子，分子から細胞・個体・社会のレベルまで）で動物の示す生理現象を研究している人びとの集まりである．その結果，同じ生命現象を扱っても得

られる研究結果は多様なものになる．共通性がみえてくると同時に，独自性もみえてくる．比較することは特定の生物現象をより多くの視点から眺めることができ，理解を深めることができる．さらには，今あるしくみの理解のみにとどまらず，どのようにして現在の姿になったかという系統進化的な観点から眺めることも可能にする．そのようにして生物学はますますおもしろくなる．

　私たちには，こうした比較生物学のおもしろさをぜひともより多くの方々に知っていただきたいという強い願いがあった．またそうすることが，学会の社会的責務でもあり，本学会の理解と信頼を得る道であると考えてきた．

　その結果が，本学会の総力を結集して取り組んだ今回の全5巻シリーズ「動物の多様な生き方」である．日本比較生理生化学のカバーする領域は広範であるが，本学会は特に「神経系」の研究に携わる多数の研究者を擁し，世界のこの分野の研究をリードしている．そのことを反映して，本シリーズでは「光と動物のかかわり」，「昆虫の行動の神経生物学」，「動物の運動」，「動物の学習」，「神経系と行動」など本学会が得意にする分野について，動物の生理現象の多様性のおもしろさが詰め込まれたものになっている．

　読者の方々がこのシリーズ「動物の多様な生き方」を読まれ，動物がもつ驚くべき能力，適応の巧みさ，そして多様性のすごさを実感していただければ幸いである．

2009年2月吉日

日本比較生理生化学会出版企画委員会
小泉 修・酒井正樹・曽我部正博・寺北明久・吉村建二郎

■■ 序 文 ■■

　世の中に，電卓からスーパーコンピュータまでさまざまな計算機があると同様に，動物界にも，さまざまな生体コンピュータが存在する．動物の神経系は，コンピュータと同様に 0 か 1 かのデジタル電気信号を使って生体マシンを動かし，巧妙な動物行動をひき起こす．その神経系も多様性に満ちている．

　地球上の繁栄した動物群には，背側に位置する神経系をもつ背側神経系動物（ノトニューラリア）と，腹側に位置する神経系をもつ腹側神経系動物（ガストロニューラリア）がある．前者は，神経管から発生する神経系をもち，脊髄をもつ脊椎動物群である．哺乳類の巨大脳は，その頂点である．後者は，腹側の神経上皮から発生した神経系をもち，腹側神経索の発達による腹髄をもつ前口動物の無脊椎動物群である．この頂点は，昆虫（節足動物）の微小脳とタコ・イカなど頭足類の巨大脳である．

　また，これらの優れた神経系の出現の前には，神経細胞・神経系が始めて出現した刺胞動物（ヒドラ，イソギンチャク，クラゲ）の散在神経系があり，次に中枢神経系が始めて出現したプラナリアなどの扁形動物のかご状神経系がある．また，環形動物は，典型的なはしご状神経系をもつ．さらに，棘皮動物（ヒトデ，ウニ，ナマコ）や半索動物（ギボシムシ）は，特徴的な放射状神経系をもち，その次の脊椎動物につながる原索動物（ホヤ）や原索動物（ナメクジウオ）などでは，背側神経管が出現し，背側神経索をもち，これが，脊椎動物の管状神経系につながる．

　本書では，このようなさまざまな神経系をもつ動物について，その神経系と行動について解説する．本書には，ゾウリムシ，ヤコウチュウ，アメーバ（原生動物），ヒドラ（刺胞動物），プラナリア（扁形動物），線虫（線形動物），アメフラシ，タコ（軟体動物），フナムシ，ロブスター，シャコ，ハエ，バッタ，クモ（節足動物），ヒトデ，ウニ，ナマコ（棘皮動物），ホヤ，ゴンズイ，ヒメ

ジ，コイ，ナマズ，ウシガエル，ハト，ウサギ，（脊索動物）など，登場する動物は多種多様である．これらのさまざまな神経系とそれによってもたらされる行動について，さまざまな物語が展開していく．

　神経系研究は，神経系のさまざまな側面を明らかにする．研究内容にはその形態（神経解剖学），機能（神経生理学，行動生理学，神経行動学），回路網形成（発生神経生物学）などを含み，また，研究対象の生物階層は，遺伝子・分子のレベルから，細胞，神経系，個体，社会のレベルまでさまざまである．まず，個々の神経系でこれらのことが明らかにならなければならない．このような神経系のさまざまな側面について，本書の筆者らはそれぞれの動物について解説する．そこには，膨大かつ多様な関係があることを実感いただけるであろう．

　それらを系統樹の順に並べて比較してみると，いよいよ神経系全体についての理解が始まる．形態と機能の関連が明らかになり，各神経系どうしのつながりがみえてくる．単なる個々の神経系の作動原理の理解のみにとどまらず，そのしくみがどのようにして現在のようになったのか？　どうして今のものが選ばれたのか？　という疑問にも考えが及ぶようになる．その答えは，個々の神経系の理解をも格段に深めるだろう．このような比較神経生物学による神経系の系統進化的理解は，神経系の起源と進化についてもさらなる視点を与えてくれる．

　この『さまざまな神経系をもつ動物たち：神経系の比較生物学』と題した本書で，読者の方々がこのような壮大な神経系の歴史に思いをはせていただければ，幸いである．

　最後に，本巻を出版するにあたり，共立出版の信沢孝一，松本和花子両氏にはたいへんお世話になった．この場を借りてお礼申し上げる．

2009 年 5 月

担当編集委員：小泉　修

目　次

0　序章 ── 神経系の多様性　　1
1. 神経系の構成　　1
2. 多様な神経系　　2
3. 多様な神経系出現の道筋　　4
4. 進化の連続性　　5
5. 比較神経生物学の意義　　6
6. 神経系研究　　7

1　単細胞生物の行動制御　　9
1. 原生生物における細胞膜の電気的興奮と細胞の反応　　10
2. 原生生物の化学的細胞間相互作用　　13

2　ヒドラの散在神経系とその驚異の行動能力　　22
1. ヒドラの神経系　　23
2. ヒドラの摂食行動　　26
3. ヒドラの学習機能：慣れ　　30
4. ヒドラと哺乳類の自律機能　　33
5. ヒドラの神経環　　36

3　プラナリアの神経系と行動能力　　42
1. プラナリアの神経系　　43
2. プラナリアの概日リズム　　49

4 線虫の神経系と行動　　56

1. 線虫の生活環と神経系の完成　　*57*
2. 線虫の神経系　　*59*
3. 線虫の反射的行動　　*61*
4. 行動の柔軟性　　*65*
5. 線虫のコミュニケーション　　*69*

5 アメフラシ類の神経系と行動能力　　73

1. 中枢神経系　　*74*
2. リズミカルな定型行動　　*76*
3. 防御行動　　*79*
4. 伸縮する神経とその神経支配　　*86*
5. 広い神経支配領域をもつニューロン　　*88*

6 頭足類巨大脳とその行動を制御する脳ホルモン　　91

1. 頭足類巨大脳　　*92*
2. 心臓血管系　　*96*
3. 生殖制御系　　*98*
4. 多機能性脳ペプチドホルモン　　*105*

7 心臓を拍動させるシンプルな神経節　　110

1. 異なる心臓ペースメーカー　　*111*
2. 心臓を拍動させる神経節　　*111*
3. 2つの心臓ペースメーカー —— フナムシの心臓　　*117*
4. 単一の心臓ニューロン —— ウミホタルの心臓　　*123*
5. 甲殻類の筋原性心臓 —— アメリカカブトエビの心臓　　*124*
6. 心臓神経節の系統的発達　　*126*

8 クモの視覚 — 130

1. 前側眼と後側眼による運動検知 — 132
2. 高等な視覚機能をもつ前中眼 — 134
3. コガネグモとオニグモの色覚 — 141
4. ハエトリグモの後中眼 — 142

9 棘皮動物の変わった神経系と運動系 — 145

1. 神経系の構成 — 148
2. 体腔上皮や結合組織の中にも神経が存在する — 150
3. 硬さ可変結合組織 — 152
4. ウミユリの収縮性結合組織 — 156
5. 神経系各論 — 157
6. 棘皮動物神経系のユニークさ — 161

10 ホヤの神経系と行動 — 168

1. ホヤの生活史と多様性 — 169
2. ホヤ幼生の遊泳行動 — 170
3. ホヤ幼生の脳神経系と感覚器官 — 171
4. ホヤ成体の神経系と行動制御 — 187

11 魚の味覚と摂餌行動 — 192

1. 味蕾の構造 — 193
2. 味蕾の分布 — 195
3. 味蕾の神経支配 — 197
4. 第1次味覚ニューロンの形態と機能 — 202
5. 顔面味覚系と舌咽・迷走味覚系の役割 — 204
6. 第1次味覚中枢の構造と機能 — 204
7. ナマズ,ヒメジ,キンギョの味覚を介する摂餌行動の神経機構 — 210

12 動物はどうやって衝突をさけるのか？　216
   1. 脊椎動物と無脊椎動物の神経細胞と神経系　*217*
   2. さまざまな動物で共通する衝突回避行動戦略　*219*
   3. 衝突回避行動の神経機構　*225*

索引　235
   Key Word 索引　*239*

---

column　コラム

ハエの摂食制御　*28*
切っても再生するプラナリアの不思議　*50*
世界と日本のアメフラシ類　*78*
イカの右利きと左利き　*94*
タコの利き目，利き腕　*99*
タコの観察学習　*103*
イカの鏡タッチ行動　*104*
脳内光感受性細胞　*135*
ホヤとナメクジウオはどちらが脊椎動物に近いか？　*173*
大脳・中脳・後脳の起源　*178*
神経堤細胞と頭部プラコード　*184*
等速度で接近する物体との衝突までの残り時間を網膜像のみから知ることができる　*221*

0　序章 —— 神経系の多様性

小泉　修

1　神経系の構成

　動物はさまざまな驚異の行動をとる．サケやマスは，数年の大回遊ののち，産卵のために必ず自分の生まれ故郷の川に戻る．そのときは，川の匂いを手がかりに間違いなく戻ることができる．サンゴやゴカイは，ある特定の日に一斉産卵を行う．そのとき海は乱痴気騒ぎになる．ミツバチは蜜と花粉を集めたのち，空間の1点にしかすぎない自分の巣に間違いなく帰ると同時に，8の字ダンスで仲間に自分がどこから餌をとってきたかを知らせることができる．

　私たちヒトは，音声を発し音声を聞くという聴覚的な刺激でコミュニケーションすることができるし，文字を見て文字を書くという視覚的な刺激でもコミュニケーションすることができる．

　これらはすべて神経系が行う機能である．**図1**でその神経系の構成を示した．神経系は，外界の刺激を受けとって神経情報（電気信号）に変える**受容器**（receptor, 耳・眼などの感覚器）と，その情報が投影される**中枢神経系**（central nervous system：CNS, 脳）と，中枢神経系からの神経情報によって反応を行う**効果器**（effector, 筋肉がよく知られている）からなる．そして，受容器と中枢神経系を結ぶものが求心神経で，中枢神経系と効果器を結ぶものが遠心神経である．同時に，中枢神経系はさまざまな情報（**図1**の外部要因や内部

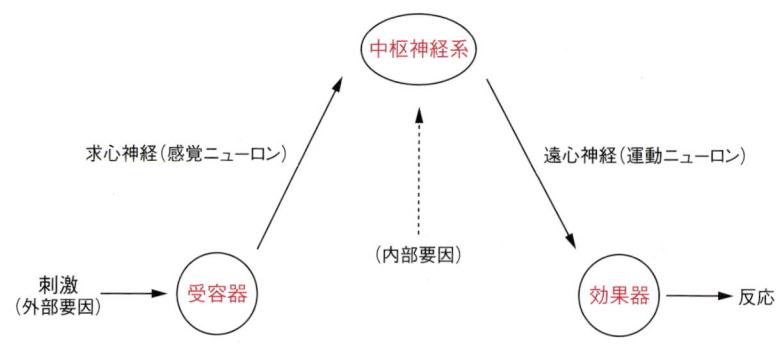

図1 神経系の構成

要因などの感覚入力）を受けとって統合し，反応の制御を行っている．

　神経系を形づくる細胞はニューロン（neuron：神経細胞）とよばれ，求心神経は**感覚ニューロン**（sensory neuron），遠心神経は**運動ニューロン**（motor neuron），中枢神経系内は**介在ニューロン**（interneuron）からなっている．このニューロンの形はさまざまであるが，軸索とよばれる1本の長い神経繊維が特徴で，これが電気信号を伝える（電気伝導）．軸索の末端（神経終末）は，次の神経細胞（や筋肉細胞）の細胞体か，短い神経繊維である樹状突起に接し，**シナプス**とよばれる構造をつくる．ここでは化学物質を使った情報の伝達が行われ（化学伝達），その化学物質のことを**神経伝達物質**（neurotransmitter），あるいは化学伝達物質とよぶ．神経伝達物質には，コリン類（アセチルコリン），アミン類（アミノ基を1つもつ分子群：ノルアドレナリン，セロトニンなど），アミノ酸類［アミノ基とカルボキシル基を1つもつ分子群：ガンマアミノ酪酸（GABA），グルタミン酸，グリシンなど］，神経ペプチド類（アミノ酸が複数個ペプチド結合した分子群：種類多数）などが知られている．

2 多様な神経系

　図2には，神経系の系統樹が描かれている．世の中には電卓からスーパーコンピュータまでさまざまな計算機があるように，動物界にもさまざまな種類の生体コンピュータである神経系が存在している．後口動物は，背側に中枢神

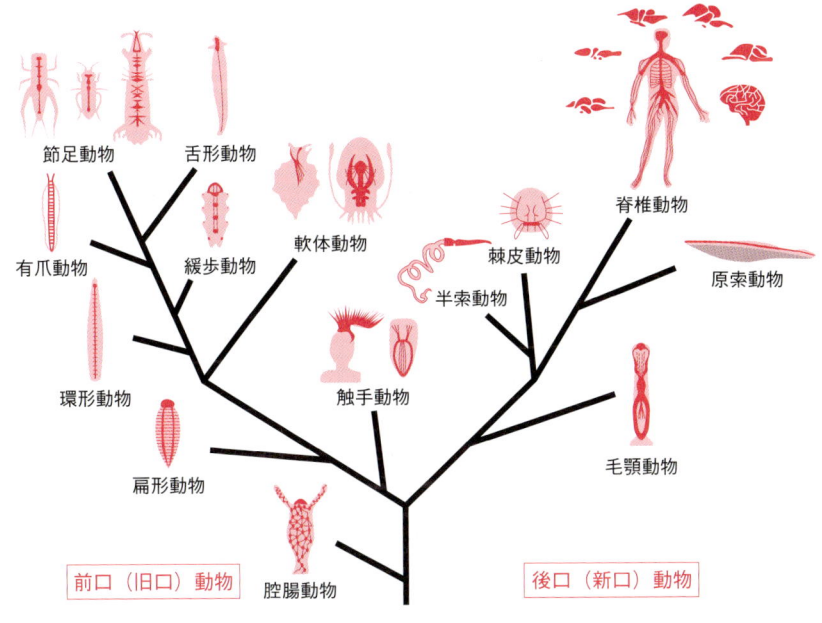

図2 動物の多様な神経系の系統樹
(Mizunami, M., 1999)より改変引用.

経系が走る**背側神経系**（脊髄）をもち，その頂点には巨大脳をもつ哺乳類がいる．これは神経管から中枢神経系が発生するので，**管状神経系**ともよばれている．

一方，前口動物は，腹側に中枢神経系が走る**腹側神経系**（腹髄）をもち，その頂点には軽量の微小脳をもつ昆虫類と，脊椎動物様巨大脳をもつ頭足類（軟体動物，イカ，タコの仲間）がいる．これらの環形動物や節足動物などの神経系は神経節の配列が典型的なはしご状をしているので，**はしご状神経系**とよばれている．軟体動物の神経系は一見はしご状ではないが，原型ははしご状の神経系が変形したものと考えられている．

プラナリアなどの扁形動物の神経系は，かご状神経系，棘皮動物の神経系は放射状神経系，腔腸動物の神経系は**散在神経系**とよばれる，それぞれ特徴ある神経系である．散在神経系は，体中に網目状の神経網が走り，脳や神経節をもたない単純な神経系である．

3 多様な神経系出現の道筋

　動物の進化から考えると，原核単細胞生物から真核単細胞生物，無胚葉性多細胞動物，二胚葉性多細胞動物，三胚葉性多細胞動物の順に進んできたことは間違いないであろう．神経系にとって最初の特殊化した細胞，神経細胞が現れるのは，二胚葉性多細胞生物である腔腸動物の刺胞動物門においてである．無胚葉性多細胞動物である海綿動物門では，まだ神経細胞はみられず個体性も明確でない．その次の刺胞動物門において，初めて個体性のはっきりした多細胞動物になり，最初の神経細胞が現れるとともに神経系も明確に観察される．

　神経系が地球上に現れて多様に変貌を遂げていった，壮大な起源と進化の歴史を考えてみると，3つのエポックメイキングな（画期的な）出来事が想像される．それは，①腔腸動物における神経細胞，神経系の出現，②下等三胚葉性の無脊椎動物における中枢神経系の出現である．前口動物の神経系の進化の道筋は扁形動物などにみられる中枢神経系の出現に始まり，最終的に軟体動物頭足類のイカ，タコの巨大脳と節足動物昆虫の微小脳にたどり着く．一方，後口動物の神経系の進化の道筋は，棘皮動物における感覚器と効果器をつなぐ介在神経系の発達に始まる．さらに，それが背側神経系動物に結びつくためには，③頭索類（ナメクジウオ）における神経管の出現が必要となる．その出来事が，脊椎動物の管状神経系の出現へと続き，神経系の1つの頂点，哺乳類の脳にたどり着く．②の出来事は腹側神経系動物の繁栄をもたらし，③の出来事は背側神経系動物の繁栄をもたらしたと考えられる．

　もう少し詳細に神経系の進化をみてみよう．集中神経系の始まりとして，左右相称動物の根元に位置する扁形動物のプラナリアでは，脳形成の遺伝子プログラムはすでにそろっていて，脳の基本となる構造をつくるためのロジックは進化のかなり初期段階でできあがっていたのでないかと思われる．

　最近の分子系統学の進歩により，前口動物は従来のものとはまったく異なる二大グループに分けられて考えられるようになっている．それが，脱皮動物と冠輪動物である．冠輪動物のほうは軟体動物・環形動物・腕足動物・扁形動物などを含み，脱皮動物のほうは節足動物・線形動物を含む．従来の，はしご状神経系が環形動物から節足動物へ進化したという考えは，変更が必要かもしれ

ない.前口動物の一大グループである冠輪動物の多様な神経系は,イカやタコなどの頭足類のすばらしい脊椎動物様の巨大脳にたどり着く.

前口動物の脳進化のもう1つの頂点は,地球上で最も繁栄している動物群,昆虫類のもつ微小脳である.これは「小型・軽量・低コストの情報処理装置の傑作」である.

一方,後口動物の神経系の進化は,まず,ウニ,ナマコ,ヒトデなどの無脊椎動物,棘皮動物から始まる.この神経系からは,原始的な中枢制御機能をもつ介在神経系が出現する.

系統樹では,この棘皮動物門は,半索動物門(ギボシムシ)を経て脊索動物門の尾索類(ホヤ),頭索類(ナメクジウオ),脊椎動物と続く(最近の研究から,脊椎動物の祖先はホヤ(尾索類)ではなくナメクジウオ(頭索類)だといわれている).頂点の脊椎動物の背側神経系の起源になる背側神経管の出現は,ナメクジウオ(頭索類)やホヤ(尾索類)の幼生で観察される.最終的には哺乳類,さらには私たちヒトの脳にたどり着く.

4 進化の連続性

しかしこれらの神経系の進化にとって3つのエポックメイキングな(画期的な)出来事も,よくみるとその前の動物群においてその萌芽がみられる.

①の「神経細胞の出現」は二胚葉性多細胞動物になってからであるが,神経細胞をもたない単細胞動物においてもすでに神経細胞と同様の機能がみられる.原生動物であるゾウリムシが物体に衝突して方向変換する行動や,捕食者に襲われて遊泳速度を速めて逃避する行動は,細胞内の生体電位(静止電位,活動電位,受容器電位)を利用してひき起こされることが判明している.

②の三胚葉動物における「中枢神経系の出現」にしても,すでにその前の二胚葉動物の刺胞動物門にその萌芽がみられる.刺胞動物門のクラゲにおいては神経環が知られ,これは眼点とよばれる複数の光受容組織に含まれる小さな神経節どうしをつなぎ,光の感覚入力とほかの神経情報を統合する機能をもつ.これは,散在神経系にも萌芽的な中枢神経系がみられることを意味している.

③の頭索類,尾索類における「神経管の出現」についても,その起源を棘

皮動物（ウニやナマコ）や半索動物（ギボシムシ）に求める試みが行われ，ナマコやギボシムシの遊泳幼生の繊毛帯に存在する幼生神経系に神経管の起源を謎解くヒントが隠されていることが，遺伝子レベルで報告されている．

このように，神経系の重要な新しい形質の出現も突然現れたのではなく，そのような出現のためには，継続的で連続的な息の長い変化が必要であることがうかがえる．現存の神経系を比較するだけでもそのような事情がうかがえることは驚きである．なぜなら，90％の生命が絶滅したといわれる古生代と中生代の境目の大絶滅や，中生代と新生代の境目で起こった恐竜などの大型動植物の大絶滅をはじめとして，生命の歴史は多くの種が現れては消えていった絶滅の歴史で，わずかに残った生物が適応放散して多様な生物が現存しているとの考えが一般的である．そのような氷山の一角とも思われる現存の生物の神経系の比較からでも，エポックメイキングな（画期的な）形質の出現に連続性がうかがえるからである．

5 比較神経生物学の意義

これまで，腹側神経系と背側神経系はまったくタイプの異なる神経系であると思われていたが，近年のホメオティック遺伝子の発現比較により，両者は共通の設計原理により形成されている可能性が出てきた．遺伝子発現解析の結果，脊椎動物の背側が昆虫や環形動物の腹側（逆に脊椎動物の腹側は昆虫の背側）に相当するだけで，そこには共通のメカニズムがはたらいていたのである．遺伝子レベルでみると，多様な神経系の裏に，たくさんの共通メカニズムが存在することもまた真実である．

しかし同時に，おのおのの神経系はそれぞれの動物が生きるために選択したものであるから，すみ分けのためにも，動物の種の数に匹敵するほどに多様であろう．まさに，さまざまな形の，いろいろな大きさの，さまざまな色の動物がいるほどに，神経系は多様である．

この本にさまざまな動物が登場するほどに，生物界には非常に多様な神経系が存在する．神経系の多様な構造に対応し，それぞれに機能の違いがあるであろう．それらの理解と，それぞれにおける神経系の位置づけの理解は，個々の

神経系を深く理解しようとするときにも非常に役立つと思われる．それぞれの神経系がどのような一般性と独自性をもつかを知ることは，その神経系の理解にとって必須のことである．

さらに，研究対象の神経系がどのように機能しているかという問いと同時に，それが，なぜ・どのようにしてそのような機能・戦略・機構をもつに至ったかという疑問に対する答えをもつことは，神経系に対する理解を格段に深めるであろう．そのためには多様な神経系を比較検討し，神経系の進化の過程までを考察することが必要である．

ここに，比較神経生物学と神経系の系統進化学の意義があると思う．私たちがヒトについて考えるとき，その生物学的性質は哺乳類と類似の点が多い．しかし，脳機能の飛躍的発達によって，私たちヒトは特別な生物的存在になっている．このヒトの神経系の特異性は，ほかの神経系との比較によって浮き上がってくるし，また，それがどのようにして出現したのかの問いに対する答えなしには，本当の理解には至らないことと思う．

6 神経系研究

さらに，神経系や脳の理解のためには，神経回路の作動原理を探る神経生理学的研究とともに，それを可能にする神経解剖学と，それを形成するしくみを知る発生神経生物学の理解が必要である．また，この構造・機能・発生の軸は，分子・神経細胞・神経組織・器官の各階層を貫いていて，さらにそれに進化の軸が加わる．それらのすべての側面について，すべてのレベルで総合的に攻めてはじめて神経系の本当の理解ができることと思う．細胞レベルの系と，神経細胞どうしが神経情報による相互作用をする系ではまったく異なる法則が現れてくるように，細胞レベルから分子レベルへの還元的な思考も，さらに上のレベルへの統合的な思考も，両方・同時に必要である．

参考文献

日本動物学会 監修,阿形清和・小泉 修 編(2007)『神経系の多様性：その起源と進化』,21世紀の動物科学 7,培風館

Mizunami, M., *et al.*(1999)Exploration into the adaptive design of the arthropod "microbrain". *Zool. Sci.*, **16**, 703-709

1 単細胞生物の行動制御

洲崎敏伸

> 原生生物は単細胞の生物であるから，もちろん神経系などは存在しない．しかし，原生生物は，同種の細胞間あるいはほかの生物に対してさまざまな相互作用を行いながら生きているし，その過程で細胞膜の興奮性を利用するものも多い．ここでは，原生生物が周囲の生き物を相手に，どのような「会話」をしているのかを考えてみたい．たとえば，捕食性の原生生物にみられる自己・非自己の認識とファゴサイトーシス（食作用）の誘導，繊毛虫の接合反応，シスト（体表に堅固な膜を分泌して一時的な休止状態にある状態）形成の誘導，外敵からの防御機構など，近接する細胞間での相互作用が原生生物の基本的な生命活動に重要な役割を果たしている事例は多い．これらの現象は，多細胞生物における生体防御機構や情報伝達機構の原始系とみなすこともできるだろう．

はじめに

　原生生物は基本的に単一の細胞として生活しているが，ときと場合に応じてほかの個体と相互作用を示すことがある．おそらくすべての原生生物種において，少なくとも生活環のある特定の時期においては，何らかの細胞間相互作用が重要な役割を果たしている．いうまでもなく，単細胞生物の示す細胞の相互作用は，多細胞生物の細胞間相互作用の原始系である．単細胞生物が多細胞生

物へと進化した道筋を考えるうえでも，多細胞生物にみられる複雑な細胞間相互作用の基本形を考察するうえでも，原生生物の細胞認識と相互作用は興味深い問題である．

　原生生物は単細胞生物であるから，神経もなければシナプスもない．しかし，原生生物の細胞は，多細胞生物と同様な興奮性の細胞膜を利用して，さまざまな細胞活動を可能にしている．原生生物は細胞の形態や行動パターンが実に多様であり，外界に対して鋭敏な反応性を示すものも多い．そして，原生生物の示す外的刺激に対する反応性は，多くの場合，膜の興奮性を介して制御された，細胞の運動反応である．外的刺激がひき起こす細胞の運動反応に関しては，繊毛虫などの柄をもち基底面に付着している種の原生生物などで詳しく調べられてきた．特に繊毛虫においては，運動反応の制御にはカルシウムイオン（Ca^{2+}）が重要な役割を果たしていることが知られている[1,2]．

　一方，化学物質を介した細胞間相互作用も，いくつかの原生生物において知られている．それらは，同種の細胞に作用する情報化学物質であるが，基本的には多細胞生物の体内で行われているホルモンなどによる細胞間相互作用の基本形ととらえることができる．また，細胞内共生を行う種では，何らかの方法で細胞間の物質の移動が制御されている．このような場合にも，何らかの化学物質が介在している可能性が高い．さらに興味深いことに，近年いくつかの原生生物において，多細胞動植物のもつ細胞接着系や生体防御系に類似した分子システムが次々と見いだされており，これらの分子の構造と機能を通した真核生物の進化のプロセスが考えられはじめている[3]．

1 原生生物における細胞膜の電気的興奮と細胞の反応

1.1 ゾウリムシの繊毛逆転反応

　ゾウリムシ（*Paramecium* 属）の繊毛打の方向性は膜電位の変化によって制御されており，繊毛打の逆転は Ca^{2+} の一過性の流入に起因する活動電位の発生によることが示されている[4]．ゾウリムシが細胞の前端部を障害物に衝突したり，有害な化学物質に遭遇したような場合には，細胞の膜電位変化が生じる．すなわち，通常は $-20 \sim -50\ \mathrm{mV}$ で比較的安定した静止電位を有する細胞膜が，

脱分極（マイナスから0，またはプラス方向に変化する細胞内電位）の変化を生じる．それにより，繊毛の膜に存在する電位依存性のカルシウムチャネルが開き，Ca^{2+}依存的な活動電位が発生する．その結果繊毛内に流入したCa^{2+}は，繊毛運動の方向性を変化させ，ゾウリムシは後ろ向きに泳ぎ出す．一方，ゾウリムシの後端部に機械刺激が与えられた場合には，K^+依存性の過分極（マイナスの静止電位からさらにマイナス方向に変化する電位）応答が生じ，その結果ゾウリムシの前進遊泳が誘発される．同様の結果が，スティロニキア（*Stylonychia* 属）やユープロテス（*Euplotes* 属）でも報告されている．ラッパムシ（*Stentor* 属）の場合にも，先端部（口部）に機械刺激を与えると，膜の脱分極とそれに伴う細胞の収縮と繊毛の逆転運動が生じる．

1.2 ソライロラッパムシとブレファリズマの光応答反応

ソライロラッパムシ（*Stentor coeruleus*）は，暗い場所を好む繊毛虫である．ソライロラッパムシに強い光刺激を与えると，光強度の上昇に応じた運動の変化が生じる．すなわち，光刺激により繊毛打の逆転反応がひき起こされ，細胞の遊泳の方向性が一時的に逆転する．光刺激が強い場合には細胞の収縮もひき起こされることがある．ソライロラッパムシは，通常 $-45 \sim -60\,mV$ の静止膜電位をもっている．細胞に光刺激を与えると，約 0.5 秒の遅延時間をおいて，光強度に応じて膜の脱分極反応（光受容器電位）が生じる[5]．光強度が一定の値を上回ると，活動電位が生じる．活動電位が発生しない程度の膜電位変化では運動の変化，つまり光驚動反応を生じることはない．活動電位が発生した場合にのみ繊毛の逆転反応が生じる．

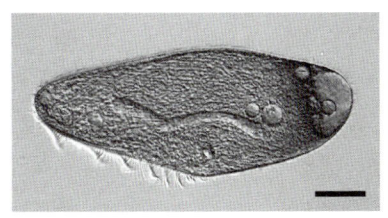

図1　ブレファリズマの光学顕微鏡写真
スケール：100 μm．

ソライロラッパムシに近縁のブレファリズマ（*Blepharisma* 属，図1）でも，似たような膜電位変化が生じる．静止膜電位は約 −40 mV であり，電流刺激を与えることにより活動電位が発生し，それにひきつづく繊毛打の逆転反応が生じる．しかし，ブレファリズマに特徴的な点は，膜の電位変化がソライロラッパムシでは認められないにもかかわらず遊泳速度の上昇をひき起こすことである．活動電位の発生にひきつづき，長く残る光受容体電位が数秒間認められる．この時間の間は繊毛の逆転反応が継続する．ソライロラッパムシでもブレファリズマでも，光刺激によって生じる活動電位は Ca^{2+} の細胞外からの流入に起因すると考えられている．

1.3 太陽虫アクチノコリンにおける柄の収縮

アクチノコリン（*Actinocoryne* 属）は海産の太陽虫で（**図2**），1本の柄をもち，底面に付着して生活している．柄は機械刺激を与えると急速に収縮し，細胞体を水底面にひき寄せる．収縮は，外液の Ca^{2+} に依存している．Ca^{2+} を含まない海水中では柄は収縮しないし，Ca^{2+} のチャネルブロッカー（イオンチャネルの特異的阻害剤）の存在下でも収縮が阻害される．この細胞は K^+ に依存した約 −80 mV の安定な静止膜電位をもつ．細胞膜は機械刺激に対応して興奮し，刺激の強度に依存した受容器電位を発生する[6]．受容器電位は，Na^+ 依存的である．活動電位は，Na^+ と Ca^{2+} の両者に依存している．

オオタイヨウチュウ（*Echinosphaerium* 属）では，外液の Ca^{2+} に依存した自発性の活動電位が報告されている[7]．この種の太陽虫では，細胞体から放射状に伸びている針状仮足（軸足）の自発的な収縮がときおり生じるので，活動

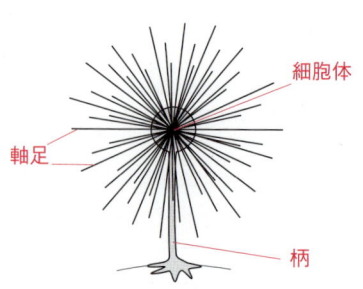

図2　アクチノコリンの細胞形態

電位はこのような仮足の収縮運動に関係している可能性が指摘されている．また，収縮胞の活動に伴い，細胞膜が過分極応答を示す．オオタイヨウチュウは細胞が近接すると自発的に細胞融合を起こし，複数の細胞が1つになることがある．細胞体の融合が生じる前には，軸足の先端のみを接触させて相手を確かめあう行動を示すが，この段階からすでに隣り合う細胞どうしの電気的カップリング（結合）が生じていることが報告されている．

1.4 ヤコウチュウの触手の運動

ヤコウチュウ（*Noctiluca miliaris*）は海産の渦鞭毛虫の一種である．細胞の表面には1本の触手があり，これを伸長・屈曲させて餌を捕獲している．ここでは，触手の運動に伴う一連の細胞膜の電位変化と活動電位の発生が報告されている．まず，細胞外液に面する細胞膜において Na^+ 依存性の脱分極性スパイク（一過性の電位変化，短時間で変化しもとに戻る）が発生し，それにひきつづくプラトー電位（一定の値が持続する電位）が維持される．その後，Cl^- 依存性の過分極性スパイクが発生し，長期間維持される過分極状態が続く．触手の運動には最初の脱分極性スパイクは関係しない．プラトー期に触手はゆっくりと屈曲し，過分極性スパイクに伴い屈曲運動の速度が急激に加速する．過分極状態で，触手はゆっくりと伸展する．

一方，ヤコウチュウが発光する際，発光現象に伴う触手の屈曲運動が生じることが知られている．発光現象と触手の屈曲運動は，細胞内に存在する液胞膜の H^+ 依存性の活動電位が発生することが引き金になっている．液胞の内部は低 pH に維持されているが，H^+ は活動電位が発生すると液胞内から細胞内へと移動し，生物化学発光をひき起こすとともに，触手の運動をひき起こす．

2 原生生物の化学的細胞間相互作用

多細胞生物においては，細胞は隣り合う細胞と密接に接着することや，細胞間で緊密な情報交換を行うことにより，細胞どうしの行動や細胞内反応を調和させ，個体としての複雑な機能を行っている．このような細胞間の接着や情報交換の基本形は，私たちの祖先がまだ単細胞生物だった時代にすでに備わって

おり，それらを利用することによって真核生物は多細胞化をなし遂げたのだろうと考えられている．たとえば，単細胞生物の特定のバクテリアや小型の原生生物を餌として正しく認識し，それらを捕獲するしくみは，多細胞動物の細胞間接着や生体防御系に類似点が多い．実際，多細胞生物のもつ分子機構に類似した細胞の接着機構や細胞間認識機構が，原生生物においても多数報告されている（**表1**）．それらを担う分子として報告されている物質は，現在までのところすべてがタンパク質あるいは低分子のペプチドやアミノ酸誘導体である．多細胞動物の祖先に最も近縁とされる襟鞭毛虫においては，カドヘリンやCタイプレクチンなど，多数の細胞接着やシグナル伝達に関連したタンパク質が発現しており，餌の認識，接合，コロニー形成といった一時的な細胞接着の際に機能しているのではないかと考えられている[8]．

原生生物の多くは，同種あるいは多種の生物との間で，化学物質を介した情報のやりとりを行いながら生きている．原生生物における情報化学物質は，そのはたらきから，アロモン・カイロモン・フェロモンの3つのカテゴリーに大別することができる．アロモンとは，他類の個体に作用して，情報の発信者にとって有利な物質を意味する．カイロモンとは，他種の個体に作用して，情報の受信者にとって有利な物質である．フェロモンとは，同種の他個体に作用す

表1　原生生物における細胞間情報伝達と細胞間接着の例

機能	細胞の反応		原生生物種	相互作用をひき起こす分子
接合	接合対の形成		*Blepharisma japonicum*	ガモン1（糖タンパク質） ガモン2
			Euplotes octocarinatus	Phr2b
			Euplotes raikovi	Er-1
捕食	エサの認識と捕獲		*Actinophrys sol*	gp40（糖タンパク質）
自己防御		寄生生物からの回避	*Alexandrium ostenfeldii*	不明
	捕食者からの回避		*Euplotes octocarinatus*	A因子（ポリペプチド） L因子（タンパク質）
			Blepharisma japonicum	ブレファリズミン
	自己・非自己の識別		*Amoeba proteus*	A因子（ポリペプチド）
			Actinophrys sol	gp40（糖タンパク質）
	シスト・脱シスト化		*Sterkiella histriomuscorum*	システインキナーゼ
			Colpoda sp.	不明
成長	細胞の増殖		*Monosiga brevicollis*	チロシンキナーゼ
			Euplotes raikovi	Er-1

る物質を意味する．アロモンとアロモンは繊毛虫や太陽虫などで知られており，カイロモンとしては繊毛虫やアメーバに作用するタンパク質が知られている．また，細胞の表面に存在する受容体を介して外界からの刺激や環境の変化を感知している事例も多く知られている．ここでは，原生生物における化学的細胞間相互作用の事例をいくつかあげ，それらの分子機構を簡単に紹介する．

2.1 アロモン

　捕食性の原生生物は，捕食者-被食者間の相互作用の際に，原生生物に特有の放出体（エクストロソーム）という細胞小器官を用いて，相手を餌として捕食したり，逆に捕食されることから防御している．放出体の構造や内容物は種によって，またその機能の違いによってさまざまである．繊毛虫ゾウリムシ（*Paramecium* 属）の場合，放出体はトリコシストとよばれる．トリコシストは，その内容物が物理的に伸長することにより，捕食者との間に距離をとったり，先端が捕食者に突き刺さったりすることにより，物理的に捕食者からの防御機能を果たす．一方，放出体の内容物の化学的特性により，餌の捕獲や捕食者からの防御を行う事例も知られている．タイヨウチュウ（*Actinophrys sol*, 図3）では，餌を認識し捕獲する際に，放出体の内容物が一種のアロモンとして餌の生物に対して作用する．繊毛虫ブレファリズマ（*Blepharisma japonicum*）やソライロラッパムシ（*Stentor coeruleus*）の色素顆粒も一種の放出体であり，その内容物がアロモンとして捕食性の繊毛虫に対して防御機能をもっている．特にブレファリズマの色素物質ブレファリズミンは，暗条件下で強い毒性を示す．これは暗所に生息するブレファリズマの捕食者に対する防御に役立っていると考えられる．

　タイヨウチュウのもつアロモンは，原生生物の自己・非自己認識機構の代表的な例である．図4に，タイヨウチュウが餌を認識するしくみを模式的に示す[9]．タイヨウチュウの球形の細胞体の表面や軸足の表面の直下には，多数の粒状の放出体がある．その内部には，グルカン結合性のgp40という糖タンパク質が含まれている．餌の小型原生生物がタイヨウチュウに接触すると（図4：①），それが刺激となって放出体の内容物が放出される（図4：②）．放出されたgp40は，餌の表面にグルカンが存在している場合にはその表面に結合する

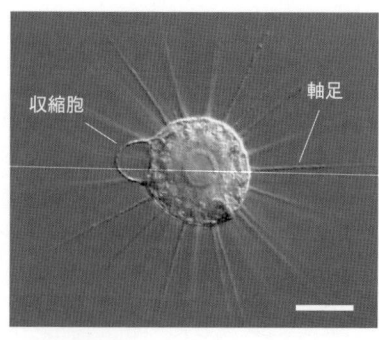

図3　タイヨウチュウの光学顕微鏡写真
球形の細胞体から20〜30本の針状仮足（軸足）を伸ばし，これに接触した小さな原生生物を餌として捕獲する．体表面には浸透圧の調節器官である収縮胞が1個存在している．スケール：20μm．

（**図4**：③）．gp40が結合した餌は，タイヨウチュウによってはじめて「餌」として認識され，ファゴサイトーシスが誘導される（**図4**：④）．gp40は，$β$-1,3-グルカンに特異的に結合するタンパク質として知られている$β$GBP（$β$-1,3-glucan binding protein）の一種である．$β$GBPは，菌類の細胞壁に多く存在する$β$-1,3-グルカンに対して結合したり分解することが知られているが，そのほかにも，グラム陰性バクテリアの細胞壁の成分であるリポ多糖（エンドトキシンともよばれる）に結合するものも多く，場合によってはこれも分解する．タイヨウチュウのgp40は，$β$-1,3-グルカンに対して結合するが分解はしない．また，gp40にはリポ多糖に対する認識活性はない．$β$GBPは，一般的にこのようなグルカンやリポ多糖への結合により，幅広い生理活性を示すことが知られている．たとえば，① 無脊椎動物の体内に侵入してきた細菌や真菌類を攻撃するための生体防御機構の1つとして，② 植物による病原性カビ類への防御機構として，③ 真菌類が病原性の卵菌類であるエキビョウキンを攻撃する際の手段として，さらに，④ バクテリアがカビ類の細胞壁を破壊する手段として，機能していることが知られている．$β$GBPは，このように，幅広い生物種において，おもに生体防御の機能を担うと考えられるが，原生生物のタイヨウチュウにも同様な機能をもつタンパク質が存在することは，自然免疫系の起源が原生生物にまでさかのぼれることを示唆している．

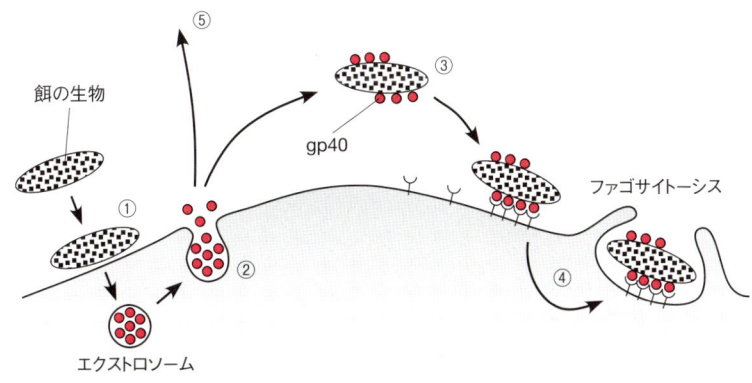

図4 タイヨウチュウの捕食過程における gp40 タンパク質の機能
gp40 はエクストロソーム内に貯蔵されており，餌の生物が接触することで細胞外に放出される．

　細胞性粘菌（*Dictyostelium* 属）では，多細胞動物の Toll 様受容体（自然免疫で機能する代表的な受容分子）や植物の生体防御タンパク質に類似したタンパク質が存在し，餌のバクテリアを捕食する際に機能していることがわかっている．また，小型のアメーバであるアカントアメーバ（*Acanthamoeba* 属）や，海産の渦鞭毛虫オキシリス（*Oxyrrhis* 属）では，餌の認識にマンノース受容体が用いられる．このようなタンパク質も，多細胞生物の自然免疫系の起源が原生生物にあることを示すものであろう．

2.2 カイロモン

　捕食者の生物が分泌する物質を感知して被食者の生物が捕食者の攻撃を回避する現象は，昆虫やミジンコなどのような多細胞生物ではよく知られた現象であるが，同様の現象が原生生物においてもみられる．たとえば大型の繊毛虫レンバディオン（*Lembadion* 属）はユープロテスという小型の繊毛虫を好んで捕食する．レンバディオンは，レンバディオン因子とよばれる 31.5 kDa のタンパク質を細胞外に分泌しているが，ユープロテスはこのタンパク質を認知すると，細胞の表面に突起を形成したり，扁平になってレンバディオンの口に入

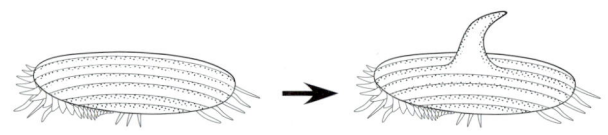

図5 ユープロテスの防御反応
　　レンバディオン因子によりユープロテスの細胞から突起が生じる．文献10より改変引用．

りにくくなる（**図5**）．これによって，ユープロテスはレンバディオンの攻撃を回避することができるようになる．このように，受信者にとって有利な生体反応をひき起こすレンバディオン因子は，一種のカイロモンとみなされる．

　貝毒を産生することで知られている海産の渦鞭毛虫類の一種であるアレキサンドリウム（*Alexandrium* 属）は，パーキンソゾアに属する寄生性原生生物のパルビルシフェラ（*Palvilucifera* 属）による感染を防ぐためにシスト化することが知られている．シストになると，アレキサンドリウムに対するパルビルシフェラの感染箇所である鎧板の境い目がなくなってしまうので，そこからパルビルシフェラが細胞内へと侵入することができなくなる．この際に，アレキサンドリウムはパルビルシフェラから分泌される水溶性のカイロモンを利用していることがわかっているが，その物質はまだ同定されていない[11]．

2.3 フェロモン

　繊毛虫類の多くは，有性生殖である「接合」を行う．接合とは，互いに相補的な接合型の細胞が相互作用を行い，その結果生じる一時的な細胞融合のことである．この際，細胞内では核の減数分裂が行われ，融合した細胞内では配偶核の交換と受精が生じる．その後，融合した細胞は再び離れて，新しいクローンが誕生する．このように接合においては，同種の繊毛虫が異なる接合型の細胞を識別して接着することが必要であるが，その分子機構はいまだに不明の点が多い．接合を誘導する物質は，細胞外液に分泌される場合と，細胞表面にとどまり，異なるタイプの細胞が直接接触しあうことで接合過程が誘導される場合とが知られている．ゾウリムシなどは接合誘導物質が細胞の表面（特に繊毛の表面）にとどまるタイプの繊毛虫であるが，このタイプの接合誘導物質では，物質が同定されたものは存在しない．接合誘導物質を外液に分泌する繊毛虫の

うち，これまでに3種の繊毛虫について接合誘導物質が同定されている．そのうち，ブレファリズマ（図1）においては，接合誘導物質（ガモン）は相補的な型の細胞を誘引し，形態変化を起こさせ，接合対形成を促す．異なる接合型に対応するガモンが2種類（ガモン1とガモン2）存在し，Ⅰ型の接合型細胞が分泌するガモン1は分子量約30 kDaの糖タンパク質で[12]，Ⅱ型細胞が分泌するガモン2は，分子量335のアミノ酸誘導体である[13]．性的に成熟期にあるⅠ型細胞が飢餓刺激を受けると，ガモン1遺伝子の発現が誘導される．これにより合成されたガモン1は，接合への準備が整ったⅡ型細胞に特異的に認識され，シグナルがⅡ型細胞内に伝達され，ガモン2の合成が誘導される．Ⅱ型細胞によって合成され細胞外に分泌されたガモン2は，Ⅰ型細胞に特異的に認識され，ガモン1遺伝子の転写をさらに促進するメカニズムがはたらく．その結果，ガモン1遺伝子の発現率が著しく増加し，多量のガモン1が合成，分泌される．このように，2種類のガモンを介した正のフィードバック機構がはたらいた結果，Ⅰ型・Ⅱ型の細胞はともに細胞の短縮化，繊毛の接着能の獲得，細胞内微細構造の変化などの接合前反応が誘導され，最終的に接合対が形成される．

アメーバ（*Amoeba proteus*）は，低分子のポリペプチド（アメーバ因子）をつねに細胞外に分泌しているという報告がある[14]．この物質はアメーバにとっての自己認識に必要な一種のフェロモンである．アメーバは，アメーバ因子が付着したものを「自己」と識別し，それを捕食することはない．しかし，表面にアメーバ因子をもたない生物が近づくと，それは餌として認識されるので，ファゴサイトーシスが誘導される．実際，アメーバを高密度で培養していると，しだいに餌に対して反応しなくなり，最後には周りにたくさんの餌があるにもかかわらずそれらを捕食できなくなって死んでしまう．この現象は，アメーバ因子が付着してしまった餌はもはや餌として認識できなくなるからだと考えると，理解できる．また，アメーバは，このような因子を自身の細胞表面に付着させることで，共食いを防止していると考えられている．

タイヨウチュウのgp40タンパク質は，餌を認識するアロモンであるとともに，近くの同種の細胞に作用するフェロモンとしてのはたらきももっている（図4：⑤）．タイヨウチュウが餌を捕獲する際には，近くの細胞をよび寄せ共同

で餌を捕獲する性質がある．これにより，自分よりもはるかに大きな餌の生物を捕獲し，多いときは十数個の細胞がつくる共通の食胞の中へと取り込む．餌の分解・吸収が終わると，細胞は再び分離し，単独の生活へと戻っていく．精製した gp40 タンパク質をタイヨウチュウの集団に与えると，タイヨウチュウはコロニーを形成し，お互いに細胞の融合が生じる．このように，gp40 タンパク質は細胞の誘引や細胞融合の誘導にも関与していると考えられる．

おわりに

　原生生物は，多細胞生物が多数の細胞を用いて行っている刺激の受容・情報の統合・運動反応などの機能をたった1つの細胞でこなしている．そのために，細胞の生活する環境に応じて，機能的・形態的に顕著な分化を遂げた，さまざまな原生生物が存在している．それらを通じて多細胞生物の機能のしくみに迫ることができるとともに，多細胞生物が到達したさまざまな生命機能の進化の原点を垣間みることもできるだろう．

引用文献

1) Naitoh, Y.（1982）Protozoa. *Electric conduction and behaviour in "Simple" invertebrates*（ed. Shelton, G. A. B.）, 1-48, Claredon Press
2) Machemer, H., Deitmer, J. W.（1987）From structure to behaviour. *Stylonychia* as a model system for cellular physiology. *Progress in Protistology*, **2**, 213-330
3) King, N.（2004）The unicellular ancestry of animal development. *Dev. Cell*, **7**, 313-325
4) Eckert, R., Sibaoka, T.（1967）Bioelectric regulation of tentacle movement in a dinoflagellate. *J. Exp. Biol.* **47**, 433-446
5) Fabczak, S., *et al.*（1993）Photosensory transduction in ciliates. I. An analysis of light-induced electrical and motile responses in *Stentor coeruleus. J. Photochem. Photobiol.*, **57**, 696-701
6) Febvre-Chevalier, C., *et al.*（1990）Membrane excitability and responses in the protozoa, with particular attention to the heliozoan *Actinocoryne contractilis. Evolution of the First Nervous Systems*（ed. Anderson, P. A. V.）, 237-253, Plenum Pub. Co.
7) Nishi, T., *et al.*（1986）Membrane activity and its correlation with vacuolar contraction in the heliozoan *Echinosphaerium. J. Exp. Zool.*, **239**, 175-182

8) King, N., et al.（2003）Evolution of key cell signaling and adhesion protein families predates animal origins. *Science*, **301**, 361-363

9) Sakaguchi, M., et al.（2001）Involvement of a 40-kDa glycoprotein in food recognition, prey capture, and induction of phagocytosis in the protozoon *Actinophrys sol. Protist*, **152**, 33-41

10) Peters-Regehr, T., et al.（1997）Primary structure and origin of a predator released protein that induces defensive morphological changes in *Euplotes. Eur. J. Protistol.*, **33**, 389-395

11) Toth, G. B., et al.（2004）Marine dinoflagellates show induced life-history shifts to escape parasite infection in response to water-borne signals. *Proc. R. Soc. Lond. B*, **271**, 733-738

12) Sugiura, M., Harumoto, T.（2001）Identification, characterization, and complete amino acid sequence of the conjugation-inducing glycoprotein（blepharmone）in the ciliate *Blepharisma japonicum. Proc. Natl. Acad. Sci. USA*, **98**, 14446-14451

13) Kubota, T., et al.（1973）Isolation and structure determination of blepharismin, a conjugation initiating gamone in the ciliate *Blepharisima. Science*, **179**, 400-402

14) Kusch, J.（1999）Self-recognition as the original function of an amoeban defence-inducing kairomone. *Ecology*, **80**, 715-720

参考文献

内藤 豊（1990）『単細胞動物の行動―その制御の仕組み―』，東京大学出版会

Hausmann, K., et al.（2003）*Protistology*, 3rd ed., E. Schweizerbart'sche Verlagbuchhandlung, Berlin-Stuttgart

春本晃江・杉浦真由美（2003）ブレファリズマの接合．*Jpn. J. Protozool.*, **36**, 147-172

2　ヒドラの散在神経系とその行動能力

小泉　修

　動物界で最も原始的な散在神経系について，ヒドラを中心にその構造と機能を解説する．動物学の教科書には「脳や神経節をもたず網目状の神経網が体中をおおっていて，体の1ヵ所を刺激されると興奮は無方向に伝わり個体は縮む．散在神経系とはそのようなものだ．」と書かれているが，散在神経系はけっしてそのようなものではない．集中神経系動物の中枢神経系に匹敵する機能をも持もち，その構造的証拠もある．神経系出現の初期から，神経系は主要な基本的要素をすべて備えていたと思われる．

はじめに

　散在神経系をもつ腔腸動物のなかで，細胞レベルの知見が最も豊富なヒドラを中心に，その神経系の構造と機能を考える．ヒドラが示す行動をみると，そこには集中神経系動物では中枢神経系で行う機能がみられる．しかし同時に，局所分散的な散在神経系ならではの特徴もみられる．
　構造的にも，その両者に対応するものが観察される．それが，神経集中のみられる神経環と散在神経網である．この後者（散在神経網と局所分散的機能）に対応するものは，私たちの体の中にも，たとえば消化管の腸管神経叢などにみられる．

散在神経系とほかの神経系との比較により，神経系の起源ついても考えてみよう．それは，さまざまな意味で，従来の散在神経系と神経系の起源に対する常識の変更を迫るものと思う．

1 ヒドラの神経系

1.1 腔腸動物ヒドラについて

ヒドラはクラゲ，イソギンチャク，サンゴなどの仲間である腔腸動物（二胚葉性多細胞動物）とよばれる動物群のなかの**刺胞動物門**（**Key Word** 参照）に属す．刺胞動物門は，腔腸動物のなかで**刺胞**（**Key Word** 参照）という特殊な効果器をもつ動物群である．腔腸動物のほとんどは海水にすむが，ヒドラは例外的に淡水にすみ，大きさは1cm程度の小動物ある．水のきれいな川や池の水草などに付着してミジンコなどの小動物を食している（図1a）．

ヒドラの名称は，その形からギリシャ神話に登場する九頭をもつ巨大な海蛇（やまたのおろちの西洋版）に由来したものであるが，少しピンクがかったか

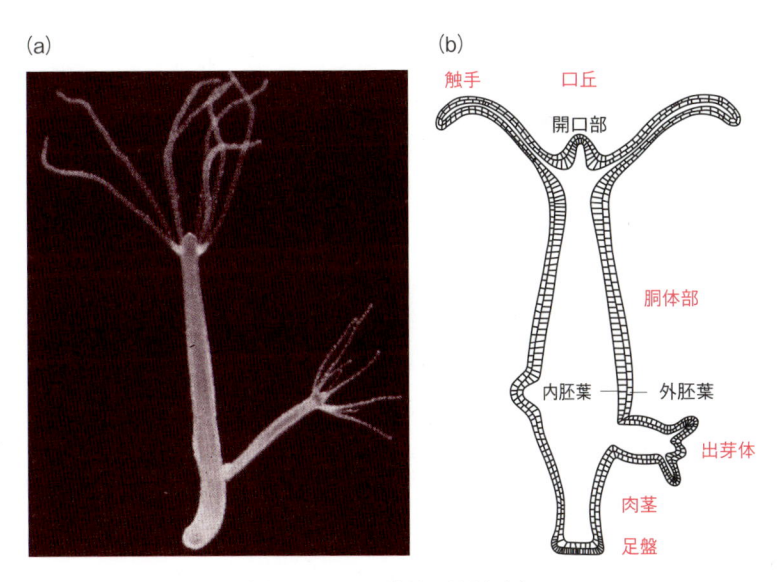

図1　ヒドラ（a）とヒドラの単純な体制（b）
　　ヒドラの体は2層の上皮細胞からできている．→口絵1参照

わいい動物である．ただ，熱帯魚屋のおじさんには「あいつが水槽で湧くと小型の熱帯魚がやられてたいへんだ」といわれるように，結構な嫌われ者でもある．

強い再生力，出芽という無性生殖による増殖，個体・組織・細胞レベルでの操作が可能などのいろいろな理由で古くから発生生物学の研究によく使われ，腔腸動物のなかでは最も組織・細胞レベルの知見が豊富な動物である．

体制は単純で，内胚葉と外胚葉の2層でできたチューブで，下が閉じて固着性の足になり，もう一方の上の部分が口と頭になり，頭から5～8本の触手が伸びる（図1b）．開口部，口丘，触手，胴体部，出芽域（無性生殖で出芽体が出る所），肉茎，足盤となる．開口部・口丘・触手がまとめて頭部で，肉茎と足盤を足部とよぶ．

1.2 ヒドラの散在神経系

散在神経系は，進化的に最初に神経細胞（ニューロン）が現れる神経系である．神経節や脳のような発達した神経集中はみられず，体全体に網目状の神経ネットワークがおおっている．神経細胞から伸びる神経繊維は，高等動物の神経細胞でみられる樹状突起（多数の短い突起）と軸索（1本の長い繊維）の区別はなく，**神経突起**（neurite）のみである（図2）．しかし，興奮の方向性は確保されていて，一方向性の興奮伝導が観察される．

神経細胞は，上皮細胞層に存在し，神経突起は上皮細胞の筋肉層の上を走る．

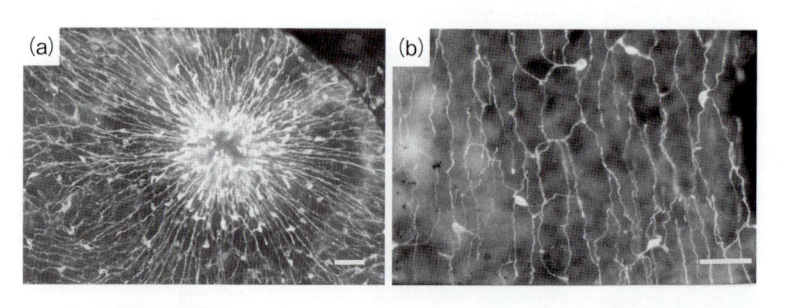

図2 ヒドラの散在神経網
 (a) 口丘．(b) 胴体．口丘部の感覚細胞の放射状神経網 (a) と胴体部の網目状神経網 (b) が見える．スケール：50μm

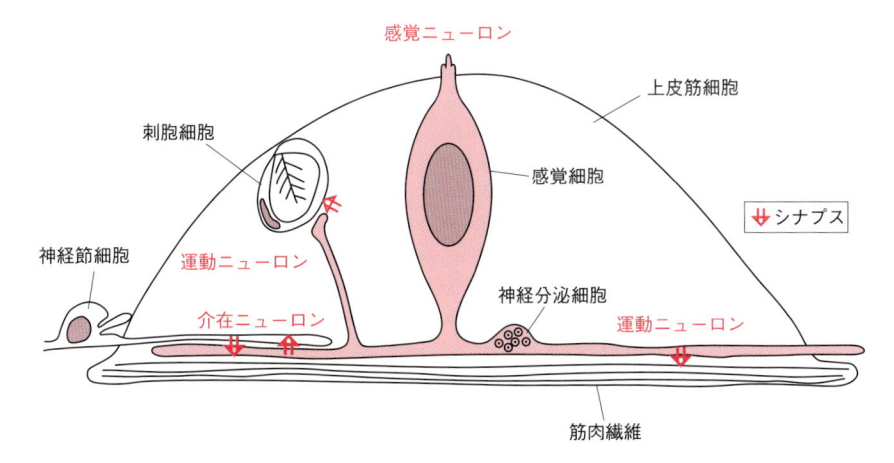

図3 ヒドラの多機能神経細胞
触手の感覚細胞の場合について示している．感覚細胞は，触手の上皮筋細胞に包まれていて，外界に感覚性の繊毛を出し（感覚ニューロン），ほかの神経細胞の神経突起とシナプス結合し（介在ニューロン），また，上皮細胞の筋肉繊維にもシナプス結合し（運動ニューロン），他の効果器（刺胞細胞）にもシナプス結合し，分泌顆粒の集中もみられる（神経分泌細胞）．このように，ヒドラの神経細胞は1つですべての機能をカバーしている．文献1より改変引用．

ヒドラの神経細胞は形態とその位置関係により，感覚細胞と神経節細胞に大別される．これらは，電気伝導（神経繊維での活動電位の発生とその伝導）や化学伝達（シナプス部位での化学伝達物質とその受容分子による情報伝達）などの神経系としての基本的な機能をそろえている．ヒドラのシナプス部のシナプス小胞は少数で，大型の有芯小胞のみである[1]．この有芯小胞に神経伝達物質の神経ペプチドが局在することも筆者らが証明している[2]．

また，ヒドラの散在神経系では，すべての神経細胞が感覚ニューロン・運動ニューロン・介在ニューロン・神経分泌細胞の機能を同時に担っているといわれている（**図3**）．神経系の進化は，集中化と分業化の方向に進んだといわれるが，確かにヒドラの神経細胞は最も分業化が進んでいない何でも屋の神経細胞である．

この単純な神経系もたくさんの部分集合を含む．神経ペプチドの抗体や神経細胞に特異的な単一クローン抗体による抗体染色（**Key Word**参照）で，いろいろな表現型を発現した神経部分集合が可視化できる．その結果，ヒドラの神経網はたくさんの部分集合のモザイクで，そのモザイク模様がいつも一定に

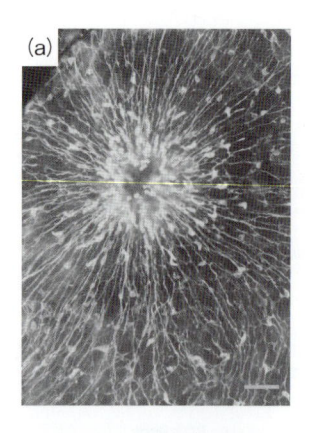

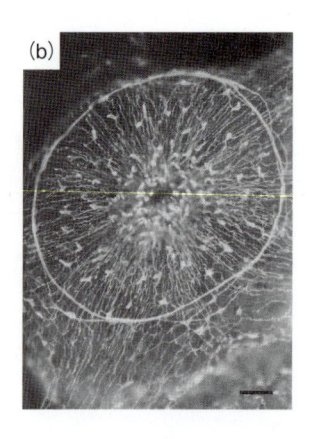

図4 ヒドラの口丘にみられる神経環
神経ペプチドの抗体を用いた免疫染色によって頭部の神経網が可視化されている．神経環は双極の神経節細胞どうしが神経突起の束をつくっているため，ほかの部位の神経細胞の神経突起より太い神経束を形成している．(a) 神経環のみられない *Hydra magnipapillata*．(b) 神経環のみられる *Hydra oligactis*．両者とも口丘には感覚細胞と神経節細胞が観察されるが，神経環については両者で異なる．スケール：50μm

維持されていることがわかる．そして，神経網のパターンも体の各部で異なった様子を示す．口丘の先端は口で，その周りには感覚細胞の細胞体が集まり，神経繊維はそこから胴体部へ放射状に走る（**図2a**）．口丘にはさらに，神経環とよばれる神経繊維の束が円周状に走る神経構造がみられる（**図4b**）．足部の最下部足盤には，かご状の神経網がみえる．

また，ヒドラの外胚葉と内胚葉の神経細胞は神経ペプチドの発現に関してまったく異なることもわかり，散在神経系といえども神経網は均一ではなく，両胚葉の分化も明確であることがわかる．これらのことから，単純な神経系といえども高等動物と同様，一個体の中で神経細胞はたいへんな多様性を示し，体の各部で多様な機能を営んでいる可能性をうかがわせる．

2 ヒドラの摂食行動

2.1 ヒドラの行動能力

ヒドラの行動をみてみると，これが脳のない動物の行動かと驚いてしまう．

図5 ヒドラの摂食行動
ヒドラの餌（ミジンコ）の捕獲は，(a)から(f)の順に進行する．(a)捕まえるタイプの刺胞を発射して餌を捕獲する．(b)殺すタイプの刺胞を発射して刺胞の糸の先端より毒を注入して餌を殺す．(c)餌の傷口から出る体液に含まれる化学物質グルタチオンにより触手の摂食反応が起こり餌を口の近くに運ぶ．(d)口が開く．(e)口が餌の周りをはいずって，取り込む．(f)餌を胃腔に取り込んで丸くなったヒドラ．

たとえば餌を食べる摂食行動を考えてみよう．高等動物における摂食行動の調節には，脳などの中枢神経系が関与している．体外からの味覚的な情報と体内の飽食情報を脳が統合して，さらに餌を食べ進めるか否かを決める（**コラム**参照）．すなわち，飽食の情報が中枢神経系に届くと，外からの摂食化学刺激に対してだんだん反応しなくなる（感度が悪くなる）が，このようなことが脳のないヒドラでもみられるのである．

集中神経系の動物が脳で示す神経機能が，散在神経系でもみられる例をいくつかの例で示してみよう．

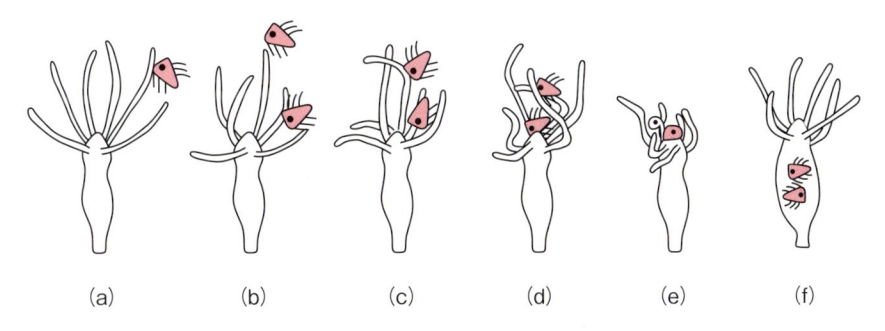

2.2 ヒドラの摂食行動

ヒドラの摂食行動における調節された行動連鎖や目的にかなったさまざまな行動修飾を観察すると，これが散在神経網の動物の行動かと感嘆せざるをえない．ヒドラの餌の捕食は，刺胞発射・触手反応・開口反応・飲み込み・閉口反応から成り立つ（**図5**）．

ヒドラの触手に餌である小型のミジンコなどが触れると，刺胞細胞の刺針とよばれる毛状の機械受容装置がはたらき，捲着刺胞が発射して餌を捕獲．次に貫通刺胞が発射して刺糸が餌に突き刺さり，先端より毒を注入して餌を殺す．

column

ハエの摂食制御

ハエの脚には，細い毛がたくさんある．ここに，砂糖や塩分や水を感じる化学感覚の機能を行う複数の神経細胞がある．まず，この脚の化学感覚毛で砂糖水を感じると（ハエがテーブルの上を走り回っているのは，ヒトでいえば舌でなめながら走り回っているのと同じである），口を伸ばして（吻伸展反応），口にある感覚毛でもう一度砂糖水を確認して，飲み始める．

飲んだ砂糖水は素嚢(そのう)に溜まると同時に，そこから腸へ行って消化吸収される．しかし，そのまま飲みつづけると腹が張り裂けてしまうので，どこかで飲むのをやめないといけない．そのために，腸の前のほうに腹の膨らみを感じる体内の感覚器（前腸伸張受容器）があって，ここから回帰神経を通って脳に吻伸展反応をやめさせる神経情報（電気信号）を送る．ハエの脳では，脚からの電気信号と，腹からの電気信号を統合して，さらに砂糖水を飲みつづけるかやめるかを決める．

だから回帰神経を切ると，腹が張り裂けても死ぬまで飲みつづける．ハエの脳には，脚からの信号を，腹からの信号で引き算する演算装置がある．このハエの例では，外からの摂食刺激（外部要因）と体内の腹の膨らみの機械刺激（内部要因）の情報を脳（中枢神経系）が処理して，摂食行動が制御されている様子がよくわかる．

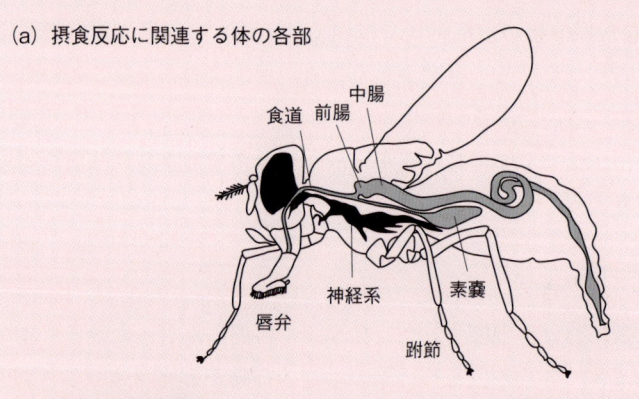

(a) 摂食反応に関連する体の各部

(b) 摂食制御の模式図

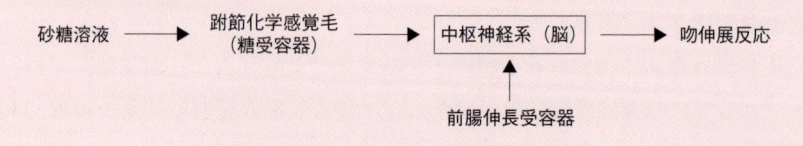

砂糖溶液 → 跗節化学感覚毛（糖受容器） → 中枢神経系（脳） → 吻伸展反応

前腸伸長受容器

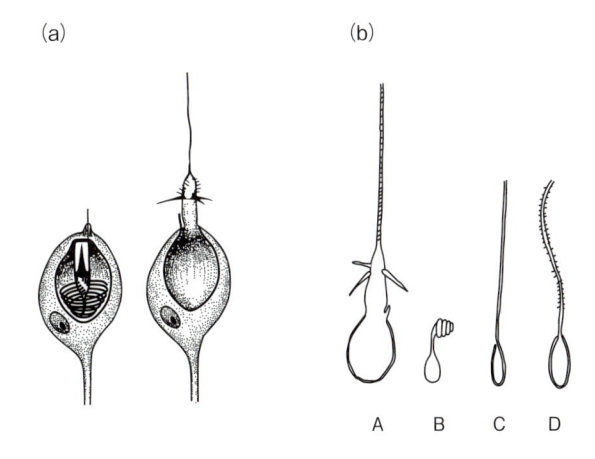

図6 ヒドラの4種の刺胞細胞（a）と，刺胞細胞発射後の刺胞カプセル（b）
（a）発射前（左）と発射後（右）の刺胞細胞．特に，(b) のAのタイプの刺胞をもつ刺胞細胞について示されている．(b) の貫通刺胞（A），捲着刺胞（B）は捕食用に，小粘着刺胞（C）は歩行用に，大粘着刺胞（D）は防御用に使われる．文献9より改変引用．

　その後，餌の傷口より出る体液に含まれる還元型グルタチオンにより触手の摂食反応，開口反応が起こり，口は餌の周りをはいずり，餌を取り込む．
　ヒドラは4種の刺胞細胞をもち（**図6**，Key Word 参照），それぞれ餌の捕獲用，殺傷用，歩行用，防衛用に使い分けている．

2.3 飽食による摂食反応の修飾

　この摂食行動に関して，ヒドラでも飽食による摂食行動の抑制がみられる．ヒドラは餌を食べていくと，まず餌の取り込みをしなくなる（すなわち，餌を捕まえ，殺し，触手が動き，口が開くところまでは進むが，なかなか取り込まない状態になる）．その次は口が開かなくなる．さらに飽食が進むと触手の摂食反応が抑えられるようになり，その次は殺さなくなる，というように行動の終わりに近いほうから順番に抑制がかかり，飽食による摂食の抑制が起こる．
　それを定量的に示したのが，**図7**である[3]．これは，絶食時間の違いにより，摂食化学刺激（餌の傷口から出てくるグルタチオン）に対する開口反応の割合が変わることを示している．飽食によって摂食化学刺激に対する感度が悪くなっているのがわかる．

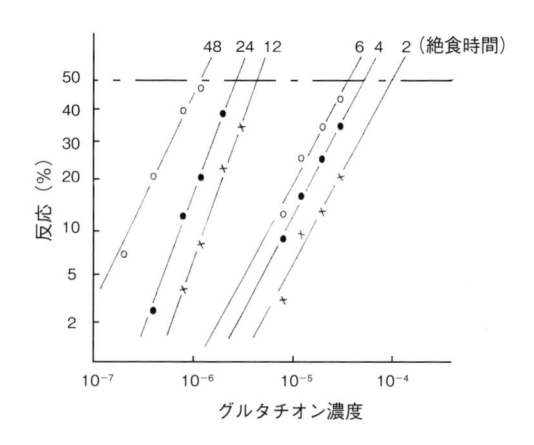

図7 飽食による摂食反応の抑制
横軸が摂食化学刺激グルタチオンの濃度．縦軸が開口反応を示した個体の割合．飽食によって（絶食時間の短縮によって）薬量・反応曲線が右にずれて，刺激に対する感度が悪くなっていることを示している．

　また，飽食したヒドラがさらに餌を食べる場合には，口丘の部分に首のようなくびれをつくって餌を取り込む．このような「くびれ形成」は，絶食ヒドラではけっしてみられない．しかし，絶食ヒドラにも胃腔内にチロシンを注入し，体外に摂食化学刺激であるグルタチオンを加えると，くびれ形成がみられる．この場合，胃腔内の体内チロシン受容器と，体外からの刺激を受けとるグルタチオン受容器の，両者からの感覚入力の統合によって，この行動が発現していると思われる[4]（**図8**）．

　同時に，これらの中枢機能を調べていくと散在神経系独特の特徴もみられる．ヒドラのグルタチオンに対する触手の摂食反応は，個体から切り離された触手でも同様にみられる．そして，飽食個体の触手は個体より切り離されても，グルタチオンに対して反応しない．飽食による摂食反応の抑制機構は，個々の触手に存在するようである（**図9**）．このように，神経機能の地方分散的な性質も顕著である．

3 ヒドラの学習機能：慣れ

　神経系の特徴として，環境の変化に伴って神経系の刺激と反応の関係を自分

(a) (b) グルタチオン チロシン

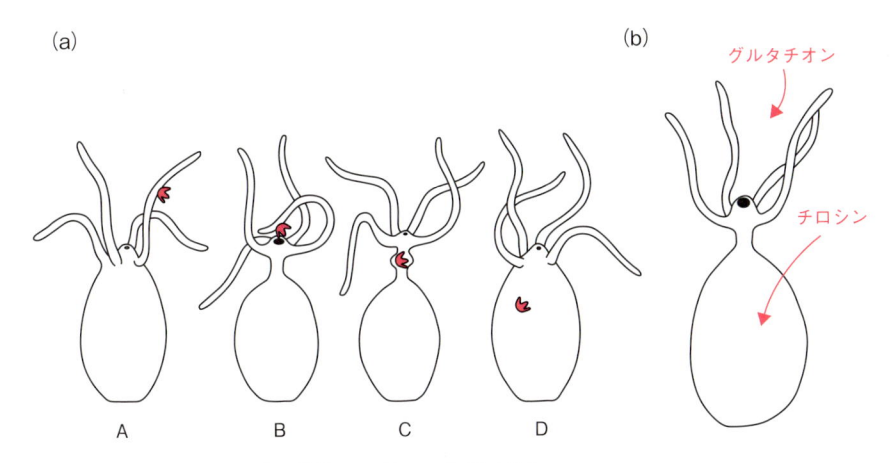

A B C D

図8 飽食による摂食反応の修飾：ヒドラのくびれ形成
(a) ヒドラの飽食によるくびれ形成．(b) 体外と体内の2種の感覚入力によってひき起こされるくびれ形成．飽食したヒドラがさらに餌を取り込むときは，口丘の下に首のようなくびれをつくって餌を取り込む (a)．A〜Dはくびれ形成の時間経過を示し，B，Cがくびれ形成を示す．このくびれ形成は，絶食ヒドラであっても，胃腔にチロシンを注入し外にグルタチオンを添加することでひき起こすことができる (b)．文献4より改変引用．

の都合のよいように変幻自在に変えていく，**可塑性**（可変性）とよばれる性質がある．

　刺激に対して反応したとき，罰を与えられるとその刺激に対する反応は弱まり，逆に報酬（ごほうび）を与えられると，その刺激に対する反応は強まる．何も悪いこともよいことも起こらないときには，この刺激を脳は無視するようになる．これは，感覚の順応（同じ刺激を与えていると感覚器はだんだん感じなくなること）や筋肉の疲労ではなく，脳の中で起こるということが高等動物では判明している．これを**慣れ**（habituation）とよび，単純な学習の一形態と考えられている．

　ヒドラの散在神経系でもこの慣れが起こるらしい．ヒドラの触手に機械刺激を与えると最初は収縮するが，くり返しているとだんだん反応しなくなる．これが行動学的に慣れであることを，Rushforthが証明している[5]．

　図10は，その実験結果の1つである．ヒドラをいろいろな回転スピードで揺らすとヒドラは縮む．その刺激強度・反応（収縮）曲線が (a) である．(b) は慣れ曲線で，くり返し刺激の回数（横軸の時間で示されている）が多くなる

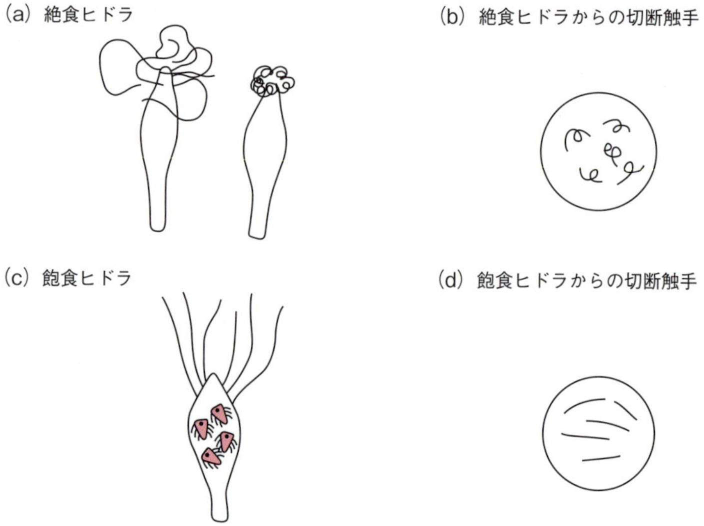

図9　飽食による摂食抑制の分散処理的制御機構
図は，すべて摂食化学刺激グルタチオン存在下の様子を示している．絶食ヒドラから切り出した触手（b）も，絶食個体の無傷の触手（a）と同じようにグルタチオンに対して摂食反応を行う．一方，飽食により摂食化学刺激の閾値が上がると，飽食ヒドラの触手はグルタチオンに対して反応しなくなる（c）．この飽食ヒドラから切り出した触手は，グルタチオンに対して反応しない（d）．すなわち，触手のみで飽食による抑制がみられ，1本の触手に摂食制御の機構が存在することがわかる．

ほど反応しなくなっている．慣れが生じた6時間後の反応曲線は完全に落ちている（c）．そのあとに刺激をなくすと，4時間後にようやくもとに戻っている（d）．

このような実験を行った結果，ヒドラのくり返し刺激に対する収縮反応の減少は以下のような慣れの性質に当てはまる．①くり返しの機械刺激は反応の減少をひき起こす．②刺激をなくすと最初の反応はゆっくり戻ってくる．③刺激と刺激の間隔を短くすると慣れは早く起こる．④刺激の強さをあげると慣れの起こるスピードは遅くなる（これは，筋肉の疲労では説明できない）．⑤最初の実験よりも2回目の実験のときのほうが慣れは早く起こる．

同時に，慣れには「脱慣れ」という現象が知られていて，ヒドラの場合でも，機械刺激に反応しなくなったときに別の強い光刺激を与えると収縮が起こる．これは，明らかに反応の停止が筋肉疲労でないことを示している．

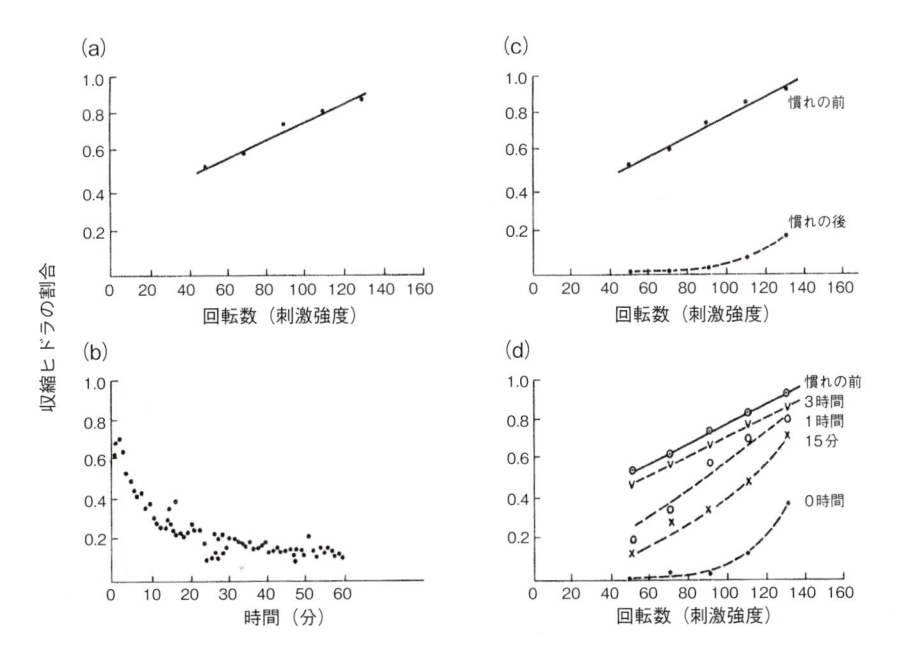

図 10 ヒドラのくり返し機械刺激に対する慣れ
(a) 反応曲線（刺激強度と収縮個体の割合）．(b) 慣れ曲線（くり返し刺激に対する反応の時間経過）．(c) 慣れの前と後の反応曲線．実線はくり返し刺激前，破線はくり返し刺激開始6時間後．(d) くり返し刺激の終了後の反応の回復．文献5より改変引用．

イソギンチャクに関しても，慣れと思われる現象が報告されている．もちろん，この現象に関して，ヒドラの場合には生理学的なメカニズムの解明は進んでいないのでまだ完全な結論とはいかないが，散在神経系にも単純な学習能力があると推測される．

4 ヒドラと哺乳類の自律機能

私たち脊椎動物の神経系は，中枢神経系（脳と脊髄）と末梢神経系に分けられる．この末梢神経系は，さらに体性神経系と自律神経系に分けられる．この**自律神経系**は，血圧や心拍の調節など，動物が随意的に制御できない機能に関与し，一方，**体性神経系**は随意的な機能を調節する．

自律神経系は心臓や内臓諸器官を神経支配し，これはさらに，**交感神経系**と

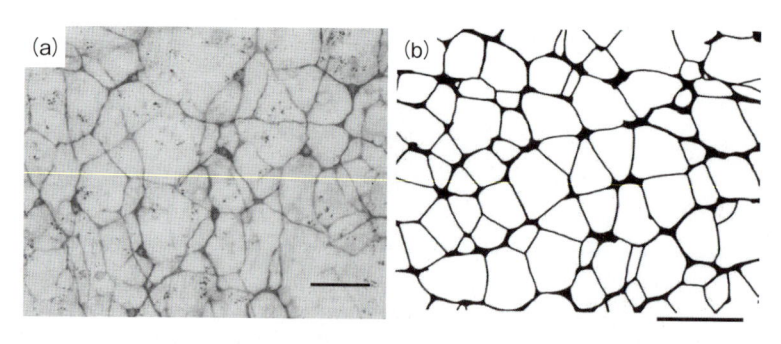

図11 ヒドラの胴体の散在神経網（a）とモルモットの腸管神経系（b）
文献6より改変引用．(a) スケール：50 μm，(b) スケール：2 mm

副交感神経系に分かれる．この両者は拮抗的にはたらく．すなわち，一方がある器官を興奮させる場合，他方は抑制するというように効果が逆方向である．交感神経系は体をいわゆる「闘争か逃避か」の状態におき，副交感神経系は逆に安静状態に向かわせ，消化などの生命維持機能を強める（「安静，消化状態」）．

このしくみが，ヒドラでもあるようである．これは，国立遺伝学研究所の清水裕博士を中心にした仕事である[6]．まず，ヒドラの消化は哺乳類と同じ消化運動を用いていることが明らかになった．哺乳類の消化管は多層の縦走筋，輪走筋とその間に網目状に分布して運動を制御する**腸管神経叢**でできている（**図11b**）．一方，ヒドラの上皮細胞は，その基部に筋肉繊維をもち，筋肉細胞としても機能している．外胚葉は縦走筋，内胚葉は輪走筋で，前者が収縮すれば体が縮み，後者が収縮すれば体が伸びる．このように，ヒドラの消化管である体幹は外側に縦走筋が，内側に輪走筋が走り，その間には網目状の神経網が存在する（**図11a**）．図11をみるとどちらがどちらかわからないくらい似ている．

このヒドラの消化管は，哺乳類でみられる食道の**食道反射**，小腸の**ぜん動反射**，直腸の**脱糞反射**などの動的な消化運動を示す（**図12a～c**）．そしてこれらは，基本的には神経原性であり，体幹部の散在神経網が制御することも判明した．すなわち，ヒドラの散在神経網も哺乳類の腸管神経叢に匹敵する消化能力をもつことになる．

同時にこの胃水管腔は，循環系に匹敵するポンピング機能をもつ（**図**

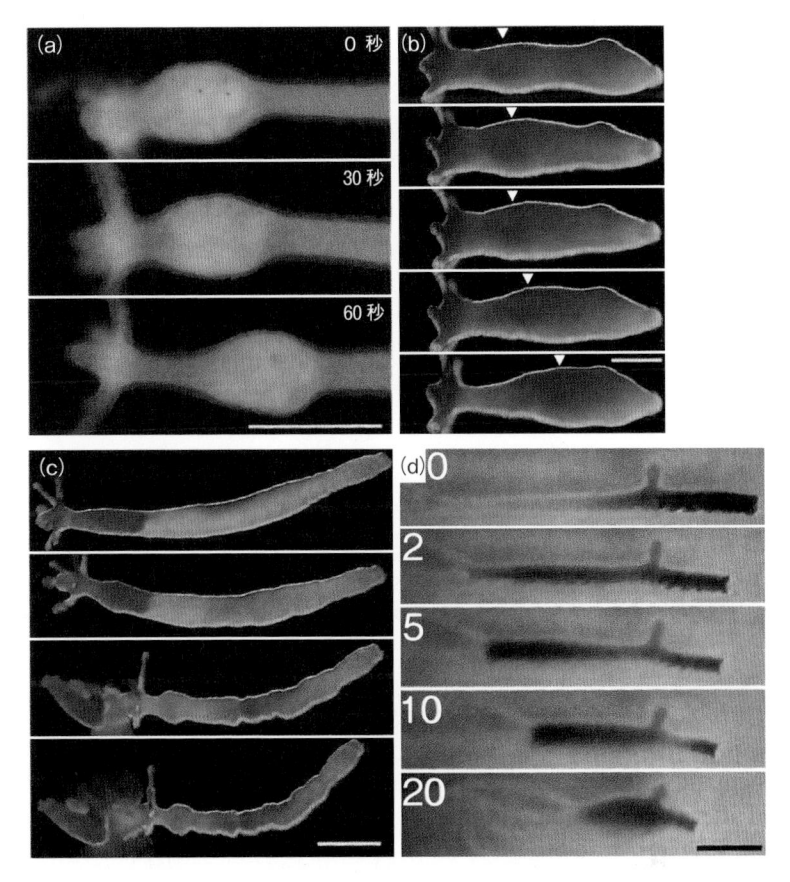

図 12　ヒドラの活発な 3 種の消化運動と循環ポンピング運動
　　(a)食道反射様運動．(b)ぜん動反射様運動．(c)脱糞反射様運動．(d)循環ポンピング運動．
　　墨汁を用いて胃水管腔液の循環を可視化している．スケール：1 mm．文献 6 より改変引用．

12d)．体幹下部の肉茎（柄部）とよばれる場所が中心になって，腔腸液の循環がみられる．この機能も神経原性で，体幹の散在神経網が役割を果たしていることになる．高等動物の心臓の形成を担うホメオボックス遺伝子の相同遺伝子がヒドラの肉茎（柄部）にも見つかっている．このように，血管をもたない動物でも，ポンピング運動によって循環機能をもつことができる．

　そして，このヒドラでの循環と消化は，相互に拮抗的にはたらいている．この両者は，胃水管腔の同じ空間で行われているにもかかわらずである．この循

環のためのポンピング運動は，絶食時（1日絶食）には18分間に約10回の頻度で起こるのに対して，摂食後には完全に0になる．そうして，消化運動が始まる．すなわち，循環と消化は腔の中で同時に起こるのではなく，循環優勢段階から消化優勢段階に移るである．そうしてこの転移は，餌の取り込みによってひき起こされ，神経系によって制御される現象である．

このような循環と消化という，哺乳類での交感神経系と副交感神経系で拮抗的に作用する現象と類似の現象が，無脊椎動物における軟体動物のアメフラシや，線形動物の線虫や，腔腸動物のヒドラでも（前述のとおり）観察されている．このような現象は，心臓や血管が分化しているかいないかを越えて，動物に共通にみられる現象らしい．

5 ヒドラの神経環

5.1 神経環：中枢神経系様構造か

ヒドラの神経系の機能をみると，高等動物では中枢神経系（**Key Word**参照）が担う中枢機能類似のはたらきを示す．しかし，発生動態をみると，神経細胞はつねに入れ替わり，その位置も変化しつづけている（ヒドラの神経系中の神経細胞は例外的に動的発生動態を示す，詳細は後述）．また，神経細胞の集中もみられない．それでは，どこでヒドラは中枢にかわる機能を行うのであろうか．このように不思議に思っていたときに，ヒドラの散在神経系のなかで少し変わった，むしろ高等動物の神経系に近い神経構造が抗体染色で見つかった．それが，ヒドラの口丘の周りにみられる神経環である[7,8]．

5.2 ヒドラの神経環の構造と発生動態

この神経環は，口の周りを輪状に走る双極性の神経節細胞の神経突起がお互い集まった神経束からなる．図4bの神経環の写真でわかるように，太い神経繊維の束と細胞体でできている．神経束の太さは神経環以外の神経繊維より明らかに太い．電子顕微鏡で観察すると，約30本の神経繊維の束であった．

この神経環の発生動態を調べてみると，ヒドラのほかの部位の活発な発生動態を示す神経網に対して，静かな構造であることが判明した．ほかの部位の神

Key Word

刺胞動物門
ヒドラはクラゲ（鉢虫類），イソギンチャク（花虫類），サンゴ（花虫類）などの仲間で，腔腸動物とよばれる動物群に属す．現存の多細胞動物では海綿動物の次に位置する動物群で，二胚葉動物で典型的な中胚葉はもたず，外胚葉と内胚葉で体ができている．多細胞動物のなかでは，最初に個体性が明確になり（その前の海綿動物では個体性がはっきりしておらず神経細胞をもたない），神経細胞をもち，神経系が最初に現れてきた動物群である．

ポリプとメジューサ
刺胞動物はほとんどが海産動物で，体制には固着型のポリプ（ヒドラ型）と回遊型のメジューサ（クラゲ型）がある．ヒドラはポリプ型のみであるが，ほとんどのヒドロ虫類は両方を生活環のなかにもち，これを世代交番とよぶ．クラゲの仲間，鉢虫類も同様である．イソギンチャク，サンゴなどの花虫類は，ポリプのみである．

刺胞
刺胞動物門の動物のみがもつ効果器である．刺胞は細胞内小器官で，刺胞をもつ細胞が刺胞細胞である．刺胞細胞は図6のように，機械刺激や化学刺激を受けとるアンテナ（刺針）と，猛烈なスピードで発射する捕鯨の銛のような刺胞のカプセルからなる．刺胞のカプセルには各種の毒を含むものもあり，この場合には発射した刺糸の先端からこの毒が餌の体内に注入される．

中枢神経系
この定義はむずかしい．ある生物学辞典には「中枢神経系」について「脳と脊髄」と定義してあるが，これでは無脊椎動物には中枢神経系がないことになり，あまりにも系統進化的な観点が欠落していてナンセンスである．筆者は「感覚ニューロンや運動ニューロンの範疇を越えて，神経制御を行う介在ニューロン系（介在神経系）」と定義する．

抗体染色（免疫組織化学）
特定の分子に結合する抗体を用いる染色法．たとえば，神経細胞を可視化するために神経細胞のみがもつ，たとえば神経伝達物質の抗体を組織に与えると，抗体は神経細胞のみに結合する．この抗体に蛍光物質や色素などをつけておけば，神経細胞のみが観察できる標本を作ることができる．

経細胞は，つねに生産され，上皮筋細胞とともに体での位置を変え，最終的に体の末端より脱落・消失しているのに対し，神経環を含む組織は移動がなく，神経細胞の新しい分化も非常に遅いことが判明した．すなわち発生動態において，神経環は例外的に高等動物と近い性質を示す．

この神経環は，① 原始的ながら神経細胞の集中がみられること，② 神経細胞の発生動態が高等動物に近いこと，③ 口あるいは食道をとりまく神経構造であること，を考えると，原始的な中枢神経系である可能性がある．

さらに，ヒドラの神経細胞はすべて上皮筋細胞の筋肉部分に神経支配し運動ニューロンとしてはたらいているが，神経環内神経細胞は筋肉との神経結合をみることができず，より介在ニューロンとしての性質をもつ（**Key Word**「中枢神経系」参照）．

下等後口動物の棘皮動物や下等前口動物の中枢神経系は，基本的には口あるいは食道をとりまく神経環である．ヒトデの神経環，線虫の神経環しかりである．それらの神経環は，中枢神経系の一部といってよいものである．

5.3 ヒドラの神経環の機能

ヒドラ属は大きく分けて4種のグループ（普通ヒドラ，足長ヒドラ，グリーンヒドラ，小型ヒドラ）に分けられるが，神経環は足長ヒドラと小型ヒドラの種のみに存在する（図4）．神経環をもつグループともたないグループの行動を比較してみると，摂食反応において違いがみられた．もたないグループは，摂食化学刺激グルタチオンに対して，3種の触手反応（触手協調反応，触手もだえ反応，触手球形成）と開口反応を示すのに対して，もつグループは，触手球形成のかわりにすべての触手を同時に上下させるクランプリングという反応を示す（図13）．そして，神経環の破壊実験によって，神経環の生理機能の1つがこのクランプリングであることが判明した．

5.4 クラゲの神経環

実は，刺胞動物門でもヒドロ虫類のクラゲ（メジューサ，**Key Word** 参照）では，クラゲの傘の周囲（縁弁）に2種類の神経環があることが以前から知られていた．内側神経環は神経細胞がギャップ結合で電気的に結合していて，神

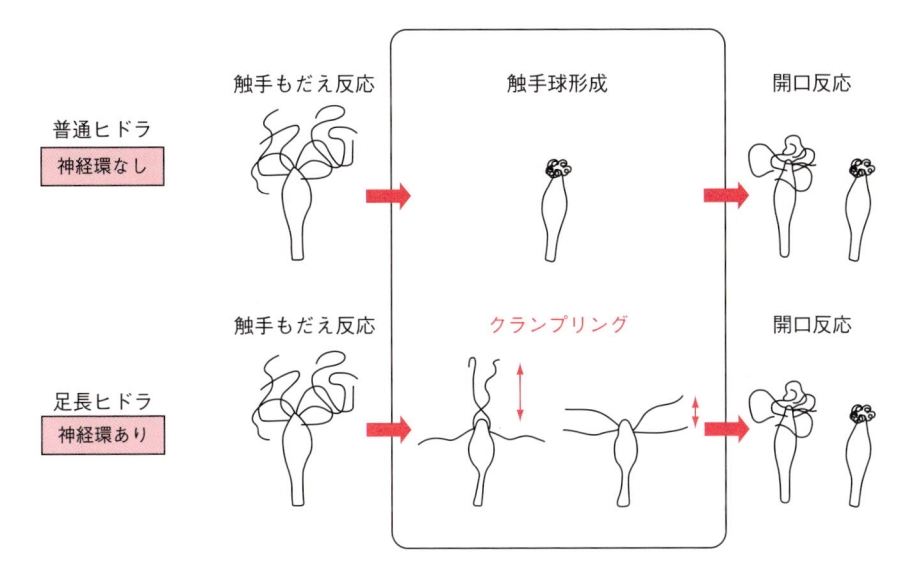

第2章 ヒドラの散在神経系とその行動能力 | 39

図13 普通ヒドラと足長ヒドラの摂食反応の違い
普通ヒドラでは，餌の体液から出てくる摂食化学刺激グルタチオンに対する摂食反応として，触手もだえ反応，触手球形成，開口反応をとる．足長ヒドラでは，触手球形成のかわりに触手をそろえて上下させるクランプリングとよばれる反応がみられる．また，足長ヒドラの神経環を破壊することによって，クランプリング反応は消失する．

経情報を高速で伝え，すべての触手を同時に動かす反応（クランプリング）に関与している．これに対して，外側神経環は，縁弁の触手の根元にある眼点の小さな神経節をつなぎ，光とほかの感覚入力との情報の統合をすると考えられている．そういう意味では，クラゲの神経環は小規模ながらも中枢神経系（Key Word 参照）である．

これらから，ヒドラの神経環の機能（クランプリング）は，このクラゲの内側神経環の機能と完全一致していることになる．

5.5 海産の刺胞動物のポリプの神経環

もしヒドラの神経環が，ヒドロ虫類のメジューサの神経環，さらにはヒトデや線虫の神経環と機能的に類似のものであるならば，刺胞動物の海産のポリプ（Key Word 参照）にも神経環があってもよいことになる．確かに，海産の刺胞動物のヒドロ虫類（ヒドラの仲間），花虫類（イソギンチャク，サンゴ），鉢

虫類（クラゲの仲間）について調べてみると，花虫類にも鉢虫類にもヒドロ虫類にも，ポリプに神経環をもつものが見つかった．

ただ，神経環をもたないもの，中間型のもの，完全な神経環をもつものなど，神経環に関しては著しい多様性も示していた．

おわりに

ヒドラを中心に，散在神経系の機能について述べてきた．これらの機能はまだ飛躍的に発達はしておらず低機能ではあるかもしれないが，この神経系は中枢神経系様要素を機能的にも構造的にもすべてをもち合わせていることがわかる．

現在の分子進化学に基づく系統樹では，腔腸動物ではヒドロ虫類ではなく，花虫類（イソギンチャク）が次の動物群につながる基本型であると考えられるようになってきている．そうであっても，イソギンチャクにもすばらしい神経環が観察でき，神経系の起源についてここで考えたこと（神経系は，その起源から基本的な要素はすべてそろっていた）は，間違っていないと信じている．

引用文献

1) Westfall, J. A., Kinnamon, J. C. J (1978) A second sensory-motor-interneuron with neurosecretory granules in Hydra. *J. Neurocytol.*, **7**, 365-379
2) Koizumi, O., *et al.* (1989) Ultrastructural localization of RFamide-like peptides in neuronal dense-cored vesicles in the peduncle of Hydra. *J. Exp. Zool.*, **249**, 17-22
3) Koizumi, O., Maeda, N. (1981) Rise of feeding threshold in satiated Hydra. *J. Comp. Physiol.*, **142**, 75-80
4) Blanquet, R. S., Lenhoff, H. M. (1968) Tyrosine enteroreceptor of hydra: Its function in eliciting a behavior modification. *Science*, **159**, 633-634
5) Rushforth, N. B. (1973) Behavioral modifications in coelenterates, *Invertebrate Learining* vol.1, pp.123-169, Plenum
6) Shimizu, H., *et al.* (2004) Three digestive movements in Hydra regulated by the diffuse nerve net in the body column. *J. Comp. Physiol. A*, **190**, 623-630
7) Koizumi, O., *et al.* (1992) The nerve ring of the hypostome in hydra. I. Its structure, development and maintenance. *J. Comp. Neurol.*, **326**, 7-21

8) Koizumi, O.（2007）Nerve ring of the hypostome in hydra: Is it an origin of the central nervous system of bilaterailan animals? *Brain, Behavior and Evolution*, **69**, 151-159
9) A. ギーラー 著，太田次郎 訳（1975）「ヒドラにみる形態形成モデル」，『サイエンス』，2月号，30-41，日経サイエンス社

参考文献

小泉 修（1982）「ヒドラの摂食行動」，『摂食行動のメカニズム』，現代の行動生物学 **2**（森田弘道，久保田 競 編），pp.147-166，産業図書

H. M. レンホフ・S. G. レンホフ 著，小泉 修 訳（1988）「動物実験の父トランブレー」，『サイエンス』，16 月号，90-97，日経サイエンス社

小泉 修（1994）「ヒドラの神経網の形成と維持」，『Annual Review 細胞生物学 1994』（矢原一郎，御子柴 克彦，月田 承一郎 編），95-106，中外医学社

小泉 修（1999）「ヒドラの散在神経系の神経生物学」，『比較生理生化学』，**16**, 278-287

清水 裕（2003）「高等動物の消化，循環機構の進化的起源を腔腸動物ヒドラに探す」，『比較生理生化学』，**20**, 69-81

小泉 修（2007）「神経系の壮大な歴史」，『神経系の多様性：その起源と進化』（阿形清和，小泉 修 編），21 世紀の動物科学 **7**，pp.1-7, 培風館

小泉 修（2007）「神経細胞の出現：散在神経系」，『神経系の多様性：その起源と進化』（阿形清和，小泉 修 編），21 世紀の動物科学 **7**，pp.8-41，培風館

3 プラナリアの神経系と行動能力

織井秀文

> プラナリアの神経系として，脳と眼の構造を取り上げ概説する．従来，プラナリアの脳は，腹側神経索の前方にある巨大な神経節であるとの認識があったが，その形態の観察と発現する遺伝子から，マウスの脳と比較可能な，れっきとした「脳」とよべるものであることが明らかになった．一方，眼はわずか3種類の細胞からなる単純な構造をしているが，光情報を受容し，脳へ伝達するという最低限の機能を果たすには充分である．また，プラナリアの脳が関与すると考えられる高次な生命現象として，分裂の概日リズムの研究を取り上げる．プラナリアの概日リズムの維持には，私たちヒト同様に，メラトニンが関与しているらしい．全ゲノムの配列決定とRNA干渉法による遺伝子の機能阻害法が開発された現在，神経系が関与するプラナリアの高度な行動を遺伝子レベルで解析することが可能となった．

はじめに

　プラナリアは，小川の石の下や木の葉の裏にくっついている1 cm足らずの動物で，体の一部から完全な個体を再生することができることでよく知られている．その立派な神経系は，一見ナメクジに似た単純な外観からはとても想像できないが，さらに，その神経系が完全に再生することは驚きである．ここでは，プラナリアの神経系の構造に焦点をあて，それが関与する現象として，あ

まり知られていない，概日リズムについての研究を紹介したい．

1 プラナリアの神経系

1.1 中枢神経系の構造

プラナリアは最も単純な中枢神経系をもつ動物として教科書にも取り上げられている（**図1a**）．それによれば，体の前方腹側に大きな神経節である脳があり，そこから1対の神経索が体の後端まで伸びている．おのおのの神経索には，間隔をおいて神経節があり，その間は横連合でつながっている．さながら「はしご」のように神経の走行していることから「はしご状神経系」とよばれている．きわめて単純化してしまえば，このような模式図も間違いとはいえないが，実際には，もっとずっと複雑である．

プラナリアの神経系を鳥瞰できるようになったのは，神経特異的に発現する遺伝子が単離され，その発現が全載標本 *in situ* ハイブリダイゼーション法（**Key Word**参照）によって視覚化することに成功したからにほかならない．それによると，プラナリアの脳は逆U字型をしており，左右の脳葉から頭部の辺縁部に向かって9つの突起が出ている（**図2b**）．辺縁部には，嗅覚器，味覚器に相当すると考えられている化学受容細胞や機械刺激を感知する触覚器などがあるといわれ，これらの突起は感覚神経からの情報が脳へ伝達される経

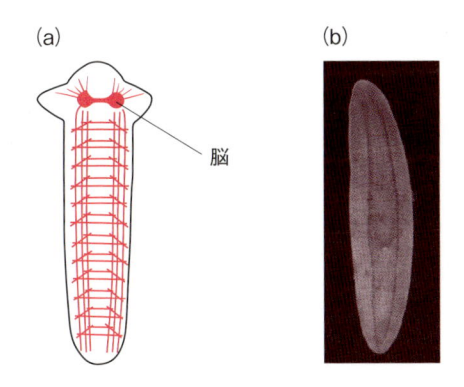

図1 プラナリアの神経系
（a）教科書によくみられるような，単純な模式図．（b）実際に神経系を染色した観察像．

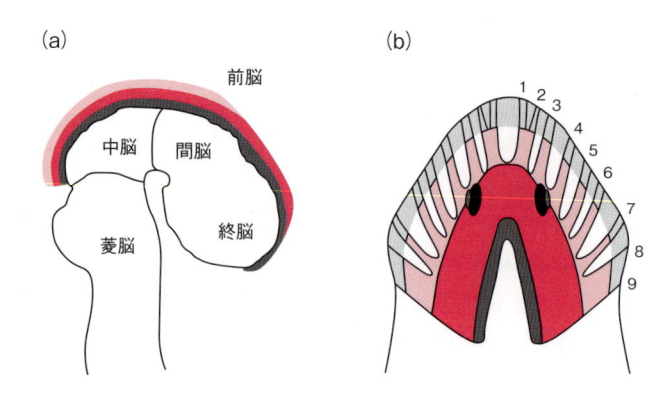

図2 遺伝子の発現からみたマウスとプラナリアの脳の比較
(a) マウス胚の脳．*otx*（グレー），*tailless*（赤），*emx*（ピンク）の発現を示す．(b) プラナリアの脳．*DjotxA*（グレー），*DjotxB*（赤），*Djotp*（ピンク）の発現を示す．文献1より改変引用．

路になっていると考えられている．また，脳葉を構成する神経細胞の細胞体は，おもにその周辺部に分布し，そこから伸びる神経突起が脳葉の内部で神経叢を形成している．外部から入力された情報は，この脳葉の内部で高度に処理されていると考えられている．プラナリアの脳は，1対の**腹側神経索**の前端部にあることから，腹側神経索の前端部にある神経節が単に肥大化しただけととらえられがちであるが，実はそうではないらしい．それは，形態学的な観察と脳特異的遺伝子の発現パターンの解析から明らかにされた．腹側神経索にある神経節は，腹側神経索がところどころ膨らんだ構造をしており，そこには神経細胞が塊状に存在しているにすぎない．一方，脳は，腹側神経索と別個な構造として認められる．脳は神経索の一部分が膨らんでいるのではなく，腹側神経索の背側に隣接して独立に存在しているのである．また，プラナリアの脳では，単に神経特異的遺伝子が発現しているだけではなく，ヒトやハエといった複雑な動物において脳形成にかかわる遺伝子も発現していることが明らかになった．さらに，これらの遺伝子は脳の特定の領域で発現しているのである．たとえば，マウスの前脳では *otx*，*tailless*，*emx* の遺伝子発現が前後軸に沿って領域性を示すことが知られている（**図2a**）．驚くべきことに，プラナリアにも，その *otx* に類似の3つの遺伝子，*DjotxA*，*DjotxB*，*Djotp* が存在しており，それらは領域特異的に発現している．すなわち，*DjotxA* は脳葉の内側で，*Djotp* は辺

縁部の突起領域で，*DjotxB* はその間の領域で発現で発現している（**図2b**）．マウス，ハエ，プラナリアの遺伝子間の類縁性は必ずしもはっきりしないが，遺伝子の発現からみれば，プラナリアもマウス同様に脳に領域性が存在していることは明らかである[1]．

このように，プラナリアの脳は明らかに腹側神経索とは異なり，私たちの脳と同じように，より高度な情報処理を行う組織として分化したものであることがわかる．また，脳や腹側神経索以外に体表皮直下に神経網があり，外部からの刺激の受容や筋細胞の収縮の制御にかかわっていると考えられている．

1.2 眼の構造

プラナリアの眼は，外観から最も目立つ器官の1つであるため比較的よく研究されている．外観上白い部分の中に黒い部分があり，アニメのキャラクターの眼のようにみえるが，けっしてウィンクしたり感情を表現できるようなものではなく，実に単純な構造をした光受容器官である．この眼は3種類の細胞，すなわち光を受容する視細胞，色素細胞，それらを囲む筋肉細胞から構成される（**図3a**）．眼の大きさは，ある程度体の大きさに比例している．大きなプラナリアの大きな眼は，小さなプラナリアの小さな眼より含まれる各細胞の数

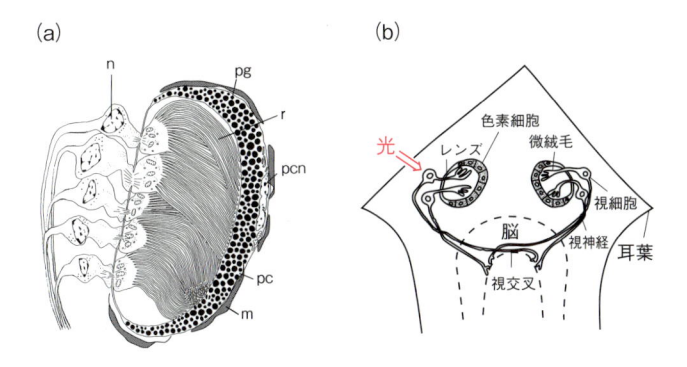

図3 プラナリアの眼の構造
(a) 1つの眼を拡大したもの．色素細胞をつくる眼杯の中に視細胞の微絨毛が入り込む．色素細胞は筋細胞に取り囲まれている．m：筋細胞，n：視細胞核，pc：色素細胞，pcn：色素細胞核，pg：色素顆粒，r：感桿．文献2より改変引用．(b) 視神経の走行を示す模式図．視細胞（視神経）の細胞体は眼杯近傍にあり，そこから眼杯内部に微絨毛を伸ばす．一方，軸索は脳まで直接伸長している．右眼の視神経は脳の右葉と左葉に投射しているため視交叉がみられる．

が多い．1層の色素細胞が半球状の杯を形づくり，視細胞はその開口部に束になって存在する．個々の視細胞はそこから杯の中に突起を伸ばし，その突起の先端は細かく分岐し感桿を形成している．光受容物質はこの感桿の細胞膜上に存在している．一方，その反対側に個々の視細胞が1本の軸索を伸ばしている．軸索は束になり，脳へ直接投射している．私たちヒトの眼では，視細胞が受容した光情報は，介在するいくつかの神経細胞を経て脳まで伝達されることが知られているが，プラナリアでは視細胞の一端で受けとった光情報は，同じ視細胞の反対側の一端へ伝達されているのである．このように介在する神経細胞がないので複雑な情報処理はできないと考えられる．興味深いことに，右眼の視細胞から伸びる軸索は脳の右側と左側へ投射する．反対に左眼の視細胞から伸びる軸索は脳の左側と右側へ投射する．すなわち，視神経は交叉しているのである．さらに，前方にある視神経は反対側の脳へ投射し，後方にある視神経は同側の脳へ投射しているという[3]（**図3b**）．プラナリアの眼は像を結ばないまでも前後左右といった光の方向性は感知できるのかもしれない．また，明条件下と暗条件下では，杯の内部の感桿の形態が変化することが報告されている．明条件では規則的な形をしている感桿が，暗条件では波打ち不規則な形をとるという[4]．このような形態的変化はプラナリアの眼の暗順応に伴う変化と考えられている．色素細胞の半球状の杯の周りには筋肉細胞が不規則に取り囲んでいる．しかし，この筋肉細胞は，眼以外のどこかの組織とつながりをもっているわけではないので，眼の方向を変えることはできないようである．この筋肉は，眼の構造を支えるためにあると考えられる[5]．

1.3 プラナリアの神経伝達物質

A 神経ペプチド

プラナリアをはじめ，多くの無脊椎動物では，古くからさまざまな**神経ペプチド**の存在が明らかにされてきた．特に，FMRFアミドをはじめとしたカルボキシ末端がアミド化された神経ペプチドは，抗FMRFアミド抗体で免疫組織化学的に反応することから，プラナリアでもFMRFアミド類似の神経ペプチドの存在が示唆されていた．しかし，現在まで実際にプラナリアから単離精製された神経ペプチドはGYIRFアミドなどいくつかが知られているにすぎず，

また，それらの生体内での機能はまったくわかっていない．一方，さまざまな神経ペプチドはコードされている遺伝子こそ違うものの，転写・翻訳後，プロセシング，アミド化（アミド化ペプチドの場合）と共通の生合成経路をとると考えられる．それゆえ，このような生合成にかかわる分子群も神経特異的に存在することが期待され，実際，プロセシング酵素やアミド化にかかわる分子が，プラナリアのほとんどの神経細胞で発現していることが明らかとなった．このことから，プラナリアにどのくらいの種類の神経ペプチドが存在するか不明だが，きわめて多くの神経で伝達物質として，あるいは調節分子として機能していると考えられる．

Key Word

全載標本 *in situ* ハイブリダイゼーション法

ある特定の遺伝子が生物の体全体のどこで（*in situ*）発現するのかを観察する方法．1本鎖状の核酸が，その塩基配列と相補的な核酸と対合する性質を利用する．観察したい目的の mRNA と相補的な核酸を人工的に合成・標識し（プローブとよばれる），それを固定した生物と一定の条件の下に反応（ハイブリダイゼーション）させたのち，標識したプローブを可視化することで行う．感度よく mRNA の分布がわかるため，生物における遺伝子の機能を推定するにはなくてはならない方法になっている．

RNA 干渉法

ある mRNA に対し，相補的配列をもつ低分子 RNA（microRNA）がはたらくことにより，その mRNA だけが分解される，という遺伝子の調節現象が知られている．この現象を利用して，特定の遺伝子の mRNA と相補的配列をもつ1本鎖あるいは2本鎖 RNA を細胞へ導入することで，その mRNA を特異的に分解し，その遺伝子の機能を調べるための方法．さまざまな動物で適用が可能であるため，遺伝的手法が困難な生物における遺伝子の機能を解析するために最近広く使われている．プラナリアでは，調べたい遺伝子に対する2本鎖 RNA をプラナリアに注射するだけで容易にその遺伝子を分解することができる．

B セロトニン

　神経伝達物質セロトニンの生合成における律速段階酵素トリプトファン水酸化酵素の遺伝子が最近単離された．この酵素を指標にセロトニン作動性神経が同定された．この神経は体全体に分布するが，特に腹側神経索に沿って分布し，横連合において顕著にみられた．また，この酵素は眼の色素細胞にも存在するが，その意味は不明である．

C ドーパミン

　ドーパミンは，興奮性神経伝達物質として広く知られている．ドーパミンの生合成にかかわる酵素チロシン水酸化酵素の遺伝子が単離され，ドーパミン作動性神経の分布が明らかにされた．この神経はおもに頭部に分布しており，その辺縁部のほか，脳の背側と腹側や腹側神経索に点在していた．興味深いことに，腹側神経索では，咽頭後方には分布しないが，ドーパミン神経の軸索は腹側神経索に沿って尾部先端まで伸ばしているという．薬理学的な研究により，ドーパミン神経は筋肉を介した運動の制御に関与していることが明らかになっている[6]．

D GABA

　GABA（gamma aminobutyric acid：γ-アミノ酪酸）合成酵素，グルタミン酸脱炭酸酵素の遺伝子が単離され，GABA作動性神経が同定された．興味深いことに，この神経は脳の背側と腹側に点在し，背側ではドーパミン作動性神経の近傍にあるが，両伝達物質をあわせもつ細胞はみられないという．RNA干渉法（Key Word参照）によりこの遺伝子の機能を阻害すると，運動能力には影響がないにもかかわらず，光から逃げる負の走光性がなくなることから，GABAは光情報から運動への情報伝達にかかわっているらしい．

　また，咽頭の先端でもこの酵素をもつ細胞が存在するが，その形態は典型的な神経細胞と異なっており，その意味は不明である．

2 プラナリアの概日リズム

　プラナリアを実験室で飼育すると，咽頭の後ろでみずからちぎれて，前後に2断片に分かれる（図4）．その後，前方断片からは尾部が再生し，後方断片からは頭部と咽頭が再生し，結果として2匹のプラナリアに増える．すなわち，プラナリアは分裂と再生をくり返し増えるのである．

　では，餌さえあげていれば無制限に増えるのだろうか？　実は，この分裂は意外にも高度に制御されているらしい．プラナリアを高密度で飼育すると分裂がまれになり，低密度で飼育すると分裂がよく起こることが知られている．これは，高密度で飼育した場合，プラナリアから分泌された何らかの物質（代謝物やフェロモンなど）が飼育水中に蓄積することで個々のプラナリアが密度を感知し，分裂が阻害されるという簡単なものではないらしい．このことは，高密度で飼育した使い古しの水を使ってプラナリアを低密度で飼育しても分裂が阻害されないことからも明らかである．どうやら，プラナリアの頭部周辺に生えている感覚毛（神経細胞）がプラナリアどうしで接触することにより，密度を感知しているようなのである[8]．頭部を切除したプラナリアでは，さらに分裂がよく起きることが知られているが，このことは断頭したことで密度を感知できなくなり，分裂が促進されたと考えることもできる．さらに，よく観察し

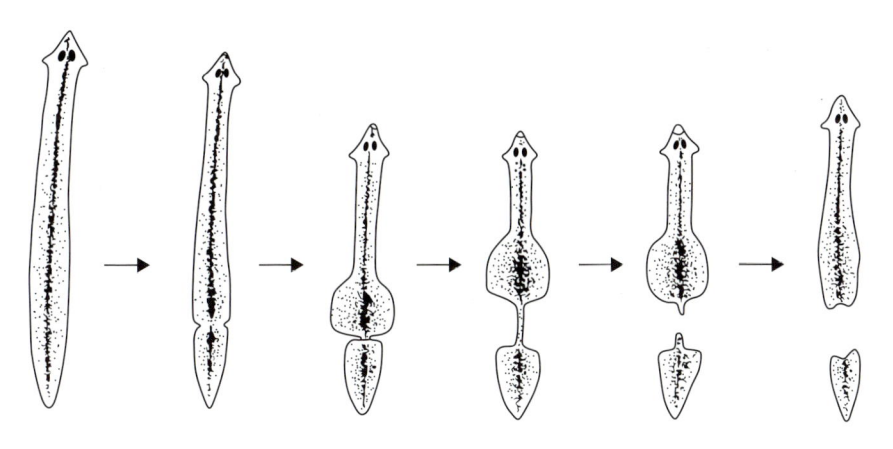

図4　プラナリアの切断の様子
　　　くびれがみえてから，3〜5分で分裂が完了する．文献7より改変引用．

column コラム

切っても再生するプラナリアの不思議

ヒトの脳とさえ比較できるくらい高度な脳をもつプラナリアで不思議なことは，何といってもその旺盛な再生能力であろう．プラナリアの高い再生能力は18世紀からすでに知られており，文献によれば，なんと1匹の体の279分の1の小断片からでも完全な1匹のプラナリアが再生したという．では「刃物に対して不死身」と当時の生物学者を驚嘆させた高い再生能力の原因はいったい何なのだろうか．それは，プラナリアの体は，全細胞数の2割から3割にあたる細胞がどんな細胞にも分化できる未分化な幹細胞でできているからと考えられている．おもしろいことにプラナリアでは，幹細胞しか増殖することができない．神経細胞，筋細胞，表皮細胞などプラナリアの体をつくっている幹細胞以外のさまざまな分化した細胞は，分裂することができず死んで行く運命にある．一方，幹細胞は，プラナリアが餌を食べて大きくなるにつれ，さまざまな細胞に分化すると同時に幹細胞自身が増殖するのである．いわば，幹細胞は不老不死なのである．見方を変えれば，プラナリアの体は，その幹細胞がみずから永遠に生き長らえるための培養皿を提供しているといえよう．私たちヒトをはじめとした動物の一生も世代を越えて眺めてみると同じことがいえる．すなわち，個体としては寿命があり，いずれは死んで行く運命にあるが，生殖細胞という精子や卵子の細胞だけは次世代へと受け継がれ，脈々と生きつづけ不老不死なのである．実際，最近の遺伝子の研究により，プラナリアの幹細胞は，動物一般の生殖細胞ときわめて類似していることが明らかになりつつある．では，切り刻まれたプラナリアの体の小断片中に含まれる幹細胞が，どのようにしてさまざまな細胞へと分化し，美しいほど整った形のもとどおりのプラナリアを正確につくりあげることができるのだろうか？　残念ながら，それは今もって謎である．

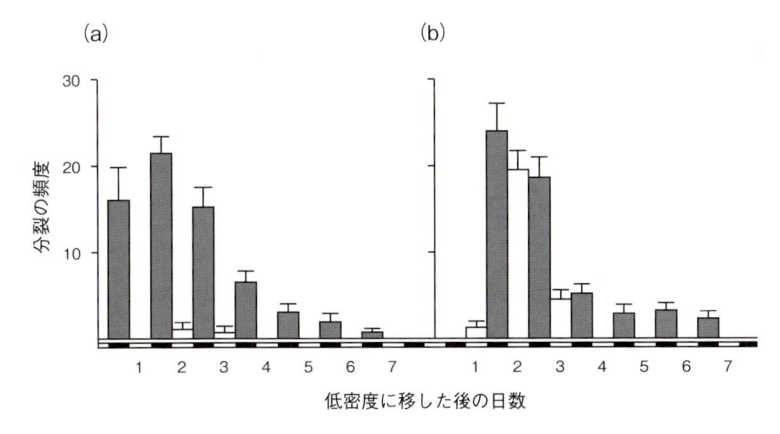

図5 プラナリアの分裂は暗期で起こる
(a) 高密度で一定周期の明暗条件で5日間培養後，低密度に移すと暗期で分裂が起こる．
(b) 頭部を切断したプラナリアでは明期でも分裂が起こる．文献8より改変引用．

てみると，分裂は暗いときによく起きる．森田らは，プラナリアの分裂と明暗条件の関係について詳しく調べた[9]．それによると，明期8～12時間／暗期16～12時間の光条件下において5日間高密度で飼育したのち低密度にすると，その後およそ1週間以内に大半のプラナリア（66%）は分裂を行うという．また，同じ条件でプラナリアの頭部を除去すると分裂の頻度は上がる（82%）．興味深いことに，正常なプラナリアではこのときの分裂はほとんど暗期に起きるのに対し，断頭したプラナリアでは明期でも分裂するようになる（**図5**）．正常なプラナリアでは連続明期や連続暗期においても明暗の周期を保って分裂がみられることから，プラナリアにおいて概日リズムがあり，それには脳が関与していることが示唆された．ヒトの概日リズムには松果体から分泌されるメラトニンというホルモンが関与することがよく知られている．そこで，森田らはプラナリアの分裂におけるメラトニンの効果を調べた．その結果，メラトニンは，濃度依存的かつ可逆的に分裂を抑制した．さらに興味深いことに，明暗周期の明期のみ，あるいは暗期のみにメラトニンで処理すると，それぞれ暗期のみ，明期のみで分裂が起きたのである．セロトニン，ノルアドレナリン，クロロフェニルアラニン，リセルピンなどほかの神経に作用する薬剤にはこのような効果はみられないという[9]．

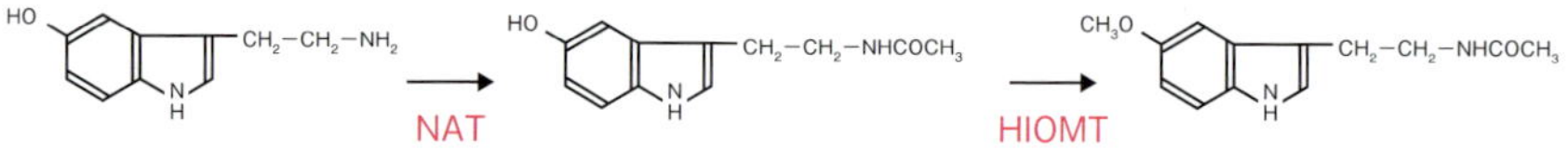

図6 メラトニンの生合成
セロトニンからNATとHIOMTの2つの酵素の連続したはたらきによりメラトニンが合成される．

　そもそも，プラナリアにメラトニンは存在するのだろうか？　森田らは，高速液体クロマトグラフィーと放射免疫測定によってプラナリアにおけるメラトニンの存在を明らかにした．そしてメラトニンは，暗順応したプラナリア頭部には，明順応したものよりも有意に多く含まれていることがわかった[9]．以上の実験から，プラナリアの分裂の概日リズムについて，プラナリアの脳では暗条件下でメラトニンが合成され，明条件下で放出されることにより分裂が抑制されるのではないか，という仮説が立てられたのである．

　メラトニンはインドールアミンの1つであり，私たち脊椎動物ではアリルアルキルアミン N-アセチルトランスフェラーゼ（NAT）とヒドロキシインドール-O-メチルトランスフェラーゼ（HIOMT）の2つの連続した酵素反応によってセロトニンから生成されることが知られている（**図6**）．では，メラトニンをもつプラナリアにおいても，これらの酵素は存在するのだろうか？　伊藤らは，プラナリアの破砕懸濁液中にこれら2つの酵素活性があることを示した[10]．また，これら酵素の性質は，哺乳類のものと似ていることを明らかにした．興味深いことにプラナリアのNATとHIOMTの2つの酵素活性は，メラトニン含量とともに明条件で低く暗条件で高いという挙動を示した（**図7**）．さらに，一定の明暗周期下（明期12時間／暗期12時間）で飼育後，連続暗条件下で飼育した場合，メラトニン含量とNAT活性の明暗の周期下でみられた変動は維持されたのに対し，HIOMTは明確な変動がみられなかった（**図8**）．すなわち，メラトニン含量とその合成酵素NATの変動は概日リズムを示したのである．興味深いことに，セロトニン含量もメラトニン含量，NAT活性と同様に概日リズムを示すが，その変動は，それらとは反対に暗期で最低になるという[11]．

　これまでに明らかになった事実をもとに想像をたくましくすると，プラナリ

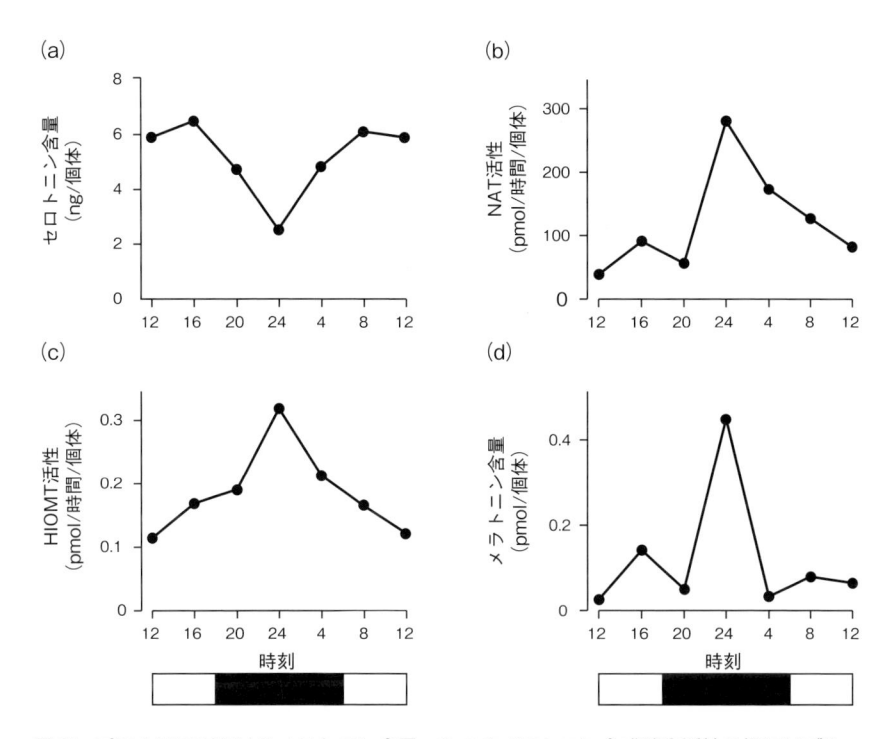

図7 プラナリアにおけるメラトニン含量，2つのメラトニン合成酵素活性の概日リズム
明期12時間／暗期12時間の条件下での (a) セロトニン含量，(b) NAT活性，(c) HIOMT活性，(d) メラトニン含量の変化．文献10, 11より改変引用．

アの脳でセロトニンから合成されるメラトニンは，概日リズムをもって合成（暗期），蓄積，放出（明期）が起こり，それによって，分裂周期が調節されている，というストーリーを描くことができる．プラナリアのような単純な体制をもつ無脊椎動物においても，ヒトと同じような概日リズムの維持機構が存在するのかもしれない．

ここで紹介したプラナリアの分裂の概日リズムとメラトニンの関係を指摘した森田らの実験は，20年以上も前に報告されたものである．近年，プラナリアにおいても発現遺伝子の大規模解析やゲノムの全塩基配列決定が行われた．さらに，RNA干渉法により発現遺伝子の機能阻害が容易に行えるようになった[12,13]．以上に述べた概日リズムのストーリーを証明するには，最新の技術を駆使した多くの実験が必要なことはいうまでもない．

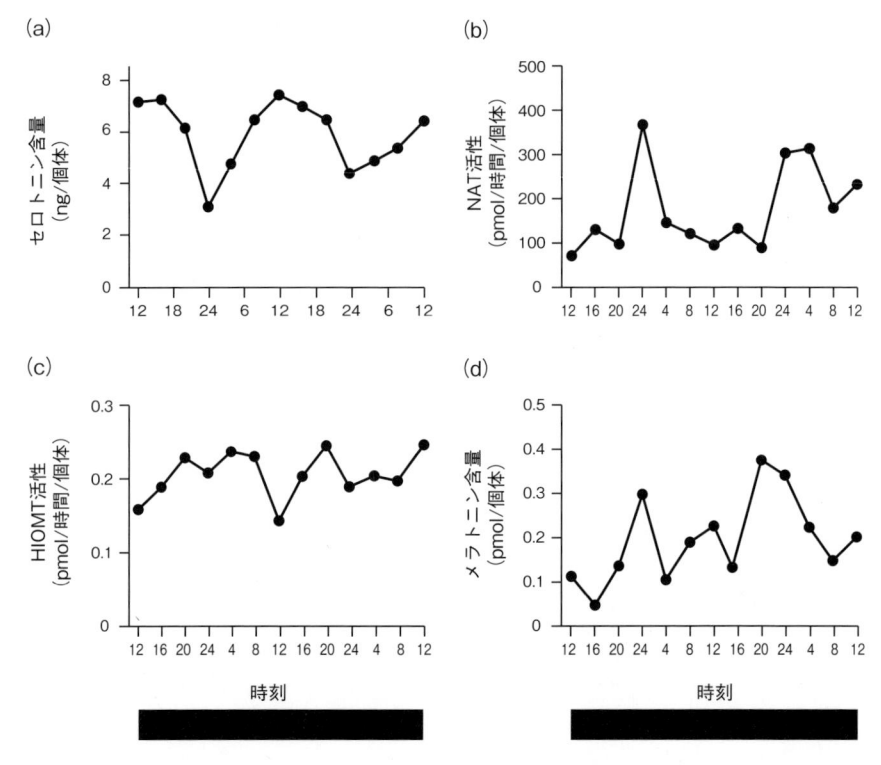

図8 プラナリアにおけるセロトニン，2つのメラトニン合成酵素，メラトニン含量の活性の概日リズム
明期12時間／暗期12時間の条件下で培養後，連続暗条件下で培養してもHIOMT以外は明らかな周期性を示す．(a) セロトニン含量，(b) NAT活性，(c) HIOMT活性，(d) メラトニン含量の変化．文献10，11より改変引用．

おわりに

　プラナリアの神経系の構造と，プラナリアにも神経系の関与した概日リズムがあることを述べた．「下等な」プラナリアが，意外にも「高等」であることを理解していただけたと思う．今回はいっさいふれなかったが，驚くべきことは，このような「高等な」プラナリアの脳が，断頭後わずか10日ほどで完全にもとどおりに再生することである．ゲノム情報が解読されたいま，プラナリアのこの謎に迫ることができる時期がいよいよやってきたといえよう．

引用文献

1) Agata, K., Umesono, Y. (2008) Brain regeneration from pluripotent stem cells in planarian. *Phil. Trans. R. Soc. B*, **363**, 2071-2078
2) 手代木 渉・渡辺憲二 編著（1998）『プラナリアの形態分化』, 共立出版
3) Okamoto, K., *et al.* (2005) Neural projections in planarian brain revealed by fluorescent dye tracing. *Zool. Sci.*, **22**, 535-546
4) Carpenter, K. S., *et al.* (1973) Ultrastructure of the photoreceptor of the planarian Dugesia dorotocephala. II. Changes induced by darkness and light. *Cytobiologie*, **8**, 320-338
5) Orii, H., *et al.* (2002) Anatomy of the planarian Dugesia japonica I. The muscular system revealed by antisera against myosin heavy chains. *Zool. Sci.*, **19**, 1123-1131
6) 西村周泰 他（2008）「プラナリアにおける脳再生の分子機構とドパミン神経ネットワーク」, *BRAIN and NERVE*, **60**, 307-317
7) Morita, M. (1995) Photoperiod and melatonin control of planarian asexual reproduction. *Advances in Invertebrate Reproduction* (eds. Hoshi, M., Yamashita, O.), pp.33-36, Elsevier
8) Morita, M., Best, J. B. (1984) Effects of photoperiods and melatonin on planarian asexual reproduction. *J. Exp. Zool.*, **231**, 273-282
9) Morita, M., *et al.* (1987) Photoperiodic moduration of cephalic melatonin in planarians. *J. Exp. Zool.*, **241**, 383-388
10) Ito, M. T., *et al.* (1999) Circadian rhythms of melatonin-synthesizing enzyme activities and melatonin levels in planarians. *Brain Res.*, **830**, 165-173
11) Ito, M. T., Igarashi, J. (2000) Circadian rhythm of serotonin levels in planarians. *Neuroreport*, **11**, 473-476
12) Sánchez Alvarado, A., Newmark, P. A. (1999) Double-stranded RNA specifically disrupts gene expression during planarian regeneration. *Proc. Natl. Acad. Sci. USA.*, **96**, 5049-5054
13) Orii, H., *et al.* (2003) A simple "soaking method" for RNA interference in the planarian Dugesia japonica. *Dev. Genes Evol.*, **213**, 138-141

参考文献

Harrison, F. W., Bogitsh, B. J. (eds.) (1991) *Microscopic anatomy of invertebrates Vol.3. Platyhelminthes and Nemertinea.* Wiley-Liss, Inc.

4 線虫の神経系と行動

松浦哲也

> センチュウ（*Caenorhabditis elegans*）はわずか302個のニューロンから構成されており，それらすべての接続が明らかにされている．そのため，感覚の受容から行動の発現に至る情報の流れが容易に理解できる．また，必須な遺伝情報であるゲノムの全塩基配列が明らかであるため，遺伝子レベルでの解析も比較的容易である．*C. elegans*は行動とその神経基盤，そして遺伝子のはたらきを結び付けることのできる数少ない生物の1つであるといえる．この動物のもつ驚くべき高度な行動やその神経基盤の解明は，行動生物学や神経行動学などの研究分野の発展に大きく貢献するであろう．

はじめに

センチュウ［*Caenorhabditis elegans*（*C. elegans*，通称シーエレガンス：以下線虫）］は，体長約1 mmの非寄生性の線形動物で，行動-神経回路-遺伝子の関係を総合的に解析・理解できる格好の生き物である．この動物は，以下に示す研究対象としての長所を備えている[1]．まず，飼育が容易で孵化してから成虫に成長するまでの期間が短い（3日）ことから，遺伝学の材料として優れている．そして，線虫として生きていくうえで必須な遺伝情報であるゲノムの

全塩基配列が明らかとなっているうえに，遺伝子導入や遺伝子破壊などの遺伝子操作を比較的簡単に行うことができる．また，線虫がもつニューロンの数はわずか302個であり，すべてのニューロン間のつながりが明らかとなっている．そのため特定の行動発現に関与する神経メカニズムについての理解が可能である．このような研究材料としての優れた特徴をもつ一方で，ニューロンの電気的な活動を記録することがむずかしいといった短所もある．

線虫が発生や行動に関与する遺伝子のはたらきを解明するための対象動物として注目されたのは，1960年代なかばになってからである．Sydney Brennerが研究材料としての線虫の有用性に気づいたことがきっかけとなった．脳におけるニューロン間の接続様式に興味をもっていたBrennerは，線虫を用いてその解明に取り組むことになる[2]．彼の研究グループは神経系の機能に異常をもつ変異体の解析を進めるなかで，関連する遺伝子の機能を明らかにしていった．これらの研究が評価され，Brennerは2002年にノーベル医学生理学賞を受賞することになる．現在では数多くの変異体が分離されており，線虫はショウジョウバエと並ぶ発生遺伝学や行動遺伝学のモデル生物として注目を集めている．

行動遺伝学を導く概念は，遺伝子→神経回路→行動であり，現在の線虫を用いた研究の多くはこのアプローチがとられている．一方で，筆者の専門としている神経行動学では行動→神経回路→遺伝子といった階層レベルで研究が進められる．線虫は行動遺伝学の優れた研究材料であるが，神経行動学の研究対象としても優れていると考えられる．本章では，線虫の生活環と神経系，興味深い行動について概説する．加齢によってもたらされる行動や神経系の変化についても述べる．また，線虫のもつコミュニケーションともよべる行動について紹介する．

1 線虫の生活環と神経系の完成

線虫の多くは雌雄同体であり自家受精して増殖することができる．雄は約1000匹に1匹の割合でしか出現しない．20℃で線虫を飼育した場合，受精から孵化までの胚発生の期間は約18時間である．孵化後，3日ほどで4回の脱

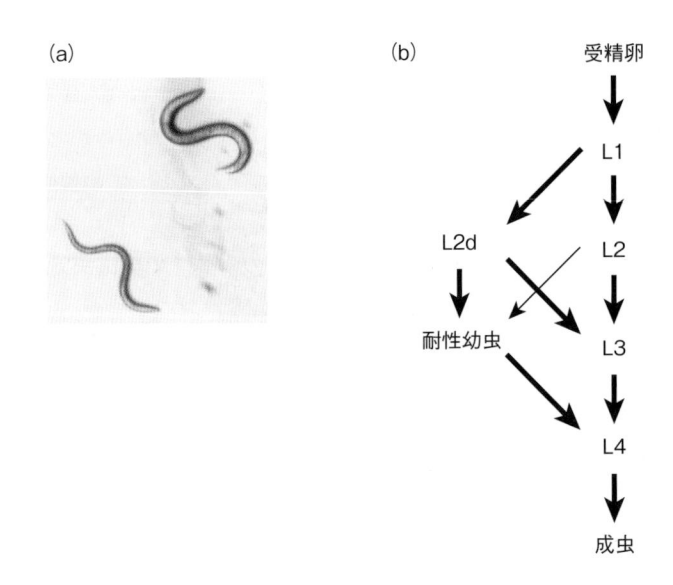

図1 耐性幼虫と生活環
(a) L3幼虫（上）と耐性幼虫（下）．(b) 線虫の生活環．→口絵2参照

皮を行い幼虫段階（L1〜L4）を終える．L4幼虫は腹部の産卵口付近に三日月状の構造体をもつ．この構造体は最終脱皮後にはみられなくなり，生殖能力をもった成虫へと成長する．雌雄同体の線虫は，十分に餌のある状態で平均20日ほど生存し，その間に約300個の受精卵を産むといわれている[3]．

　線虫の卵や体は透明性が高く，微分干渉顕微鏡という顕微鏡を用いると無染色のまま標本のコントラストを高めて観察できるため，生きた状態で細胞の分化を追跡することができる．雌雄同体のL1幼虫は558個の細胞からなり，成虫時には959個まで増加する．雄のL1幼虫の細胞数は560個で，成虫時には1031個となる[4]．雌雄同体の細胞数は雄のそれよりも少ないが，筋肉，消化管，神経系，生殖系など動物として必要で基本的な構造をすべて備えている．胚発生時の各細胞が将来どの器官に分化するのかも明らかにされているが，詳細についてはほかの文献を参考にしてほしい．

　実験室では，餌となる大腸菌を塗った寒天培地上で線虫を飼育する．古くなった寒天培地をよく観察すると，細長くて黒っぽい幼虫の存在に気づく（**図1a**）．これを耐性幼虫とよんでおり，L1からL2幼虫期にかけて過酷な環境条

件におかれた線虫はこの過程を経ることになる．具体的には，餌の減少や過剰な個体密度，飼育温度の高温化など，飼育条件の悪化をあげることができる．耐性幼虫になると，この間の成長は停止し，2～3ヵ月は生存できる．耐性幼虫は通常のL3幼虫期にあたり，飼育条件が改善されるとL4幼虫に成長する（図1b）．通常の成長を経るか，耐性幼虫になるかは耐性幼虫フェロモンの濃度によって決まる．このフェロモンは各成長段階のすべての線虫が分泌しており，その濃度によって個体密度を感知している．

ところで，線虫の神経系の完成はいつ起こるのだろうか？　耐性幼虫が通常のL3幼虫期にあたるとすれば，耐性幼虫フェロモンを感知するための神経系は少なくともL2幼虫で完成されていなければならない．文献によると孵化時にはすでに約200個のニューロンが存在し，L2幼虫では302個すべてのニューロンがそろっているらしい[1]．しかし，誘引物質や忌避物質に対する反応が成虫期に最大となることから，これらニューロンのすべてがL2幼虫で十分な機能を果たしているとは考えにくい．

2 線虫の神経系

線虫のおもな神経系は，頭部にある**神経環**と腹部に存在する**神経索**である（図2a）．線虫に存在する神経系のうち頭部に存在する感覚子を**アンフィド**とよんでいる．尾部にはファスミドとよばれる感覚子も存在する．これらのほかに，接触などの機械刺激を受容すると考えられる感覚子が16個ある．

2.1 アンフィド感覚子

頭部に1対存在するアンフィドは，線虫において最大の感覚子であり，12種24個の感覚ニューロンが存在する．感覚ニューロンの細胞体は咽頭近くにあり，樹状突起をアンフィドまで伸ばしている．感覚の受容は先端の繊毛部分（**感覚繊毛**）で行われており，それらは感覚繊毛が1本（ASE，ASG，ASH，ASI，ASJ，ASK），2本（ADF，ADL），翼状（AWA，AWB，AWC）および指状（AFD）からなる4つのグループに分けることができる（図2b）．レーザーを用いたこれら感覚ニューロンの破壊実験から，各感覚ニューロンが受容

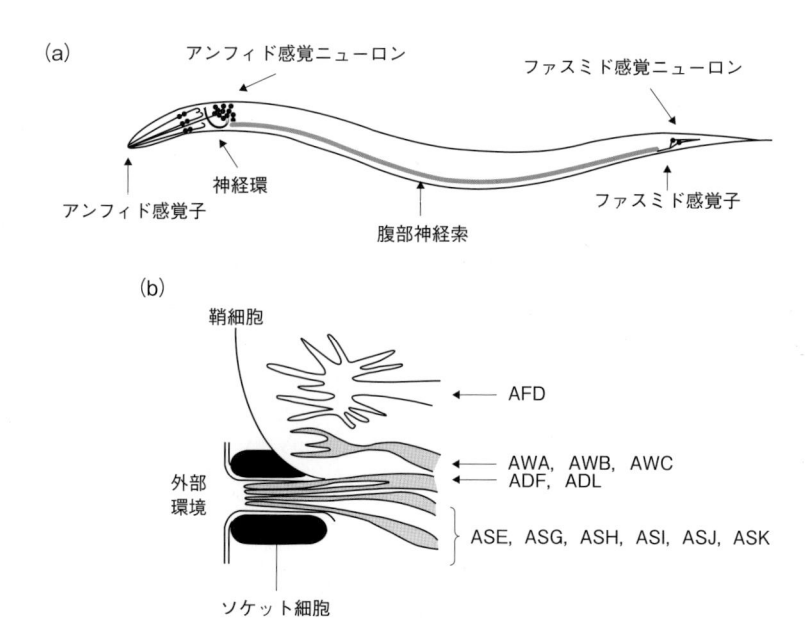

図2 線虫の感覚器官
(a) 線虫のおもな神経系. (b) アンフィド感覚子に存在する感覚ニューロン. 文献5より改変引用.

する刺激の種類や各ニューロンによってもたらされる行動が明らかとなっている[5] (**表1**).

　線虫が受容する情報の処理中枢は神経環とよばれ，それは咽頭の周りに形成されている (**図2a**). アンフィド感覚ニューロンは神経環に軸索を伸ばし，得られた感覚情報を介在ニューロンに受け渡す. たとえば，AWAニューロンによって受容された揮発性物質の情報は，AIYやAIZと名づけられた介在ニューロンを経て，AIAやAIB介在ニューロンに伝えられる. アンフィド感覚ニューロンが接続する主要な介在ニューロンは7種類である. **表1**に示したようにアンフィド感覚子には多種多様な感覚情報が入力される. それらシグナルが小数の介在ニューロンによって統合されたのち，どのような処理過程を経て行動がひき起されるのかは明らかにされていない.

表1 アンフィド感覚ニューロンの機能

ニューロン	受容する刺激	発現する行動
AWA	揮発性物質（ジアセチル，ピラジン，チアゾール）	誘引行動
AWB	揮発性物質（2-ノナノン）	忌避行動
AWC	揮発性物質（ベンズアルデヒド，ブタノン，チアゾール，イソアミルアルコール）	誘引行動
AFD	温度	温度走性
ASE	水溶性物質（Na^+，Cl^-，cAMP，ビオチン，リジン，Cd^{2+}，Cu^{2+}）	誘引行動，忌避行動
ADF	水溶性物質（Na^+，Cl^-，cAMP，ビオチン，耐性幼虫フェロモン）	誘引行動
ASG	水溶性物質（Na^+，Cl^-，cAMP，ビオチン，リジン，耐性幼虫フェロモン）	誘引行動
ASH	揮発性物質（1-オクタノール，高濃度ベンズアルデヒド）・水溶性物質（Cd^{2+}，Cu^{2+}）・浸透圧・頭部への接触刺激	忌避行動
ASI	水溶性物質（Na^+，Cl^-，cAMP，ビオチン，リジン，耐性幼虫フェロモン）	誘引行動
ASJ	水溶性物質（耐性幼虫フェロモン）	
ASK	水溶性物質（リジン）	誘引行動
ADL	揮発性物質（オクタノール）・水溶性物質（Cd^{2+}，Cu^{2+}，その他）	忌避行動

2.2 ファスミド感覚子

　ファスミド感覚子が化学物質の受容に機能していることは古くから示唆されてきた．しかし，直接的な証拠が得られたのは最近になってからである．ある忌避物質を線虫に与えた場合の忌避行動の発現に，アンフィドとファスミドの両感覚子からの情報が必要であることがわかってきた[6]．ファスミド感覚子に存在するPHAやPHB感覚ニューロンをレーザー除去した個体や，ファスミド感覚子が正常に形成されない変異体を用いた実験から，ファスミド感覚ニューロンに忌避物質を受容したあとの行動モジュレーター（制御因子）としての役割があることが見いだされた．線虫は頭部と尾部の両方に感覚子をもつことで，周囲に存在する感覚情報を空間的に認識している可能性が高い．

3 線虫の反射的行動

　線虫を寒天プレート上におくと，滑らかなサインカーブを描きながらその表面を前進する．このとき，線虫は体の側面を下にして運動している．頭部をもち上げる行動や方向転換，後退運動なども行う．線虫は，化学物質や温度，接

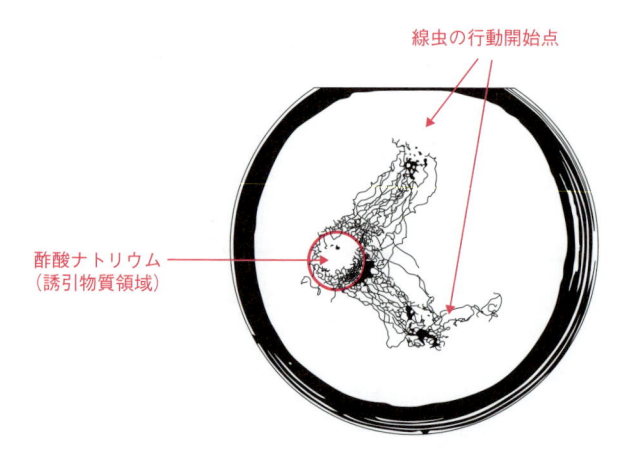

図3　化学物質に対して線虫が移動した軌跡

触，光などの外部刺激に対して反応し，何らかの行動を発現する．ここでは化学物質や温度，接触（機械）刺激に対する線虫の行動について述べる．

3.1 化学走性

　寒天プレート上のある場所に酢酸ナトリウムを滴下し，線虫を別の場所におくと，線虫は酢酸ナトリウムを滴下した方向に移動（**誘引行動**）を開始する（**図3**）．水溶性物質では，ナトリウムイオン（Na^+）や塩化物イオン（Cl^-）のような無機物，cAMP，リジン，ビオチンなどの有機物に対する強い誘引反応が確認されている．揮発性物質では，ジアセチル，イソアミルアルコール，ベンズアルデヒドなどに対する誘引反応が知られている．線虫の餌である土中バクテリアは，微量のアルコールやジアセチル，有機物を産出する．自然界で生きる線虫にとって，これら**誘引物質**の存在は近くに餌があることを意味している．銅イオン（Cu^{2+}）やオクタノール，ノナノンに対しては忌避行動を発現する（**表1**）．

　線虫は約1000種類の化学物質を感知し**化学走性**行動を発現する．化学物質はおもにアンフィド感覚子に存在する感覚ニューロンによって受容される．ニューロン数の少ない線虫では，単一の感覚ニューロンが複数種の物質を受容することになる．このことは，1本の感覚ニューロンに複数の受容体タンパク

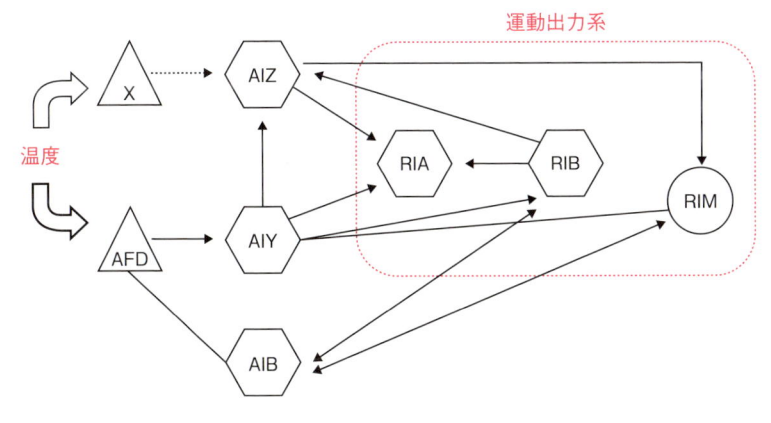

図4 温度受容の神経回路モデル
文献8より改変引用.

質が発現していることや，単一ニューロンで複数の化学物質が識別できるという事実から明らかである．**表1**に示したようにASHニューロンは化学物質や頭部への接触刺激，高浸透圧に対する忌避行動の発現に関与しており，このニューロンは異なる種類の刺激を受容しているといえる．

AWAニューロンには誘引物質であるジアセチルを感知する嗅覚受容体タンパク質ODR-10が発現している．*odr-10*遺伝子の欠損変異体（*odr-10*変異体）はジアセチルに対する誘引行動を発現できない．一方，AWBニューロンは忌避行動の発現に関与している．*odr-10*変異体のAWBニューロンに*odr-10*遺伝子を人為的に導入すると，その線虫は本来の誘引物質であるジアセチルに対して忌避行動を示すようになる．これは，行動の決定が受容体ではなく刺激を感知するニューロンのレベルで行われることを意味している[7]．

3.2 温度走性

ニューロン間の情報伝達については<u>温度走性</u>で詳細に調べられており，森と大島によって温度走性に関与する神経回路モデルが提案されている（**図4**）[8]．線虫を温度勾配のあるプレート上におくと，飼育されていた温度に向かって移動する．温度情報はアンフィド感覚器のAFDニューロンやまだ同定されていないニューロン（X）によって受容され，AIYやAIZ介在ニューロンに伝達

される．AIY や AIZ 介在ニューロンを破壊するとそれぞれ好冷性および好熱性になることから，AIY 介在ニューロンは高い温度への移動に，AIZ 介在ニューロンは低い温度への移動に関与していると考えられる．AIB 介在ニューロンも低い温度への移動に関与しているようである．これらの情報は運動の制御に関与する RIA や RIB 介在ニューロンに受け渡され，RIM 運動ニューロンの活動をひき起こす．温度走性の制御は，ここに示したいくつかの介在ニューロン間の相互作用によって行われていると考えられている．

一方，餌のない温度条件下で飼育された線虫は，その温度に対して忌避反応を示すようになる．この行動の発現は飼育時の温度で餌が存在しないことを学習した結果である．

3.3 機械刺激に対する慣れと神経回路

前進運動している線虫の頭部を柔らかな繊維で触れると反射的に後退し，尾部に触れると前進運動が加速する（タッチ反応）．また，線虫の飼育プレートに機械的な振動刺激を加えると線虫は後退運動（タップ反応）を示す．これらの刺激をくり返し行うと，線虫が示す反応は徐々に小さくなり，最終的には刺激に対して反応しなくなる[9]．この反応の低下は連続した刺激に対する「慣れ」であり，線虫はその刺激が自身に対して無害であることを学習した結果であるといえる．これは多くの動物で観察できる非連合学習の一種である．Beck と Rankin は機械刺激に対する老化の影響について調べている．線虫も老化に伴い運動量や機械刺激に対する反応が鈍くなる．

機械刺激に対する神経情報の流れはすでに明らかにされている．刺激は線虫の体表やアンフィドに存在する 4 種の感覚ニューロン（AVM, ALM, ASH, PLM）で受容される．感覚ニューロンの細胞体は体の表面に存在し，軸索を体の前方に向けて伸ばしている．これら感覚ニューロンの活動は 4 つの介在ニューロン（AVA, AVB, AVD, PVC）により統合され，最終的に運動ニューロンに伝えられる[9]．eat-4 変異体は，神経伝達物質であるグルタミン酸のシナプス小胞への取込みが低下している．この変異体に機械刺激を与えると，刺激に対する慣れが野生型線虫よりも速くひき起こされる．そのため，シナプス小胞における神経伝達物質の供給が「慣れ」のメカニズムに影響していると考

えられている[9]．

4 行動の柔軟性

　線虫の学習行動についての知見が得られ，行動の柔軟性，つまり神経系の可塑的変化が議論されるようになったのは 10 数年前からである．それまでは，学習のような高次機能は線虫では確認されていなかった．最近では，学習を含めた高度な行動に関するさまざまな知見が線虫で得られており，ほかの動物と同様に外部環境や経験によって行動が変化することが判明している．ここでは，線虫がもつ行動の柔軟性（可塑的変化）について述べる．

　学習には，連続した刺激に対する慣れや，逆にその感度が高くなる鋭敏化などの非連合学習と，餌の有無や化学物質，あるいは餌と温度を関連づけるような連合学習がある．学習を正確に定義づけることはむずかしいが，過去の経験により行動が変化する現象を学習と定義したい．線虫では，前述の機械刺激や嗅覚刺激に対する慣れ，温度学習，化学物質と餌の有無を関連づけた連合学習などが知られている．

4.1 化学物質に対する慣れ

　揮発性誘引物質に一定時間さらされた線虫は，未処理の線虫と比較し，その物質に対する誘引反応が低下する．これは動物一般に観察される非連合学習の一種で，嗅覚順応とよばれる．最近の研究から，揮発性物質への処理時間の違い（30 分と 60 分）により，異なる順応機構が存在することが示唆されている．*egl-4* はタンパク質のリン酸化に必要な酵素である cGMP 依存性タンパク質リン酸化酵素をコードする遺伝子である．この *egl-4* 遺伝子の変異体を用いた解析によると，30 分間の処理では受容体の反応を電気的な活動に変換するために必要な環状ヌクレオチド依存型チャネルのサブユニットである TAX-2 タンパク質のリン酸化が，60 分の処理では EGL-4 タンパク質の核内でのはたらきが嗅覚順応に重要であるらしい[10]．遺伝子の発現によって長期の順応が制御されている可能性も考えられる．

　筆者らの実験によると，揮発性物質であるジアセチル（0.1％）に 2 時間さ

らされた線虫は，さらされなかった線虫と比較し，この物質に対する誘引率が約30％低下する．20℃で飼育した場合，この反応の低下は6時間以上持続する．おもしろいことに，低温条件で飼育すると順応の持続時間は短くなり，高温条件で飼育すると持続時間が長くなる．高温条件は加齢を加速させるが，低温条件は減速させる．嗅覚順応に温度あるいは老化の速度と関連した何らかのメカニズムが存在する可能性がある．

ある物質に対する順応が別の物質の反応に影響を与える場合もある．これをクロスアダプテーション（cross-adaptation）という．AWAニューロンで感知されるピラジンへの順応はAWCニューロンで感知されるベンズアルデヒドへの誘引反応を低下させる．また，その逆も起こる[11]．一方の刺激が続くと他方の物質に対する反応が鈍くなることから，これら物質を感知する神経回路の間で相互的な干渉が行われていると考えられる．

4.2 連合学習

ある種の揮発性物質に対する順応は餌の存在しない条件でのみ起こるという報告がある．餌のない条件下でベンズアルデヒドにさらされた線虫は，餌である大腸菌存在下でこの物質にさらされた線虫と比較し，その後のベンズアルデヒドに対する誘引率が低下する．ベンズアルデヒドで条件づけされた線虫の反応の低下は，その物質と「餌がない」ことを関連づけた連合学習であると考えられている．条件づけの際のセロトニンの添加は，そのあとのベンズアルデヒドに対する誘引率の低下を抑制する．したがって，この学習はセロトニン作動性シグナルによって制御されている可能性が大きい[1]．

同様の結果は，水溶性物質でも得られている．線虫を餌のない状態で塩化ナトリウムが含まれた寒天上に一定時間置いておくと，その物質に対する誘引反応が低下する．場合によっては，忌避反応を示す場合もある．また，誘引物質と忌避物質を同時に提示した場合，誘引物質に対するそのあとの反応が低下することも知られている[9]．

繊毛構造や各種受容体に異常のあるニューロンをもつ変異体線虫では，アンフィド感覚ニューロンの活動があらかじめ抑制される．この場合，幼虫から成虫期にかけてニューロンの形態が変化する．しかし，順応や学習過程における

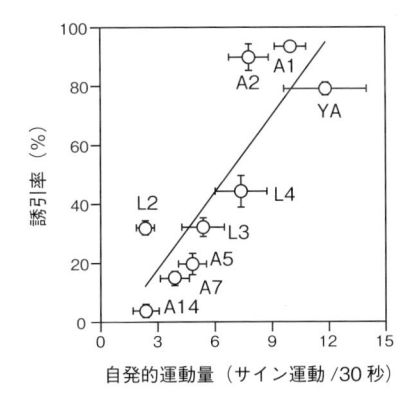

図5 化学物質に対する誘引率と運動量の相関
Aに添えられた数字は成虫脱皮後の日数を示す.

線虫ニューロンの形態的変化については知られていない[1]. 学習要因の1つに，シナプス小胞と前膜の融合頻度の変化が考えられている. 線虫を用いて解析を進めるなかで，学習過程における分子機構が明らかになる日も近いかもしれない.

4.3 行動に対する加齢の影響

線虫は孵化後10日を過ぎる頃から動きが鈍くなり老齢期に入る. 平均寿命は約20日であるが，飼育温度や餌の量，抗酸化剤であるビタミンEの添加より変化する. 線虫における老化の原因遺伝子 *age-1* は，世界で初めて認められた老化遺伝子である. この発見は線虫での加齢研究を加速させることになった. Johnsonによって分離された *age-1* 変異体は，成熟前の性質は野生型（正常型）と同じであるが，成熟後の老化速度が低下する長寿命変異体である. その後，*clk-1* 変異体や *mev-1* 変異体など線虫の寿命に変化をもたらす変異体が数多く分離されている. これまでの研究で，インスリン様シグナル伝達を介したエネルギー代謝およびミトコンドリア内の電子伝達系で発生する活性酸素が老化に深く関与することが明らかにされている[12].

線虫の誘引物質に対する反応も加齢に伴い変化する. 酢酸ナトリウムやジアセチルに対する誘引率は成長とともに増加し，成虫初期（YA～A2）で最大値

を示す（図5）．その後のステージでは，加齢とともに誘引率が減少する．線虫の自発的な運動量（単位時間ごとに行ったサインカーブ運動の回数）と誘引物質に対する反応を解析したところ，両者には有意な相関が認められた（図5）．しかし，誘引行動の加齢変化を運動量のみの変化で説明することはむずかしく，感覚入力から運動出力に及ぶそれぞれの階層で，さまざまな要因が複雑に関与しているものと考えている．

学習行動に対する加齢の影響については温度走性の実験系を用いて調べられた．飼育温度に集まる線虫の温度走性行動は，成虫初期で最大となり老化に伴い減少する．Murakami らは学習行動や自発運動に与える酸化ストレスの影響を調査し，この減少が学習行動の上昇をもたらすことを報告している．酸化ストレスの減少は自発運動も低下させる．しかし，酸化ストレスが減少する変異体（*isp-1* 変異体や *clk-1* 変異体）の温度走性反応は野生型線虫よりも大きくなる．逆に，酸化ストレスの増加をもたらす変異体の反応は野生型よりも小さくなる．この場合の温度走性は，餌と飼育温度を関連づけた連合学習ともいえることから，学習行動に対する酸化ストレスの影響が示唆されている[12]．

4.4 嗜好性とその加齢変化

異なる2種類の誘引物質を同時に提示すると，線虫はどちらの物質を選択するだろうか？　単独提示下で線虫は，水溶性物質リジン 3.0 M と塩化アンモニウム 0.1 M に対して同程度の誘引率を示す．これらを同時に提示した場合，より多くの線虫がリジン側に誘引される．リジンや塩化アンモニウムを感知し，誘引行動を発現する神経回路の間で，リジンをより強い刺激として認識する何らかの相互作用が存在すると考えられる．同様の結果は酢酸ナトリウムとジアセチルを同時に提示した場合でも観察できる．単独提示下における酢酸ナトリウム 0.7 M とジアセチル 0.1 % に対する線虫の誘引率はいずれも 70 % 程度である．これらを同時に提示すると，より多くの線虫が酢酸ナトリウム側に誘引されることから，線虫は酢酸ナトリウムをより強い刺激として認識したものと考えられる[12]．これら物質を感知し，行動を発現するそれぞれの神経回路間でも相互作用の存在が示唆される．

このような線虫の嗜好性は，成長および加齢に伴って変化することが筆者ら

の研究でわかってきた．筆者らは，さまざまな成長段階の線虫を用いて酢酸ナトリウムとジアセチルを同時に提示した場合の誘引率の変化について解析した．その結果，幼虫期から成虫初期までは，より多くの線虫が酢酸ナトリウム側に誘引された．加齢のある程度進んだ線虫の多くはジアセチル側に，さらに加齢の進んだ線虫は酢酸ナトリウム側に誘引された．私たちヒトと同様に，線虫の好みも変化するようである[13]．

　石原らは誘引物質であるジアセチルと忌避物質である銅イオンを同時に与えた場合の線虫の行動について解析している．野生型線虫はジアセチルの濃度が高くなると，手前に引かれた銅イオンの境界線を越えてジアセチル側に移動する．分泌タンパク質をコードしている *hen-1* 遺伝子の変異体は，単独提示下における銅イオンやジアセチルへの反応は正常であるが，同時提示下では銅イオンに対する忌避反応が優先され，ジアセチルの手前に引かれた銅イオンの境界線を越えることができない．HEN-1 タンパク質はこれら忌避物質と誘引物質のシグナルの統合に重要な役割を担っていると考えられている[9]．

5 線虫のコミュニケーション

　前述の耐性幼虫フェロモンは，化学走性にも影響する[12]．酢酸ナトリウムやジアセチルに対する線虫の誘引率は，個体密度の増加に伴い低下する．つまり，実験プレート内の線虫個体数が多くなると，誘引物質に集まる個体数の割合が減少する（**図6**）．誘引物質領域（**図3**参照）にあらかじめ高密度の線虫をおいた状態でも，誘引率の減少が観察された．誘引物質領域に集まった個体間の相互作用により，この領域における個体密度の調節が行われていることを示唆している．

　daf-22 変異体はフェロモンの産生機能に異常をもつが，フェロモンを検出する能力は正常である．この変異体を用いて誘引物質に対する反応を調査した結果，誘引率と個体密度の間に有意な相関は認められなかった．また，誘引物質領域にあらかじめ高密度の *daf-22* 変異体をおいても，野生型線虫の誘引率はこの変異体をおかない場合と同程度であった．逆に，誘引物質領域にあらかじめ高密度の野生型線虫をおいた場合，*daf-22* 変異体の誘引率は低下した．

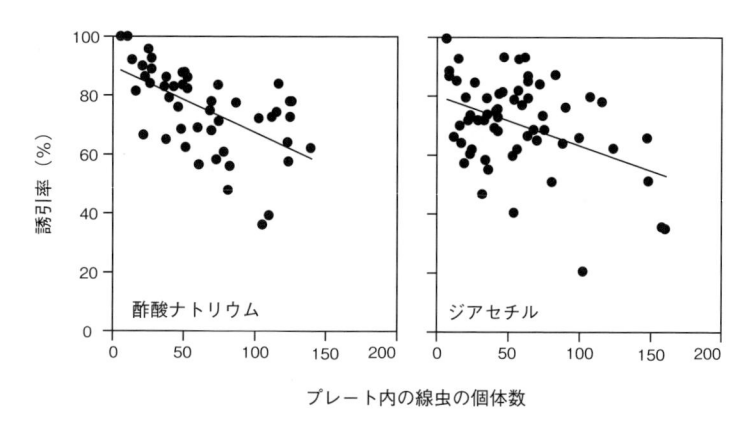

図6 線虫の個体密度と誘引率の関係
文献6より改変引用.

筆者らは，線虫の誘引行動においてもフェロモンを介した個体密度の感知システムが存在すると考えている．線虫もフェロモンを利用してある種のコミュニケーションを行っているといってもよいかもしれない．

おわりに

線虫は化学物質の濃度勾配を感知し，誘引行動を発現する．そのため，異なる強さで入力されるその物質の感度をつねに調節しなければならない．感度の調節には分子のリン酸化など関係する体内物質への修飾作用が指摘されている[9]．線虫での研究は，高等動物における感覚の感度調節のメカニズムを理解するうえでも重要なモデル系となるに違いない．また，行動や神経系の可塑的変化に関する多くの実験系が線虫で組み立てられている．行動の基本原理を個体レベルで解明するための研究基盤が線虫をモデルとして整いつつあるといえる．Brennerによって研究材料としての地位を確固たるものにした線虫は，現在も多くの研究者によってさまざまな観点から研究が進められている．線虫の化学感覚についてはBargmannらのグループをはじめとし，国内外の研究者によって興味深い現象が報告されている．学習についてはNuttleyや飯野らのグループが精力的な研究を進めている．国内でも多くの研究者が線虫を用いて

研究を展開している．

　はじめに述べたように，線虫は遺伝子と行動を結びつけることのできる格好の生き物であり，これまでの研究の多くは，分子生物学を専門とする研究者によって行われてきた．特定の行動を発現するメカニズムを，神経レベルの解析でとどめることなく，その分子機構まで追求することは重要な研究目標の1つである．しかし，行動は多くの細胞の共同作業によってつくり出されるものであるから，特定の分子機構が明らかにされても行動をつかさどるさまざまな問題の解決にはまだまだ遠い．外界からのさまざまな刺激を受容し，そのシグナルを統合し，そして行動を発現する過程を，行動，神経回路，遺伝子といったそれぞれの階層にとらわれることなくグローバルな立場から見つめるとき，研究対象としての線虫に新たなモデル系としての可能性が期待できる．

引用文献

1) 桂 勲（2000）「線虫の行動遺伝学」，『行動の分子生物学』（山本大輔 編），pp.29-39，シュプリンガー・フェアラーク東京
2) Brenner, S.（2001）*My Life in Science*, The Science Archive Limited
3) Wood, B. W.（1988）Introduction to *C. elegans* biology. *The nematode Caenorhabditis elegans*（Wood, B., *et al.*), pp.1-16, Cold Spring Harbor Laboratory Press
4) Sulston, J. E., Horvitz, H. R.（1977）Post-embryonic cell lineages of the *Caenorhabditis elegans*. *Dev. Biol.*, **56**, 110-156
5) Bargmann, C. I., Mori, I.（1997）Chemotaxis and Thermotaxis. *C. elegans II*（Riddle, D. L., *et al.*), pp.717-737, Cold Spring Harbor Laboratory Press
6) Hilliard, M. A., *et al.*（2002）C. elegans responds to chemical repellents by integrating sensory inputs from the head and the tail. *Current Biol.*, **12**, 730-734
7) 飯野雄一・廣津崇亮（2000）「線虫における化学感覚と化学走性行動」，『実験医学』**18**, 2314-2319
8) Mori, I., Ohshima, T.（1995）Neural regulation of thermotaxis in *Caenorhabditis elegans*. *Nature*, **376**, 344-348
9) Hobert, O.（2003）Behavioral plasticity in *C. elegans*: Paradigms, circuits, genes. *J. Neurobiol.*, **54**, 203-223
10) L'Etoile, N. D., *et al.*（2002）The cyclic GMP-dependent protein kinase EGL-4 regulates

olfactory adaptation in *C. elegans*. *Neuron*, **36**, 1079-1089
11) Hirotsu, T., Iino, Y.（2005）Neural circuit-dependent odor adaptation in *C. elegans* is regulated by the Ras-MAPK pathway. *Genes to Cells*, **10**, 517-530
12) 松浦哲也（2006）「線虫の化学感覚と行動」,『比較生理生化学』, **23**, 10-19
13) Matsuura, T., *et al.*（2007）Developmental changes in chemotactic response and choice of two attractants, sodium acetate and diacetyl, in the nematode *Caenorhabditis elegans*. *Comp. Biochem. Physiol. A*, **147**, 920-927

参考文献

小原雄治 編（2000）『線虫 ―1000細胞のシンフォニー』, ネオ生物学シリーズ5, 共立出版
飯野雄一・石井直明 編（2003）『線虫 ―究極のモデル生物』, シュプリンガー・フェアラーク東京
石橋信義 編（2003）『線虫の生物学』, 東京大学出版会

5 アメフラシ類の神経系と行動能力

黒川 信

　アメフラシ類のニューロンは大型で同定可能なものが多いため，単一ニューロンレベルの研究がさまざまな行動をモデルに行われている．本章ではまず，リズミカルな定型行動である摂食および吐き出し行動と，移動行動のクロール（這う）運動および遊泳行動の神経機構を取り上げる．それぞれを担う神経回路には共通のニューロン群が含まれる．防衛・逃避行動の紫汁分泌と乳白汁分泌は異なる神経回路によって担われるが，両者は「全か無か」の分泌をもたらすニューロン機構を共有する．鰓引き込め反射は単シナプス反射回路だけでは説明できず，末梢ニューロンを含む複雑なニューロン機構が関与する多様な反応様式を示す．神経を短縮させるアメフラシ類特有のしくみなども紹介する．

はじめに

　脳・神経系を構成する**ニューロン**（**神経細胞**）はそのひとつひとつが機能的単位である．そこで脳機能研究の戦略の1つとして，単一ニューロンのレベルで個々の機能を調べ，その結果を積み上げていく研究の方向がある．しかし，たとえばヒトの脳のようにニューロンが数百ないし千億個単位で含まれ，かつひとつひとつのサイズが小さい場合は**単一ニューロンレベル**での研究手法には限度があり，この戦略は少なくとも現時点ではごく限定された部分にしか適用

することができない．これに対し，**軟体動物腹足類アメフラシ類**（*Aplysia* 属）の中枢神経系は約2万個の比較的直径が大きい細胞体をもつニューロンから構成されており，これがいくつかの**神経節**に分かれて存在する．各神経節内での細胞体の配置は，個体が違ってもほぼ一定している．個々の細胞体は黄色や赤橙色の色素を含んでおり，神経節をおおう結合組織を通して実体顕微鏡下で観察することができる．このため，ニューロンの細胞体をひとつひとつ区別しながら電極を用いて電気生理学的にその活動を記録したり，電流を流して刺激を行い，**インパルス**（**興奮**）を発生させたりできる．あるいは，電位感受性色素を用いた光学的多点計測法を用いれば，数百個のニューロンの活動を個々に区別しながら同時記録することも可能である．これらと同時に接触や味覚などの感覚刺激を与え，また体のさまざまな運動を記録しニューロンの活動との関係を調べることによって，特定のニューロンの機能を明らかにする，すなわち**同定する**ことができる．動物行動の神経機構を研究するうえで，行動にかかわる個々のニューロンの特性とともに，それらニューロン間の**シナプス結合**や行動制御の神経回路の特徴をニューロンのレベルで明らかにすることができる実験動物の1つとして，アメフラシ類は世界的に用いられている．

　本章の前半ではアメフラシ類の神経系を概観したのち，神経機構がよく調べられている行動のなかから摂餌行動，移動行動，防御行動などを例にそのニューロン機構を紹介する．多くの研究は中枢神経系のニューロンに関するものであるが，鰓引き込め反射についてはそれとともに末梢神経系に内在するニューロンを含めた多様な神経機構が明らかになっている．後半では，アメフラシ類に特有な興味深いニューロンについて述べる．

1 中枢神経系

　アメフラシ類（口絵3参照）が含まれる腹足類（一般的に巻貝の仲間）は軟体動物のなかで頭足類（タコ・イカの仲間）についでよく発達した中枢神経系をもつ．この中枢神経系はニューロンの集合体である複数の**神経節**からなるが，神経節の構成は種の違いにより変化に富む．アメフラシ類では左右1対の脳神経節（頭部神経節）と側神経節，足神経節が食道を取り囲んで食道環神経

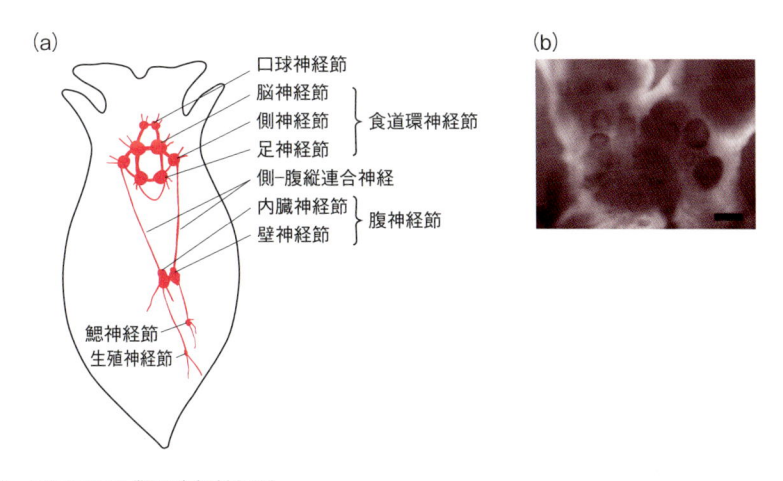

図1 アメフラシ類の中枢神経系
神経節の構成の模式図（a）と腹神経節の実体顕微鏡写真（b）．大小のニューロン細胞体が観察できる．スケール：500 μm．

節を構成している．左右の側神経節はそれぞれ長い縦連合神経を介して壁神経節および内臓神経節と連絡している．この2つの神経節はほぼ融合し，あわせて壁-内臓神経節ないし腹神経節とよばれる．脳神経節は脳-口球縦連合神経を介して口球神経節と連絡している（**図1a**）．1つの神経節は数百個から数千個のニューロンからなり，中枢神経系全体には約2万個のニューロンが含まれる．これら以外にも，数十個のニューロンからなる鰓神経節や，生殖神経節などの末梢神経節が器官の近傍や内部に存在する．

神経節は外側に細胞体が並び，内側は軸索や樹状突起などの神経繊維が密集した神経叢となっている．アメフラシ類の神経系の最大の特徴の1つはニューロン細胞体の直径が大きいことで，どれもおよそ数十μm以上あり，数百μmから500μm以上に及ぶものもある．またそのひとつひとつは個体が異なっても神経節内の同じ場所に位置し，大きさや，色彩の特徴も白色や黄色，赤橙色など一定している（**図1b**）．このため，個々のニューロンを実体顕微鏡下で区別しながら，それぞれのはたらきや相互のシナプス結合などの関係を調べることができる．識別されたニューロンは「同定ニューロン」とよばれ，ひとつひとつに記号がつけられており，その数はこれまでに数百個にのぼる．アメフ

ラシ類はこのように個々のニューロンを同定しながら単一ニューロンのレベルで行動の神経機構を調べることができる実験動物としてさまざまな研究に用いられてきている．同様な利点をいかした研究は，アメフラシ類以外にも海産のウミフクロウ（*Pleurobranchaea* 属）やホクヨウウミウシ（*Tritonia* 属），淡水産有肺類モノアラガイ（*Lymnaea* 属）や陸産のナメクジ（*Limax* 属），マイマイ（*Helix* 属）などの腹足類を実験動物として進められている．

2 リズミカルな定型行動

2.1 摂食と吐き出し

アメフラシ類は草食性で，アオサやワカメなどの海藻を好んで食べる一方で，マクサやサナダグサなどは嫌って吐き出す行動をとる．好みの海藻の味刺激を触角や口唇部に分布する化学受容器で受容すると，口を開き「口球」とよばれる筋肉質の器官の内部から左右1対の歯舌を突き出し，食物をつかんで口球内へ引き込み口を閉じるという一連のリズミカルな運動をくり返す摂食行動が発現する．一方で，嫌いな海藻の味を受容した場合は歯舌を突き出して食物をつかむまでは同じだが，それを引き込むタイミングと同時に口を閉じ，拒絶するという運動がくり返される．これらの摂食や吐き出しの**定型行動**(stereo-typed behavior) は，頭部と露出させた中枢神経系だけの標本でも再現することができるため，行動とニューロンの活動を直接関連づけて調べることができる．

味覚の感覚入力はまず脳神経節にもたらされて認知，判断が行われ，それを受けて同神経節から口球神経節に軸索を伸ばし，行動の指令・修飾を行う介在ニューロン群（CB グループ）が口球神経節内の**中枢パターン発生器**（central pattern generator：**CPG**）とよばれる機能をもった神経回路を活性化する[1]．この回路のなかには，周期的な信号を発生する特性をもったニューロン LE（*A. kurodai* での命名．*A. californica* での同定ニューロン B51 と相同．**コラム**参照）などが同定されている．CPG で発生したリズムは口の開閉や歯舌の突き出しや引き込みなどの運動を支配する口球神経節内のプレ運動ニューロンや運動ニューロン群に対して興奮性や抑制性のシナプスを介して伝えられ，その結果特定のパターンのくり返し運動が生じる．関与する脳および口球神経節内の

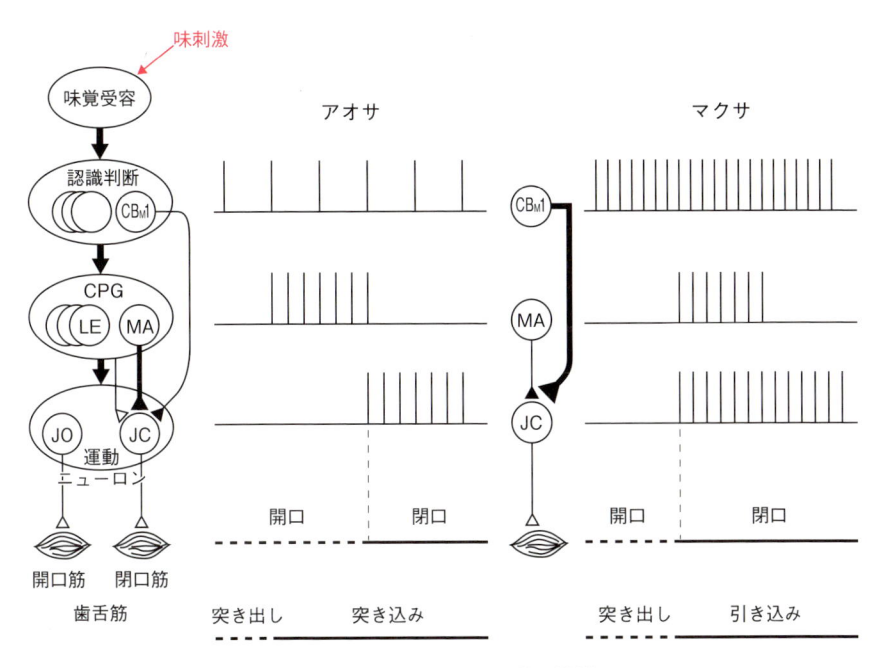

図2 摂食と吐き出しの神経機構
文献2より改変引用.

ニューロンと筋肉は摂食行動と吐き出し行動とで基本的に共通である．両行動の相違をつくり出すために，CB グループの1つである CB_M1（*A. kurodai* での命名．*A. californica* での同定ニューロン CBI-1 と相同）の活動性の変化が重要な役割を果たすことが示された[2]．CPG ニューロン群のなかのニューロン MA からは閉口筋の運動ニューロン JC を抑制するシナプス入力があり，この抑制は摂食リズムのなかで歯舌が食物をつかんで引き込んだあとに口を閉じるタイミングの遅れをつくり出している．CB_M1 の興奮はこの抑制性シナプスの伝達効率を抑制的に調節している．好物のアオサの味覚刺激に反応して CB_M1 は低頻度のインパルスしか発生せず，したがって口を閉じる運動支配の回路への抑制は CB_M1 による抑制的調節作用を受けることなく，きちんと作用することになる．これに対して，嫌いなマクサの味覚刺激では CB_M1 はインパルスの頻度を上昇させ，口を閉じる運動支配の回路への抑制性シナプスを作用しない状態に修飾する．この結果，摂食のサイクルとは異なる，口を早く閉じ

てしまう吐き出しの運動パターンが生み出される（図2）．このようにたった1つのニューロンの活動状態の変化によって，摂食と吐き出しというまったく逆の行動の切り替えが行われている．

2.2 移動行動：クロールと遊泳

アメフラシ類は移動時，頭部をもち上げて体前半部を伸張させ，腹足前端を前方に接地させたのち，体を引き寄せるクロール行動（crawling, 這うこと）

column コラム

世界と日本のアメフラシ類

アメフラシ類は体長数 cm 程度の小型種から 50 cm を越える大型種まで世界中で 30 数種が同定されており，そのうち日本沿岸には 5, 6 種が生息している．日本の全国的に最も一般的に見ることができる種が体長数十 cm にもなるアメフラシ（*Aplysia kurodai*）で，このほかにも比較的大型のジャノメアメフラシ（*A. dactylomela*）やアマクサアメフラシ（*A. juliana*）などが広く分布している．アメフラシは日本沿岸や朝鮮半島など限られた分布域をもつが，アマクサアメフラシやジャノメアメフラシは世界中の温帯から熱帯域の沿岸に広く分布する．アマクサアメフラシは日本産で唯一紫汁腺をもたず，防御反応時に乳白腺からの分泌だけを行う種である．*A. brasiliana* や *A. fasciata* などのように遊泳能力を備えた種は日本沿岸にはいないとされてきたが，近年になって遊泳するショウワアメフラシ（*A. extraordinaria*）の分布が明らかになった．また体長 80 cm 近くにもなるゾウアメフラシ（*A. gigantea*）など，従来，日本での分布が知られていなかった巨大種も沿岸に定着していることが明らかになっている．

本章で紹介する神経機構に関する研究の多くは，北米の研究者が実験動物としておもに用いている *A. californica* や *A. brasiliana*，および日本の研究者が用いるアメフラシやアマクサアメフラシで調べられてきたことである．米国には *A. californica* を卵から人工的に育成し，1 年中研究者の注文に応じて発生や成長段階，体重ごとに提供する実験動物供給会社が数社ある．日本からも電子メールなどで注文をすれば航空機で送られてくる．日本産のアメフラシやアマクサアメフラシを用いる場合は，干潮時に沿岸の磯に出て採集をすることになる．アメフラシは基本的に一年生であり，多くの地域で一般に初夏から夏にかけてウミゾウメンとよばれる黄色く細長い卵塊を産卵して一生を終える．このため，再び成体が出現する晩秋までは自然界での採集は困難である．

を行う．このとき，腹足筋や体壁筋のリズミカルな伸張と短縮が，前方から後方に向かって時間的に遅れながらくり返される．この運動のリズムをつくるCPGは運動ニューロン群とともに足神経節内にある．CPGは長軸方向に異なる部域を支配する運動ニューロンに対し少しずつタイミングが異なるシナプス入力をもたらす．運動ニューロン間にはシナプス連絡がなく，もっぱらこのCPGからの周期的なシナプス入力によって運動ニューロンで連関したリズミカルな活動パターンがつくり出されている[3]．

　アメフラシ類のあるものはクロール行動に加えて**遊泳行動**（swimming behavior）を行い，長い距離を素早く移動することができる．遊泳行動では背部にある左右1対の側足を羽ばたくようにくり返し開閉することで浮力と推進力を得ている．側足の開閉のリズムは前方から後方へ伝わる．遊泳行動のリズムをつくるCPGも側足の運動ニューロン群とともに足神経節内にある．遊泳時，腹足は幅が細くなり，クロール行動でみられた伸縮リズムはみられない[4]．一方で，遊泳しない種でもクロール行動のリズムに一致した側足の開閉が起こる．また，*A. gigantea*の巨大個体では腹足が底面から完全に浮上せずに遊泳行動と同様のリズミカルな側足の開閉運動を行い，同時にクロール行動を行うことがある．このとき両者のリズムが一致していることから，2つの移動行動のパターンをつかさどるCPGは共通であるか，機能的に強い連関をもっていると考えられる．系統進化の過程で，これらの行動のスイッチングの神経機構とともに，側足の運動の機能性に変化が生じたものと考えられる．

3 防御行動

3.1 全か無かの行動：紫汁・乳白汁放出

　腹足類は一般的に捕食者などの外敵に襲われるなどの刺激を受けると貝殻の中に軟体部を引き込めて守る**防御行動**（defensive behavior）を示す．しかし後鰓類では貝殻がなくなる傾向が強くみられ，アメフラシ類では鰓や心臓などの内臓の上部を覆う部分に薄い痕跡的な貝殻があるだけである．後鰓類のなかには体を前後に強く屈伸させることで，タコ，イカなどの頭足類のように素早い逃避行動をとることができるホクヨウウミウシやメリベウミウシ（*Meribe*

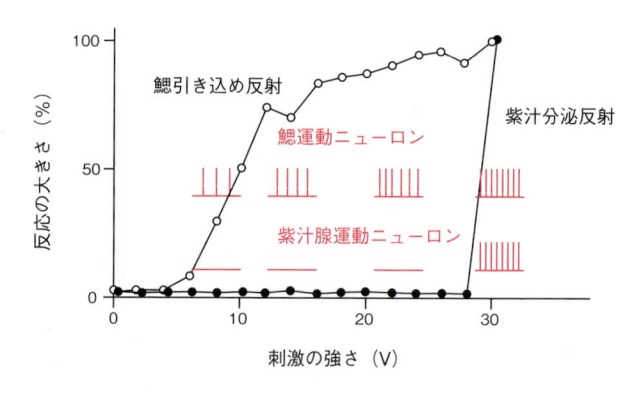

図3 紫汁分泌反射と鰓引き込め反射の反応特性の相違
横軸は体に与えた侵害刺激（電気刺激）の強さ，縦軸は最大の反応を100％としたときの割合．赤色図は4段階の刺激の強さに対するそれぞれの運動ニューロンの活動．文献5より改変引用．

属）などの種類もいるが，アメフラシ類は鰓や頭部を引き込め，体全体を収縮させるだけで軟体部はほとんど無防備な状態である．そのかわりに，アメフラシ類では，紫汁や乳白汁を放出する．この分泌反射は，ある強さ以上の刺激が与えられた場合に初めて一定の大きさで生じる，「全か無か（all or none）」の様式の反応であり，鰓の引き込め反射のように刺激の強さに応じて「段階的（graded）」に反応が大きくなる様式とは異なる（図3）．紫汁腺と乳白汁腺の収縮運動を支配する別々の運動ニューロン群がそれぞれ腹神経節と側神経節内で同定されている．「全か無か」の反応の原因となるニューロン機構は両ニューロン群で共通していた．すなわち両ニューロン群には，① 静止膜電位が深くインパルス発生のための閾値が高い，② 平常時は自発的に活動していない，③ ニューロン間は電気的シナプスで結合している，④ 急激にインパルスを高頻度で発火する性質がニューロンの細胞膜自身に備わっている，⑤ ニューロンに対するシナプス入力のなかに，通常とは逆に膜抵抗を上昇させるタイプのゆっくりとした変化をもたらすものがある，などの特徴がある．これらの特性のために，一定の大きさ以上の興奮性入力がなければ活動はいっさい惹起されないが，その大きさを越える入力に対しては，ニューロン群がいっせいに高頻度にインパルスを発生することになる[6]．

さまざまな動物で，外敵に襲われた際に防御目的で化学物質を放出する行動

がみられる．煙幕をはって幻惑させる役割があると考えられる墨を吐く，タコやイカのような動物もいる．アメフラシ類の分泌液も忌避物質を含むとともに視界を遮ることで敵からの攻撃を回避していると考えられてきた．最近，紫汁や乳白汁の中に高濃度の各種アミノ酸が含まれており，それらのカクテルが外敵であるイセエビに対して単なる忌避反応ではない非常にユニークな作用を及ぼしていることが明らかになった[7]．これらの物質はイセエビの好物の匂いとして触角上の化学受容器を強く刺激し，あたかも餌を食べているかのように前肢を口器にさかんに運ぶなどの摂食行動を活性化するのだ．カクテルの中には触角や口器をグルーミング（清掃）する行動や，逃避行動をひき起こす物質も含まれ，イセエビの行動を撹乱した状態にしてしまうため，アメフラシはその間にゆうゆうとその場を立ち去るが可能となる．

3.2 鰓引き込め反射の神経回路

　鰓は柔らかい鰓細片が鰓入および鰓出血管を両側から挟んだ形をしており，平常時はガス交換のために貝殻の下から大きくはみ出して扇状に広げられている（図4a）．しかし外敵に襲われたときなどはいち早く貝殻の下に引き込めて侵襲を防いでいる．E. Kandelらのグループは，水管への接触刺激に対する「鰓引き込め反射」（以下「鰓反射」）をモデルとして研究を進め，そこから得られた成果は今日の記憶・学習の神経生理学的知見の基盤を形成している．この研究ではまず，水管の機械受容器ニューロンLEグループ約25個と鰓筋肉の運動ニューロン（L7をはじめ計6個）が腹神経節で同定され，鰓反射はこの2種類のニューロンのみによる単シナプス反射であることが示された．鰓反射の大きさは同定された運動ニューロンの活動の強さに依存し，それを決める感覚 - 運動ニューロン間の興奮性シナプスの結合強度［すなわち興奮性後シナプス電位（EPSP）の大きさ］の変化が「慣れ」「慣れの解除」「感作」などの非連合学習や，古典的条件学習などの連合学習の過程でもたらされる鰓反射の大きさの変化を生む原因の神経機構であることが見いだされた．こうして感覚ニューロンと運動ニューロン，および両者の間のシナプスでの伝達に対して異シナプス的（heterosynaptic）にかかわる介在ニューロンを含めた単純な神経回路に学習機構の研究を収斂できたことがアメフラシの鰓反射モデルの大きな

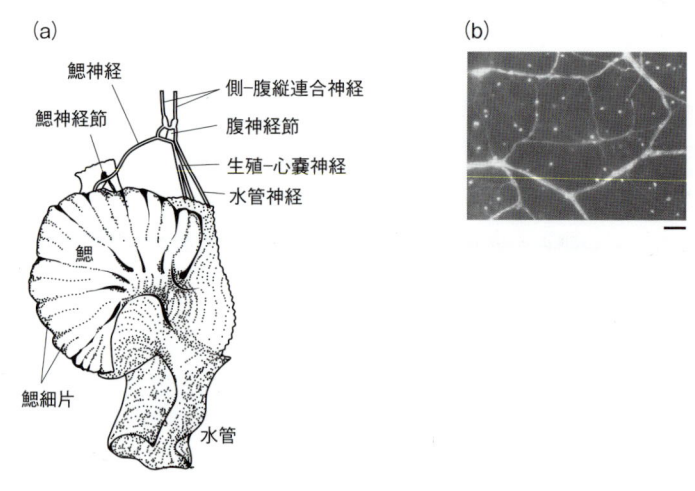

図4 鰓と水管およびそれらの神経系
腹側から見たところで,貝殻は描かれていない.(a) 鰓へは腹神経節から鰓神経以外に,生殖-心嚢神経と水管神経の分枝が伸びる.鰓神経が鰓に入ってすぐの場所に鰓神経節がある.片側6ないし7個の鰓細片にはさまれて鰓血管(図では見えない)がある.鰓と水管とは末梢神経系でも連絡している.(b) 鰓の中に広がる神経集網.直径5〜10 μm の細胞体が散在している.スケール:50 μm.

メリットである(記憶・学習の神経機構に関しては,**第4巻**で詳述されている).
　一方,鰓の運動には収縮する筋肉の違いによって10種類の要素的運動があることが知られている.このため,鰓反射は実はけっして単純で定型的なものではなく,実験的にも刺激の強さや与え方,標本の状態,反応の大きさの定量化の方法の違いなどによって,要素的運動の組合せパターンが異なる多様な反応が生じる.このような鰓反射の神経機構には,<u>単シナプス反射回路</u>以外に未同定のニューロンによるものを含む多種多様な別の複雑な神経回路がかかわっている.ここでは,鰓反射の神経機構を通して,アメフラシ類の神経支配様式の多様性をみていくことにしよう[8,9].

A 中枢神経系と末梢神経系

　Kandelらが同定した鰓反射にかかわる感覚および運動ニューロンは中枢神経節の1つである腹神経節内に細胞体が存在する.一方アメフラシ類では,中枢神経節以外に,鰓をはじめ水管,消化器官,生殖器官,腹足などの末梢器官

内にも多くのニューロン細胞体が存在する．これらは，細胞体が集合して生殖神経節，鰓神経節などのいわゆる末梢神経節を構成するもの（図1a，図4a），末梢神経束上に1個ないし数個が小集団（クラスター）を形成しているもの，あるいはごく末梢部分に存在する神経集網内に散在するもの（図4b）など，多様な分布様式を示し，ニューロンの種類も単純ではない．鰓神経節の中には運動ニューロンや介在ニューロンが同定されており，また鰓の神経集網の中には接触受容器や血圧受容器などの感覚ニューロンをはじめ，介在ニューロン，運動ニューロンなど，中枢神経節と同等に多様なニューロンが含まれている．

鰓反射は，中枢神経節（腹神経節）を切除した標本でも観察できるので，末梢神経系のニューロンだけによる局所反射回路が存在することがわかる．たとえば，鰓神経節内で鰓運動の要素の1つである鰓細片の収縮運動を支配する運動ニューロンが同定されており，同神経節をいわば末梢中枢とした鰓反射の神経回路がある．また，腹神経節を中枢とする「単シナプス」回路のなかにも実際には末梢に存在するニューロンによって介される要素が含まれる．腹神経節内の運動ニューロンのなかで最も効力のあるL7は鰓血管の短縮や鰓細片の運動を含む鰓運動の主要な要素を惹起する．一方L7は，運動ニューロンとして鰓筋肉を直接支配するだけでなく，鰓神経節内の運動ニューロンに対しても興奮性シナプス結合をしている．このシナプスを高濃度のマグネシウムイオン（Mg^{2+}）でブロックすることでL7の活動によって起こるはずの鰓細片の運動が起きなくなることから，この運動は鰓神経節内の運動ニューロンを介して惹起されていることがわかる（図5a）．

B 感覚ニューロンの多様性

電位感受性色素を用いた光学的多点計測法で，鰓反射時に約25個に感覚ニューロンLEグループの反応を同時にみた実験では，接触刺激に反応しているニューロンはそのうちの5個足らずで，反応したものでも発生するインパルス数は1,2個ときわめて弱い反応であることがわかった．このことは，運動ニューロンへのシナプス入力のなかにはLEグループによる単シナプス入力以外の入力も多く含まれていることを示している．実際,鰓の運動ニューロンで,

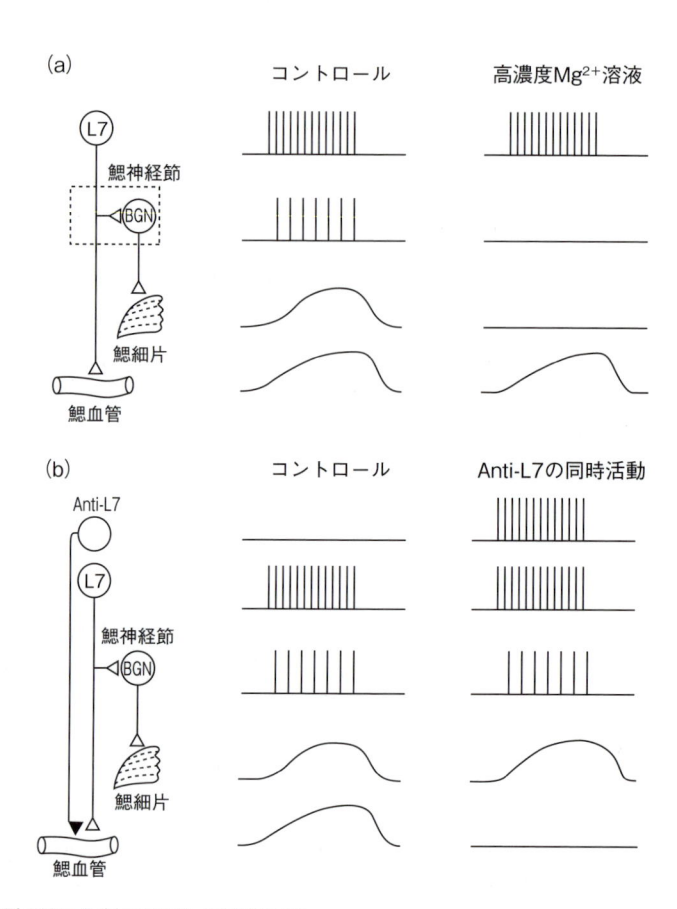

図5 鰓引き込め反射にかかわる神経回路
(a) 腹神経節内の運動ニューロン L7 による鰓神経節ニューロン (BGN) と鰓筋肉の神経支配．L7 を刺激して活動させると BGN が活動し，鰓血管の短縮と鰓細片の収縮がひき起こされる．高マグネシウムイオン溶液に鰓神経節を浸すことで L7 からの BGN への興奮性シナプス入力を阻害すると，鰓細片の運動は起きなくなる．(b) L7 によってひき起こされる鰓血管の短縮運動は Anti-L7 を同時に活動させると起きなくなる．Anti-L7 の活動は L7 のインパルス活動そのものには影響しない．また，L7 の BGN に対するシナプス入力にも影響しない．

接触刺激に対して LE のインパルスよりも早く生じる興奮性シナプス電位があることなどから，LE とは別の低い閾値 (threshold，反応をひき起こすために必要な最小の刺激の強さ．これが低いことは感度のよいことを，高いことは感度の悪いことを示す) をもつ感覚ニューロンの存在が示唆された．ごく弱い接触刺激では，LE の興奮をまったく伴わずに，鰓運動ニューロンが興奮性シナ

プス入力を受けて興奮し，鰓反射が起こることもある．

C 多シナプス反射回路

　光学的多点計測法で，鰓反射時の腹神経節内のニューロンの活動を広範囲に記録したところ，数百以上のニューロンが活性化していた．水管の刺激に対しては，鰓反射以外にも水管自身の引き込めを含む全身的な防御反応が起こることから，光学的多点計測法で鰓反射時に活性化することが示されたニューロンのすべてが鰓反射の神経回路に含まれるとはいえない．しかし，鰓運動はほかの多くの運動と協調して起こり，実際にこれらの運動を共通に制御する興奮性および抑制性の介在ニューロンが多数同定されていることから，水管刺激に対して活性化されたニューロンのなかには鰓反射回路内の介在ニューロンが多く含まれると考えられる．

　鰓反射において，腹神経節内の**単シナプス回路**と介在ニューロンを含む**多シナプス回路**とが担う割合について調べるためには，マグネシウムおよびカルシウムイオン（Ca^{2+}）の両2価イオンを通常の数倍にした生理的塩類溶液を用いる．この溶液中に腹神経節を浸すと，インパルスが発生するための閾値が上昇することにより，介在ニューロンが興奮しなくなるために多シナプス回路がブロックされ，単シナプス回路のみがはたらく状態にすることができる．このようにして鰓反射の約75％は介在ニューロン経由の多シナプス回路によって担われることが明らかにされた．

D 抑制性神経回路

　鰓反射の神経回路には腹神経節内の**抑制性介在ニューロン**のほかにも多様な**抑制性神経支配**が存在する．上述したように，鰓反射は腹神経節を切除した標本でも起こる．鰓神経を切断して腹神経節を除去したあとのほうがむしろ大きな反応が観察されること，鰓神経の電気刺激後に鰓運動の抑圧が起こることなどから，鰓の末梢に対して腹神経節から，鰓神経を経た抑制性神経支配が存在することがわかる．具体的には以下の①～③などがある．

　① 神経叢網内の抑制性運動ニューロン：軟体動物の心筋や口球の筋肉などに対する抑制性運動ニューロンが中枢神経節内で同定されている．鰓筋肉の抑

制性ニューロンは腹神経節内ではまだ見つかっていないが，鰓の末梢神経系のなかには存在する．② 末梢神経系内の運動ニューロンに対する抑制性支配：鰓神経節や神経集網に内在する運動ニューロンは，腹神経節内のニューロンから抑制性神経支配を受けている．③ 腹神経節内のニューロン Anti-L7 による末梢抑制（**図 5b**）：Anti-L7 は L7 がひき起こす鰓運動を抑制するニューロンとして同定された．このニューロンを単独で興奮させても，鰓筋肉には変化がみられないが，この興奮は L7 の興奮がひき起こす鰓運動を抑制する．Anti-L7 の活動は L7 のインパルス活動そのものには影響しないことから，末梢に抑制機構があることがわかる．学習に伴う鰓運動の大きさは，中枢からの鰓運動ニューロン出力の大きさと相関しているという基本的な考えがある一方で，両者は必ずしも相関していないという報告も多い．Anti-L7 は両者の非相関を直接的にもたらす機能をもつニューロンである．

このように鰓反射は当初明らかにされた感覚ニューロン LE と L7 などの運動ニューロンによる単シナプス回路だけではなく，未同定を含む多様なニューロンによる神経回路網によって担われる非常に複雑な反射であり，自然界でも体内条件や環境，刺激の違いなどに適応した多様な鰓反射が起きているものと思われる．

4 伸縮する神経とその神経支配

後鰓類は貝殻に束縛されない分，身体を大きく屈伸，あるいは伸縮させることが可能である．一般に軟体動物では身体の柔軟性と対応して，神経（神経上膜におおわれた軸索の束）にも柔軟性があり，伸縮に対する耐性がある．アメフラシ類では体長が移動行動時に伸長したときと防御反応で収縮したときとでは数倍以上の差があり，体の長軸に沿って走行する神経ではこの長さの変化に対応する特別な機構が備わっている．神経の短縮時，軸索束はらせん状になり，個々の軸索はジグザグになって縮んでいる．この場合，一定区間の活動電位の伝導時間は短縮前後で等しいが，みかけの伝導速度は遅くなる（フェーズ I）．逆に神経を引っ張って伸長させると，軸索の束のらせんが解消したのち，さらに 2 倍程度の長さまで伸ばすことができる．このときは伸ばされた神経の長さ

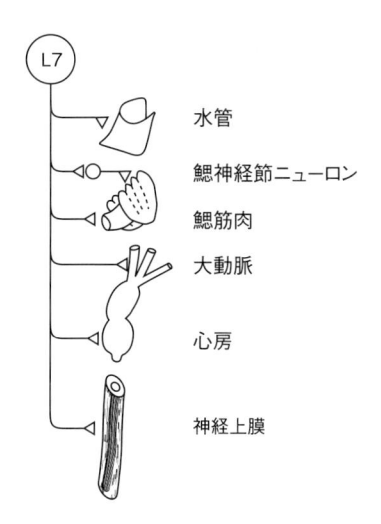

図6 多機能ニューロンL7
L7は運動ニューロンとして，水管，鰓，大動脈，心房および神経上膜の筋肉を神経支配する．また，鰓神経節ニューロンに興奮性シナプス結合する介在ニューロン機能もあわせもつ．

に比例して伝導時間がかかり，したがってみかけの伝導速度はほとんど変わらない（フェーズII）．フェーズIIでは軸索の細胞膜のしわの伸縮が起きている．甲殻類のロブスターの神経は両フェーズともなく，神経は短縮することもなく伸長されるとすぐに損傷される．カエルやネコの神経は摘出すると若干縮み，自然長までの間がフェーズIに相当するがそれ以上は伸張できない[10]．

アメフラシ類の厚く丈夫な結合組織からなる神経上膜内には筋細胞が存在し，その収縮により神経は能動的に短縮することができる．長軸に沿って体長の半分以上の長さをもつ1対の側-腹縦連合神経の結合組織内には，腹神経節内のニューロンL7の軸索の細かな分枝が走行しており，筋細胞を神経支配している（図6）．実際，L7の興奮の強さに対応して側-腹縦連合神経が短縮する．L7は，上述のように鰓の運動ニューロンとして体の収縮を伴う防御反射に関連して興奮することから，神経の短縮もその一部として起きているものと考えられる．また体長の伸長は移動運動の際にもリズミックにくり返されるので，その際にも能動的な神経の収縮運動が起きているのかもしれない．また，神経が一定以上に伸長させられて軸索が損傷を受けることを避けるために結合組織

を収縮させる可能性もある[11]. このように，アメフラシ類の神経は短縮と伸長に対して寛容で独特に適応した特徴を備えている.

5 広い神経支配領域をもつニューロン

5.1 巨大ニューロン

　アメフラシ類の中枢神経系のなかでも特に大きい細胞体をもつ**巨大ニューロン**がある．これらのニューロンがもつ複数の軸索は直接末梢へ伸びるもののほか，別の神経節内やそれを経由して末梢に広域に伸びるものもあり，動物の全身状態を統合的に調節する広範な機能をもつ．たとえば腹神経節に存在するグリシンをおもな神経伝達物質とする白色の巨大ニューロン群（R3からR14）はこの神経節から出る複数の神経に軸索を伸ばす．これらのニューロンの神経終末は多くの顆粒を含み，その一部は神経節や神経をおおう結合組織内や血管近傍に至る．そこでは特定の組織との間でシナプス構造をとらないことから神経分泌作用をもつと考えられている．それに加えてこれらのニューロンは心臓や腎臓など，さまざまな部位の血管などにも軸索を伸ばし，各器官内の筋細胞とシナプス結合をしており，心臓循環系の内分泌性および神経性調節を統一的につかさどるニューロン群であると考えられる[12]．

　左右の脳神経節に1対存在するセロトニン作動性のMCC（metacerebral cell）は，食欲や摂食行動にかかわるニューロンとして知られ，その活性化により食物に対する覚醒した状態（food-arousal）が生み出される．MCCは，海藻の味覚刺激や消化管の膨張による機械刺激を感覚入力として受けインパルス頻度が上昇する．その結果摂食行動のCPGの活性化が促進されるとともに，摂食にかかわる筋肉の収縮力も変化させ，中枢作用とともに末梢作用を及ぼす[13]．アメフラシ類のMCCと相同のニューロンは有肺類（モノアラガイやマイマイ，ナメクジ）などでも同定されている．

5.2 多機能ニューロン

　アメフラシ類の同定ニューロンのなかにはR3〜R14やMCCのように自律運動系や行動の統合的な機能をもつもののほかに，多岐にわたる機能をあわせ

もつニューロンが知られている．その1つが腹神経節内のニューロンL7である（図6）．このニューロンは前述のように鰓反射に関して運動ニューロンとして筋肉を直接支配するとともに，末梢の運動ニューロンに対してシナプス結合をしており，介在ニューロン機能もあわせもつ．また神経をおおう結合組織内の筋肉に対する運動ニューロン機能もある．さらに，水管や内臓大動脈の筋肉および心房筋にも運動ニューロンとして神経支配し，心臓拍動や血圧調節にもかかわるニューロンでもあることが明らかになっている[14]．L7に相同なニューロンは，A. californica をはじめアメフラシやアマクサアメフラシを含む少なくとも6種類のアメフラシ類で同定されており，重要な機能を備えたニューロンとして種の違いを越えて保存されている．ニューロンが多機能性をもつ意義については，それ1つの活動で統合的な作用を生み出しているとの可能性のほかに，軸索のそれぞれの終末部分でホルモンによってあるいは別のニューロンによって個別に伝達効率が調節されることで，行動に適応した神経支配が選択されている可能性が考えられる．実際，Anti-L7は，L7の鰓血管に対する支配にのみ選択的に作用し，BGNや神経の結合組織中の筋肉に対する支配には作用しないニューロンである．

おわりに

アメフラシ類は種によって，砂に潜る習性や，防御行動としての紫汁放出，側足を用いた遊泳行動の有無など，外見的な行動に大きな相違がみられる．一方で，中枢神経節内の同定ニューロン細胞体の配置は種の違いを越えて多く共通している．アメフラシ類の異なる種を用いて単一ニューロンレベルで神経系と行動の関係を比較生理学的に調べることで，今後さらに1つの行動がもつ生物学的な意義や異なる行動間の関係が明らかにされていくであろう．

引用文献

1) Cropper, E. C., *et al.* (2004) Feeding neural networks in the mollusc *Aplysia*. (review) *Neurosignals*, **13**, 70-86

2) 成末憲治・長濱辰文（2002）「アメフラシ中枢神経系における摂食・吐き出し応答のスイッチ機構」（総説），『比較生理生化学』，**19**, 14-21
3) Hening,W. A., *et al.*（1979）Motorneuronal control of locomotion in *Aplysia. Brain Res.*, **179**, 231-253
4) McPherson, D. R., Blankenship, J. E.（1991）Neural control of swimming in Aplysia brasiliana. I. Innervation of Parapodial Muscle by Pedal Ganglion Motoneurons. *J. Neurophysiol.*, **66**, 1338-1351
5) Kandel, E. R.（1979）*Behavioral Biology of Aplysia,* W. H. Freeman and Company
6) Tritt, S. H., Byrne, J. H.（1980）Motor control of opaline secretion in *Aplysia californica. J. Neurophysiol.*, **43**, 581-594
7) Kicklighter, C. E., *et al.*（2005）Sea hares use novel antipredatory chemical defenses. *Curr. Biol.*, **15**, 549-554
8) 黒川 信（2002）「アメフラシ鰓引き込め反射の神経機構」（総説），『比較生理生化学』，**19**, 203-209
9) Croll, R. P.（2003）Complexities of a simple system: new lessons, old challenges and peripheral questions for the gill withdrawal reflex of *Aplysia. Brain Res. Rev.*, **43**, 266-274
10) Koike, H.（1987）The extensibility of *Aplysia* nerve and the determination of true axon length. *J. Physiol.*, **390**, 469-487
11) Umitsu, Y., *et al.*（1987）Active contraction of nerve bundle and identification of a nerve-contractor motoneuron in *Aplysia. J. Neurophysiol.*, **58**, 1016-1034
12) Rittenhouse, A. R., Price, C. H.（1986）Electrophysiological and anatomical identification of the peripheral axons and target tissues of *Aplysia* neurons R3-14 and their status as multi-functional, multimessenger neurons. *J. Neurosci.*, **6**, 2071-2084
13) Schwartz, J. H., Shkolnik, L. J.（1981）The giant serotonergic neuron of *Aplysia*: A multitargeted nerve cell. *J. Neurosci.*, **6**, 606-619
14) Alevizos, A., *et al.*（1989）Innervation of vascular and cardiac muscle of *Aplysia* by multimodal motoneuron L7. *J. Neurphysiol.*, **61**, 1053-1063

参考文献

Greenspan, R. J.（2006）Modulation, The Spice of Neural Life. *An Introduction to Nervous Systems.* pp.59-75. Cold Spring Harbor Laboratory Press
Kandel, E. R.（1979）*Behavioral Biology of Aplysia,* W. H. Freeman and Company

6 頭足類巨大脳とその行動を制御する脳ホルモン

南方宏之

　前口動物のなかで大きなグループである冠輪動物に属する頭足類の脳は，脱皮動物である昆虫類の微小脳に比べて巨大脳とよぶにふさわしく，その生理機能においても脊椎動物と比較可能なシステムをもつ．ここでは，内分泌系，心臓血管系，および生殖系の制御にかかわるペプチドホルモンについて述べる．D-アミノ酸を含む特殊な構造をもつペプチドやフェロモンとしてはたらくペプチドなど軟体動物特有と思われるペプチドに加えて，脊椎動物のペプチドに類似した構造と機能をもち多機能な脳ホルモンとしてはたらいているものもある．

はじめに

　イカ・タコなどの頭足類は，それらの属するほかの軟体動物が水中を浮遊したり，地面や海底を這いまわって植物や浮遊性の微生物を餌としているのに比べて，遊泳や回遊などの高い運動能力をもち，捕食者として食物連鎖の上位に位置することで魚類や海棲哺乳類を生存競争のライバルとしている．このような生態的・生理的機能を支えるものは発達した筋肉や視覚，触覚などの感覚器官と，それらを制御する億を越える神経細胞からなる高度に発達した脳であることは容易に想像できる．脊椎動物で最も進化した脳をもつ動物は哺乳類であ

り，無脊椎動物では頭足類であるといえる．頭足類と哺乳類は系統的にかけ離れた動物であり，脳の成り立ちもまったく異なっているが，脳の構造とその回路，および脳ホルモンの構造と機能は，それぞれ比較できるほど類似している．

1 頭足類巨大脳

　大部分の無脊椎動物が属する前口動物は，昆虫などの節足動物や回虫などの線形動物を代表とする脱皮動物と，貝やイカ・タコなどの軟体動物やミミズなどの環形動物を代表とする冠輪動物にグループ化することができる．それらの動物の脳に着目すると昆虫などの微小脳に比して頭足類の脳は巨大であり，体重に対する脳の重さという尺度で比べると種類によっては魚類や爬虫類を凌駕し，鳥類や哺乳類に匹敵するものもある．脊椎動物の脳は，それに共通する脊索の一端が肥大して進化したと考えられる．軟体動物の神経系は食道を中心として一周する神経環に点在する神経節と，胴体に沿って伸びる神経幹に存在する神経節からなっている（**図 1**）．頭足類の脳はこの軟体動物特有の構造を保持しつつ，脊椎動物様に神経節を集中して中枢化させ，脳とよべる構造にまで進化したと考えられている．胴体と足の間に頭があり（頭足類とよばれるゆえんである），脳の真ん中を食道が貫き，発達した眼球を備えている（**図 2a**）．

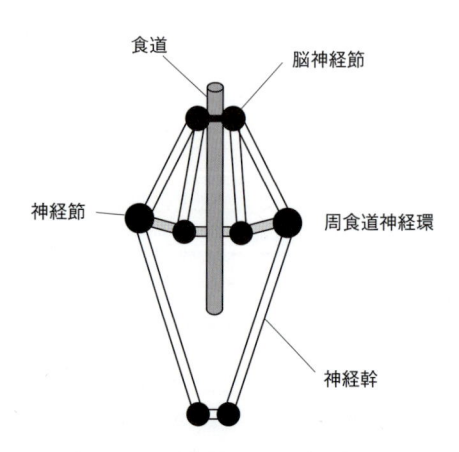

図 1　軟体動物中枢神経系の模式図

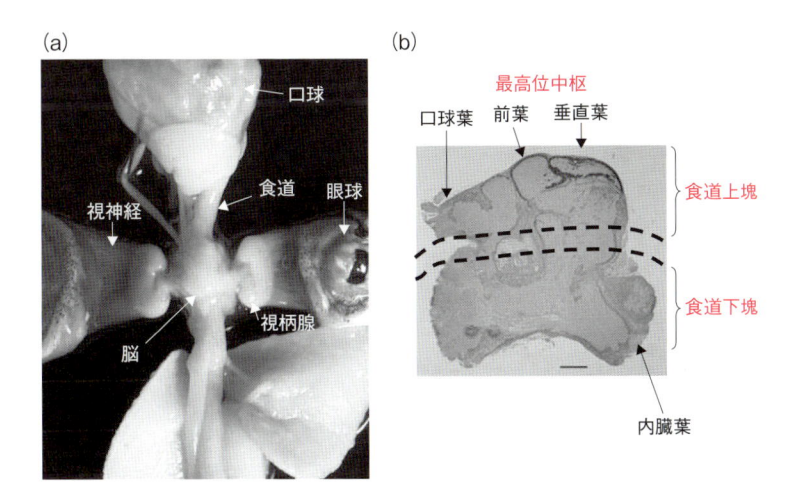

図2 マダコの中枢神経系の解剖写真（a）とマダコ脳の矢状切片（b）
(b) の点線は食道の位置を示す．食道より上部の塊を食道上塊，下部の塊を食道下塊とよぶ．
スケール：1mm．

脳は**図2b**のように食道より背側にある**脳食道上塊**と腹側にある**脳食道下塊**からなり，脳食道上塊には高度に発達した視覚や触覚などの感覚刺激を統合して処理する最高位の中枢があり，脳食道下塊には内臓や心臓血管系の機能や腕の動きを制御する中枢がある．頭足類巨大脳の発生と構造，および脊椎動物脳との類似システムについては他の文献に譲るが，ここでは内分泌系を中心とした脳の構造とホルモンにおける脊椎動物との類似システムについて記述したい．

1.1 大静脈神経分泌系

　内臓葉はマダコ（*Octopus vulgaris*）の脳食道下塊（**図2b**）に位置する．この神経葉にある神経分泌細胞から伸びる多数の神経索が大静脈内部に達し，**大静脈神経分泌系**を形成している[1]．その神経末端は，軟体動物または脊椎動物から同定されているさまざまなペプチドの抗体（FMRFアミド，オキシトシン，バソプレシン，α-メラノトロピン，心房性ナトリウム利尿ペプチドなど）で染色される物質を含む[1]．大静脈神経分泌系の抽出物は，マダコの体心臓の収縮頻度と収縮幅を増大させることから抽出物には心活性ペプチドが含まれている

と考えられる．実際に，抽出物から心臓の収縮増強活性を示すFMRFアミド，FLRFアミド，AFLRFアミド，およびTFLRFアミドが純化された[1]（**表1**）．

1.2 視柄腺

軟体動物の内分泌系は神経分泌細胞が中心となり，脊椎動物のような種々の内分泌腺の発達はみられない．頭足類には，眼球からの神経の中枢である視葉と脳を結ぶ視索に視柄腺とよばれる内分泌腺がある[2]（**図2a**）．この組織は神経由来ではなく，密な血管以外に分泌細胞である星状細胞と支持細胞の2種の細胞からなる内分泌組織と考えられている．眼球からの視神経は視葉に統合され，一部の視神経は，視索を通って脳食道上塊にある脳下脚葉とよばれる脳葉に終わる．脳下脚葉から発した視柄腺神経は，視索を通って視柄腺に終わる[2]．幼若時に視柄腺には視柄腺神経の軸策-軸策シナプスと軸策-腺細胞シナプスの両方が存在するが，成熟すると軸策-軸策シナプスが消失し，軸策-腺細胞シナプスが残る[2]．幼若時は視柄腺神経の一部が視柄腺に抑制的に作用してそのはたらきを抑えているが，十分に体が成長すると抑制性の神経が消失し，刺激神経が優位となって視柄腺が発達する．すなわち，視柄腺は軸策-軸策シナプスによる抑制神経と軸策-腺細胞シナプスによる刺激神経の2重支配を受けている[2]．

Wellsらは，マダコの脳葉をさまざまな部位で切除してその行動にどのような変化が現れるか実験した．そのなかで，未成熟雌ダコの視索や視神経を切断して盲目にすると視柄腺が肥大し，しかも卵巣の体重比が，当初500分の1であったものが5週間後に5分の1，すなわち卵巣が100倍近くに成長すること

column　コラム

イカの右利きと左利き

コウイカにはエビを捕食する際の動きに個体ごとに左右差がある[21]．エビを横から捕まえるときに左右どちらから回り込むかを調べると，11杯のうち10杯で明らかな偏りがあり，左右が5杯ずつだった．イカの甲はそれぞれ左右にわずかにそっており，右回りと左回りの方向と甲のそり具合が一致していた．流体力学的な要素でイカの右利きと左利きが決まる．

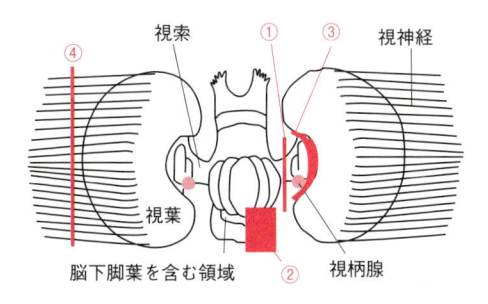

図3　Wellsらによるマダコ脳部位の切断実験
① 視索を脳と視柄腺との間で切断，② 視神経の到達する脳領域（脳下脚葉）を切除，③ 視索を視柄腺と視葉との間で切断，④ 視神経を視葉と眼球との間で切断．

を見いだした[3]．卵巣の発達と同時に卵管や卵管球とよばれる性腺付属器官も発達した．雄でも精巣と同時に性腺付属器官が発達した．ところが，視柄腺を切除すると雌雄ともに性腺や付属器官の発達は起こらなかった．Wellsらはさらに視柄腺に関係する脳のさまざまな部位を切除して性腺の変化を調べた．すると，いずれの場合でも性腺の成長が起こることがわかった[3]（**図3**）．視柄腺は左右の視索上に1つずつ存在するので，**図3**の①から④の手術を片側で行うと，手術した側の視柄腺は活性化され肥大したが，もう片側の視柄腺は変化しなかった．しかし，性腺の発達が起こった．血中の物質による体液性の制御であれば物質が血流に乗って両方の視柄腺に到達し，両方の視柄腺が発達することになるが，片側だけが発達したことから，視柄腺の発達は体液性制御ではなく神経性制御によるものであることがわかった．発達した視柄腺の抽出物を培養中の卵巣に加えると卵巣でタンパク質合成が起こった．このことから，視柄腺から性腺を発達させるホルモンが分泌されることがわかった[4]．鳥類や哺乳類では脳の視床下部ホルモンが下垂体に作用して性腺刺激ホルモンの放出を促し，性腺を発達・成熟させる．これを視床下部-下垂体-性腺軸とよぶが，マダコの脳下脚葉-視柄腺-性腺軸は，生殖制御に関して視床下部-下垂体-性腺軸に類似すると考えられる[2]．

表1　心活性ペプチド

動物	名前	アミノ酸配列
マダコ	FMRFアミド	Phe-Met-Arg-Phe-NH$_2$
	FLRFアミド	Phe-Leu-Arg-Phe-NH$_2$
	AFLRFアミド	Ala-Phe-Leu-Arg-Phe-NH$_2$
	TFLRFアミド	Thr-Phe-Leu-Arg-Phe-NH$_2$
テナガダコ	Ocp-1	Gly-D-Phe-Gly-Asp
	Ocp-2	Gly-Phe-Gly-Asp
	Ocp-3	Gly-Ser-Trp-Asp
	Ocp-4	Gly-D-Ser-Trp-Asp
マダコ	セファロトシン*	Cys-Tyr-Phe-Arg-Asn-Cys-Pro-Ile-Gly-NH$_2$
	オクトプレシン*	Cys-Phe-Trp-Thr-Ser-Cys-Pro-Ile-Gly-NH$_2$
マウス	オキシトシン*	Cys-Tyr-Ile-Gln-Asn-Cys-Pro-Leu-Gly-NH$_2$
	バソプレシン*	Cys-Tyr-Phe-Gln-Asn-Cys-Pro-Arg-Gly-NH$_2$

＊2つのCys残基は分子内でジスルフィド結合する．

2　心臓血管系

　脊椎動物は動脈および静脈とそれらの末端に毛細血管網をもつ閉鎖血管系を形成するが，大部分の無脊椎動物は動脈と静脈の先端が体腔に開放された開放血管系である．軟体動物においても開放血管系が中心であるなかで，頭足類は高圧の閉鎖血管系をもつ．強力なポンプである体心臓と，1対の鰓の根元に血液を送る鰓心臓があり，動脈と静脈はそれぞれの末端に毛細血管網を形成する．頭足類心臓血管系を制御する神経中枢は脳食道下塊内臓葉に存在し，神経は血管に沿って末梢に至る[2]．脊椎動物の閉鎖血管系と同様に興奮性神経（セロトニン性およびカテコールアミン性）と抑制性神経（コリン性）の拮抗的2重支配を受けている[2]．さらにFMRFアミドなどのペプチドを含む神経による制御も受けている[2]．また，前述した大静脈神経内分泌系に存在するさまざまなペプチドホルモンによる制御も受けている[1]．

2.1　心活性ペプチドホルモン

　筆者らは，テナガダコ（*Octopus minor*）の脳から4種のOcp（Octopus cardio-active peptide）を純化し構造決定した．これらのペプチドは4つのアミノ酸がつながった構造であるが，2番目のアミノ酸残基の立体異性体（D-アミノ酸，

Key Word 参照）を含む 2 組のペプチドであることがわかった[4]（**表 1**）．

 Ocp-1 と Ocp-3 はテナガダコ体心臓の収縮頻度と収縮幅をともに増大させたが，立体異性体である Ocp-2 と Ocp-4 の活性は 1,000 分の 1 から 10,000 分の 1 であった．これらのペプチドの前駆体タンパク質（**Key Word** 参照）は明らかになっていないが，D-アミノ酸は L-アミノ酸が mRNA から前駆体タンパク質に翻訳されたのち，何らかの機構によって変換されたものと思われる．このような L-アミノ酸から D-アミノ酸への変換は，まれではあるがいくつかの動物のペプチドで知られていて，ペプチドの生物活性を修飾する役割をもつと考えられている．たとえば D-アミノ酸に変換されることによってタンパク質分解酵素で分解されにくくなること，受容体と結合する際に都合のよい立体構造を形成することなどがその役割と考えられる．しかしながら Ocp-3 と Ocp-4 のように D-アミノ酸に変換することによって活性が失われる場合，その役割は不明

Key Word

D-アミノ酸

Gly を除く天然のアミノ酸には，立体異性体が存在し，右手と左手のようにそれぞれの鏡像体が互いに重なり合わない対掌体の関係にある．アミノ酸の立体異性体は L-と D-で表されるが，L-と D-は基準となる化合物（グリセルアルデヒド）との立体構造上の類似からつけられた慣用的標記である．L-系列のアミノ酸と D-系列のアミノ酸が存在するが，タンパク質を構成するアミノ酸はほぼすべてが L-アミノ酸であり，便宜上 L-をつけない場合が多い．D-アミノ酸は微生物の膜を構成するペプチドグリカンにみられるほか，軟体動物の神経ペプチドやクモ毒ペプチド，カエルの皮膚ペプチドなどに D-アミノ酸を含むものが報告されている．

前駆体タンパク質

ペプチドホルモンなど細胞で合成されて分泌されるペプチドは，その mRNA が翻訳されてより大きな前駆体タンパク質が合成され，切断酵素によって切断されて成熟したペプチドが生成される．前駆体タンパク質の配列には，ペプチドの N 末端と C 末端の前後に Lys や Arg などの塩基性アミノ酸が対になって配置され，切断酵素の認識配列になっている．また，ペプチドホルモンには C 末端がアミド化された構造になっているものが多い．この反応には C 末端につながる Gly 残基が必要で，酵素によってアミド化される．

である.

2.2 オキシトシン／バソプレシンスーパーファミリーペプチド

オキシトシンと**バソプレシン**は哺乳類の下垂体後葉から分泌される構造類似のペプチドホルモンで（**表1**），オキシトシンは分娩時の子宮収縮や乳腺からの乳汁分泌にはたらき，バソプレシンは腎尿細管からの水再吸収にはたらく．さまざまな動物に構造類似のペプチドが存在し，オキシトシンファミリーとバソプレシンファミリーからなるスーパーファミリーを形成している．最も下等な脊椎動物である円口類（ヤツメウナギなど）には1種のペプチド（バソトシン）しか存在しないが，それ以上の脊椎動物では1種の動物にオキシトシン系統とバソプレシン系統の少なくとも2種のペプチドが存在する．無脊椎動物には1種の動物に1種のペプチドしか存在せず，そのペプチドがオキシトシン様とバソプレシン様の2つの作用をもつとされてきた．

マダコの大静脈神経分泌系にこのスーパーファミリーに属するセファロトシンが存在することが報告された[5]．筆者らはマダコの脳にもう1種のペプチド，オクトプレシンを発見し，無脊椎動物で初めて1種の動物に2種のペプチドが存在することを報告した[6]（**表1**）．セファロトシンは代謝やイオン調節などの役割をもった内分泌ホルモンとしてはたらき，オクトプレシンは血管収縮のほか，腸管や卵管などの平滑筋収縮に作用する神経ペプチドとしてはたらいていると考えられる．

3 生殖制御系

タコが盛んに餌をとって体を成長させている間，性腺はその発達が抑えられている．このとき，光の刺激は視神経を通って脳下脚葉にある神経分泌細胞の一部を活性化し，視柄腺神経を経由して視柄腺に抑制的にはたらいている．視柄腺の発達が抑えられている間は視柄腺からの性腺刺激ホルモン放出が抑制されることによって性腺の発達が抑えられている．体が十分に成長すると抑制的な神経が消失し，刺激神経が優位となって視柄腺が発達し，性腺刺激ホルモン（その構造は明らかになっていない）が放出され，性腺とその付属器官の成長・

発達が促される.

3.1 性腺刺激ホルモン

活性化した視柄腺の抽出物を卵巣に作用させると濾胞細胞で ^{14}Leu の取り込みとタンパク合成が起こった．このことから活性化した視柄腺から性腺を刺激するホルモンが放出されていることがわかった[3]．このホルモンの性質を調べるために加熱による変性実験やタンパク質分解酵素であるトリプシン処理などによってその活性が消失したので，このホルモンはタンパク質と考えられてきたが，ホルモンの構造は長らく不明のままである．ヨーロッパコウイカ（*Sepia officinalis*）の卵巣濾胞細胞を増殖させる 4～5 kDa のホルモンが報告されている[7]．そのホルモンは加熱やトリプシン処理によって分解するため，ポリペプチドであると考えられている．

3.2 視柄腺抑制性神経と刺激性神経

ペプチドなどが神経組織のどこでつくられ，どこにはたらいているかを調べるためにペプチドの抗体を使って神経組織を染色して検出する免疫組織化学実験が行われる．ヨーロッパコウイカの視柄腺神経の一部は FMRF アミド抗体で染色される．免疫陽性の神経細胞体（その細胞によってペプチドが合成される）は嗅葉と背側基底葉（脳下脚葉が存在する）にあり，免疫陽性神経繊維（そ

---

column

コラム

タコの利き目，利き腕

水槽のなかに物体を入れタコに触らせる実験をすると，8 本の腕のうち 1～3 本の腕を使って捜索する．このとき使う腕の組合せは，8 本から 1～3 本を選択する計算上 448 通りとなるはずだが，実際には 49 通りしかみられなかった．この結果は，まるでタコに利き腕があるかのように思わせるが，観察者の Bryne はタコに「利き目があるため」と考えている．タコは外界を片方の眼でとらえており，ほかの動物と同様に体の前にある腕を物を探るために用い，後ろの腕を移動のために用いる傾向がある．このことは利き目の前にある腕を捜索のために使う傾向があることを示す[19]．

の神経によってペプチドが運ばれる）は視索を通って視柄腺分泌細胞に達し，多くのこぶ状の構造（**バリコシティー**構造，そこからペプチドなどを分泌する）を形成する[8]．

マダコの視柄腺とその活性を制御する脳領域が FMRF アミド抗体とニワトリ GnRH-I 抗体によって免疫染色された[9]．FMRF アミド抗体陽性の神経細胞体が脳下脚葉に存在し，視柄腺神経の一部が免疫陽性を示した．また，後嗅葉にニワトリ GnRH-I 抗体陽性の神経細胞体があり，陽性神経繊維が視柄腺に入って腺細胞の周りに神経終末をもっていた．これらのことから，視柄腺抑制神経は FMRF アミド様の物質を含む神経であり，刺激神経はニワトリ GnRH-I 様の物資を含む神経であることが示唆された[9]．

3.3 GnRH

筆者らはマダコの脳から純化した顕著な心拍動増強活性を示すペプチドの1つが脊椎動物の GnRH（gonadotropin-releasing hormone：性腺刺激ホルモン放出ホルモン）の構造上の特徴をもっていることを見いだした[4]．今までに知られている脊椎動物 GnRH と原索動物ホヤの GnRH はすべて10個のアミノ酸残基が連なった構造であるが，タコのペプチドは12アミノ酸残基からなり，N末端の pyroGlu 残基（N末端 Glu のアミノ基と側鎖のカルボキシル基が脱水縮合して環化したもの）と His 残基との間に Asn-Tyr 残基が挿入された配列になっていた（**表2**）．このペプチドがウズラの脳下垂体から黄体形成ホルモンを放出させたことから筆者らはこれをタコの GnRH（oct-GnRH）と名づけた．最近，アメフラシの神経系からクローニングされた前駆体タンパク質には oct-GnRH と同様に N末端の pyroGlu 残基と His 残基との間に Asn-Tyr 残基が挿入された配列になっている ap-GnRH が存在することが報告された[10]（**表2**）．ただし，その C 末端の構造は，oct-GnRH を含む GnRH の構造上の特徴である -Pro-Gly-NH$_2$ 構造とは異なる．最近，さまざまな動物の遺伝子データベースをウェブ上で検索し，ペプチドのアミノ酸配列を推定する *in silico* 解析が盛んになっている．この手法によってカサガイ（ol-GnRH）やゴカイ（an-GnRH）の GnRH 様ペプチドの構造が推定されているが，いずれも C 末端の構造が異なる[10]（**表2**）．ところが，イカには oct-GnRH とまったく同じ構造のペプチ

表2 生殖行動に関与するペプチド

動物	名前	アミノ酸配列
マウス	GnRH	<Glu-His-Trp-Ser-Tyr-Gly-Leu-Arg-Pro-Gly-NH$_2$
マダコ	oct-GnRH	<Glu-Asn-Tyr-His-Phe-Ser-Asn-Gly-Trp-His-Pro-Gly-NH$_2$
イカ	oct-GnRH*	-Glu-Asn-Tyr-His-Phe-Ser-Asn-Gly-Trp-His-Pro-Gly-Gly-Lys-Arg-
アメフラシ	ap-GnRH*	-Glu-Asn-Tyr-His-Phe-Ser-Asn-Gly-Trp-Tyr-Ala-Gly-Lys-Lys-Arg-
カサガイ	ol-GnRH*	-Glu-His-Tyr-His-Phe-Ser-Asn-Gly-Trp-Lys-Ser-Gly-Arg-Lys-Arg-
ゴカイ	an-GnRH*	-Glu-Ala-Tyr-His-Phe-Ser-His-Gly-Trp-Phe-Pro-Gly-Arg-Lys-Arg-
イカ	FMRFアミド	Phe-Met-Arg-Phe-NH$_2$
	FaRPs**	Phe-Leu-Arg-Phe-NH$_2$
		Phe-Ile-Arg-Phe-NH$_2$
		Ala-Leu-Ser-Gly-Asp-Ala-Phe-Leu-Arg-Phe-NH$_2$
	GWアミド	Gly-Trp-NH$_2$
	APGWアミド	Ala-Pro-Gly-Trp-NH$_2$
	TPGWアミド	Thr-Pro-Gly-Trp-NH$_2$
	SepOvotropin	Pro-Lys-Asp-Ser-Met-Leu-Leu-Leu-Gln-Val-Pro-Val-Tyr-NH$_2$
	ILME	Ile-Leu-Met-Glu
	SepCRP-1	Glu-Ile-Ser-Leu-Asp-Lys-Asp
	SepCRP-2	Ile-Ser-Leu-Asp-Lys-Asp
	SepCRP-3	Ser-Leu-Asp-Lys-Asp
	SepCRP-4	Glu-Ile-Ser-Leu-Asn-Lys-Asp-Glu-Val-Lys
	SepCRP-5	Glu-Ile-Ser-Leu-Asn-Lys-Asp
	SepCRP-6	Glu-Ile-Ser-Leu-Asn-Lys-Asp-Glu-Val
	SepCRP-7	Ile-Ser-Leu-Asn-Lys-Asp-Glu-Val
	SepCRP-8	Ser-Leu-Asn-Lys-Asp-Glu-Val
	OJPs	Asp-Gln-Val-Lys-Ile-Val-Leu
		Asp-Glu-Val-Lys-Ile-Val-Leu
		Asp-Glu-Val-Lys-Ile-Val-Leu-Asp
	SepSAP	Pro-Ile-Asp-Pro-Gly-Val-NH$_2$

＊前駆体 cDNA にコードされたアミノ酸配列を示す．FaRP＊＊：FMRF アミド関連ペプチド．

ドが存在することがわかった[11]．これらの結果は，前口動物 GnRH の分子進化を考察するうえで重要な発見につながるかもしれない．

　筆者らは脳と視柄腺，さらに卵管および卵管球における oct-GnRH の分布と前駆体 mRNA の発現を調べた[12]．脳下脚葉に免疫陽性神経細胞体と神経繊維が存在し，視索に免疫陽性神経繊維が密に分布していた．免疫陽性の脳下脚葉神経細胞体は前駆体 mRNA を発現することから，その細胞体が oct-GnRH を合成していることがわかった．後嗅葉に oct-GnRH 免疫陽性の神経細胞体と神

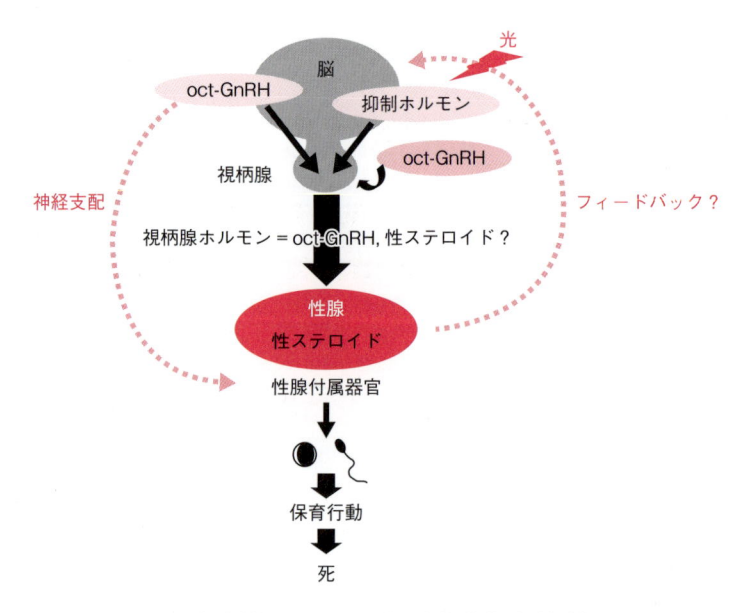

図4 タコの生殖制御ホルモンと脳下脚葉-視柄腺-性腺軸の概念図

経繊維があった．さらに視柄腺内に oct-GnRH 免疫陽性の神経繊維があり，視柄腺の分泌細胞である星状細胞の細胞質が oct-GnRH 免疫陽性を示すことから，oct-GnRH が視柄腺ホルモンの1つであることが示唆された．ただし，星状細胞に前駆体 mRNA の発現が確認されなかった．視柄腺から oct-GnRH 前駆体タンパク質の cDNA がクローニングされたため前駆体 mRNA の発現実験の時期に mRNA がわずかしか含まれていなかったことが考えられる．また，星状細胞にはペプチドホルモンを合成する細胞に特徴的な粗面小胞体や分泌小胞が存在しないこと[2]，また，その細胞室内に物質が取り込まれ蓄積されたのち，血管内に放出されることが観察されている[2]．このことから，oct-GnRH は星状細胞で合成されるのではなく，神経終末から細胞内に取り込まれたのち，放出されるという可能性がある．

　末梢では卵管の筋繊維に沿って免疫陽性神経繊維が存在し，卵管球の粘液分泌細胞の近辺に免疫陽性神経繊維が存在する．実際に oct-GnRH は卵管の収縮を増大させることから，oct-GnRH 神経によって卵管収縮や粘液分泌を伴う産卵行動が制御されていると考えられる[12]．

筆者らはoct-GnRH受容体をクローニングし，卵巣，卵管，および卵管球，さらに精巣に発現していることを確認した[13]．また，oct-GnRHと卵巣を培養するとプロゲステロン，17β-エストラジオール，およびテストステロンが放出された．精巣でも同様にこれらの性ステロイド合成がひき起こされた．脊椎動物の卵巣と精巣でGnRHは性ステロイドの合成と放出を起こすことが知られている．これらの結果から，oct-GnRHは視柄腺から脳下脚葉もしくは嗅葉から視柄腺を経て分泌され，性腺にはたらいて性ステロイド合成を促し，性腺の成熟をひき起こすホルモンであり，Wellsらの実験によって示された視柄腺由来の性腺刺激ホルモンの1つであることが示唆された．また，oct-GnRH神経によって卵管収縮や卵管球からの粘液分泌などを通じて産卵行動を制御されることも示唆された（図4）．ただし，oct-GnRHの受容体が視柄腺に発現していること，視柄腺星状細胞にはステロイド合成細胞の特徴を備えている細胞が存在するとの報告[14]があることから，oct-GnRHが視柄腺において自身の細胞もしくは近傍の細胞にはたらいて性ステロイドを放出させる，すなわち，視柄腺ホルモンの1つは性ステロイドであるという可能性もある．

　雌ダコは産卵後，卵塊に新鮮な海水を吹きつけ，ゴミやカビなどを取り除いたりして孵化するまで卵の世話を続ける．この間，何も食べずにやせ細っていき，卵が孵化したあとに死んでしまう．また，雄ダコは交接して精子を雌ダコに渡したのちすぐに死んでしまう．このようにタコ類の生殖行動は一生のうちに1回しか起こらず，その寿命は1から2年といわれている．性周期をもつ動物では性腺で合成された性ステロイドが脳にフィードバックされ性腺の発達と生殖行動の調節を行っているが，タコ類ではいったん性腺の発達が開始される

column

コラム

タコの観察学習

色の違う2つのボールを選ばせ，一方のボールを選んだときは餌を与え，他方であれば罰を与える．このような訓練をタコは容易に覚える．訓練を受けているほかのタコを横から観察しているタコのほうが，その訓練に必要な時間が短くてすむという報告がある[20]．これを「観察学習」とよぶが，「観察学習」は鳥類以上の高等な脊椎動物でみられる能力である．

ともはやもとには戻らず，このようなフィードバックによる調節が行われているとは考えにくい．さらに保育行動中の雌ダコの視柄腺を切除すると保育をやめ，再び餌を取りはじめて体が巨大になり，寿命を延ばすという報告[2]がある．視柄腺ホルモンが直接，保育行動や食欲，寿命に関与していると考えられるが，どのような物質であるか，たいへん興味深い．

3.4 イカの産卵過程を制御するペプチド

ヨーロッパコウイカ（*Sepia officinalis*）の産卵は，一連の型にはまった段階を経て行われる．これらの段階は，複数の神経ペプチドや性腺由来のペプチドによって制御されている[4,15]（**表2**）．

視葉に含まれる神経ペプチド APGW アミド，TPGW アミド，GW アミド，および FMRF アミドと FLRF アミドは，卵管の収縮をひき起こす．一方，FIRF アミドと ALSGDAFLRF アミドは卵管収縮を抑制する．FMRF アミド関連ペプチド（FLRF アミド，FIRF アミド，ALSGDAFLRF アミド）は包卵腺の収縮と分泌物の放出を促す．

卵塊にあるペプチド ILME は卵または成熟卵母細胞を培養した海水にも含まれる．ILME は周囲の細胞にはたらく傍分泌ホルモンとして，また周囲の海水に放出され，フェロモン様物質として卵管の収縮をひき起こす．SepOvotropin は卵胞と成熟卵母細胞，および卵のみに存在し，卵黄形成期に

---

column / コラム

イカの鏡タッチ行動

アオリイカに鏡を見せるとその像に対して威嚇や逃避などの行動を起こすのか，あるいはその像に興味を抱き，それを観察するような反応を示すのかを実験した報告がある[22]．アオリイカは鏡に映った像に興味を示し，くり返し腕で鏡に触るという行動（鏡タッチ行動）を示した．自由遊泳時と鏡タッチ行動時の行動軌跡は明らかに異なっていた．また，鏡タッチは攻撃的なものではなくむしろ穏やかな印象を与え，あたかも鏡に映った自己を認識する自己指向性反応を思わせた．このような行動はチンパンジーなど高等な霊長類やイルカで観察されているだけである．

卵管収縮を調節する．SepCRP（Sepia capsule-releasing peptide）は成熟卵母細胞と卵母細胞培養海水から検出される．成熟卵母細胞が生殖器腔に放出されたのち，卵巣由来のセロトニンとSepCRPがはたらいて卵管の収縮が抑制され，受精するまで卵母細胞が生殖器腔内にとどまる．それによって未受精卵の放出が抑制されている．同時に包卵腺から卵を包む寒天状物質の分泌も抑制される．成熟卵母細胞には同様の作用をもつペプチドOJP（ovarian jelly-peptide）も存在し，SepCRPとOJPは卵母細胞の放出と卵を包むカプセル形成に協働して作用する．また，卵塊には精子誘因ペプチドSepSAP（Sepia spermattracting peptide）も存在する．

以上のように，未交接の雌において卵巣から生殖器腔に放出された成熟卵母細胞はセロトニン，SepCRPおよびOJPによる卵管収縮抑制作用によって生殖器腔内にとどめられる．交接行動によってそれに続く一連の産卵行動がひき起こされる．成熟卵母細胞はFMRFアミド関連ペプチドやAPGWアミドなどの神経ペプチド，およびILMEやSepOvotropinなどの卵巣由来ペプチドによって調節された卵管収縮により運搬され，卵管腺内で部分的に寒天状物質に包まれる（第1段階）．外套腔内に放出された卵母細胞カプセルは，そこで包卵腺分泌物による第2のカプセル化を受ける（第2段階）．カプセルに包まれた卵母細胞は交接嚢内のSepSAPで活性化された精子と受精し（第3段階），ぶどう房状に編まれた受精卵は岩や海藻などに産みつけられ（第4段階），孵化に至る．

4 多機能性脳ペプチドホルモン

前述のように頭足類のペプチドホルモンには，オキシトシン／バソプレシンスーパーファミリーペプチドやGnRHのように脊椎動物と共通の構造と機能を保存しているものがある．脊椎動物では，これらのペプチドホルモンはその名前に由来する機能以外に脳内に広く分布してさまざまな活性を示す多機能な脳ホルモンとしてはたらいている．

4.1 非生殖系 oct-GnRH

　大部分の脊椎動物には，生殖制御の中心となる視床下部−正中隆起 GnRH 系に加えて終神経や中脳に細胞体をもち，脳全体に広く投射する終神経および中脳 GnRH 系が存在する．この非視床下部 GnRH 系が脳内 GnRH 系の主要な部位を占めており，神経修飾物質として性行動の動機づけ調節や，代謝，免疫などの生理的役割に関与していることが示唆されている[16]．タコの脳においても，oct-GnRH は生殖系以外の多数の脳葉に分布し，その神経を脳内に広く投射している．

　口の動きや食道の収縮など摂食行動を制御する口球葉に oct-GnRH が発現する[12]．oct-GnRH は食道の収縮を増大させる活性をもつ[13] ことから，oct-GnRH は摂食行動の神経伝達やその修飾に関与する物質としてはたらいていることが示唆された．oct-GnRH は心臓血管系を制御する内臓葉と血管運動葉に発現し，心房の筋肉層に免疫陽性神経がある[12]．また，体心臓の収縮頻度と収縮幅を増大させることから心活性ペプチドであることが示唆された[12]．

　タコは触覚と視覚の 2 種類の記憶・学習システムをもっており，腕と眼からの情報伝達にかかわる神経回路と，それらの情報を統合する脳葉が詳しく研究されている[17]．腕からの触覚情報は下位前頭葉にある特徴的な渦巻き状繊維束に入る．この繊維束が oct-GnRH 免疫陽性を示した[12]．視覚の中枢であり，層状構造をもつ視葉の medulla および内顆粒細胞層の細胞体に oct-GnRH が発現していた[12]．また，触覚と視覚の記憶・学習システムの最高位中枢である垂直葉に oct-GnRH が発現していた[12]．これらの結果から oct-GnRH がタコの記憶・学習システムにおける神経伝達やその修飾に関与している可能性があることが示された[12]．

4.2 脳ホルモンとしてのオキシトシン／バソプレシンスーパーファミリーペプチド

　オキシトシンやバソプレシンは下垂体後葉ホルモンとしての役割以外に記憶や学習に関与する脳ホルモンとしての役割をもつ．オキシトシンは，マウスの視床下部や下垂体後葉にある CD38 というタンパク質の作用で脳や血中に放出され，雄による雌の認識などの社会的認識記憶や母親養育行動の発現を促

す[18]．オクトプレシン遺伝子は脳の広範な領域に発現し，特に視覚記憶と触覚記憶の高次中枢である垂直葉に発現することから，オクトプレシンがタコの高次脳機能を調節する因子である可能性が示唆された[6]．雄のイカによる雌の認識などの社会的行動や雌のタコによる卵の保育行動などが知られている．オクトプレシンがオキシトシンと同様の効果をもつとは限らないが，イカやタコにマウスと同様のこれらの行動を制御する脳ホルモンシステムがあるとすればたいへん興味深い．

　脊椎動物で最も進化した脳をもつ動物は哺乳類であり，無脊椎動物では頭足類である．頭足類と哺乳類は系統的にかけ離れた動物であり，脳の成り立ちもまったく異なっているが，脳の構造とその回路，および脳ホルモンの構造と機能は，それぞれ比較できるほど似ているといえる．

おわりに

　ヒト以外の動物に知性が存在するのだろうか．チンパンジーやオランウータンなどの高等な霊長類はもちろん，イルカや一部のクジラ，さらにカラスなど一部の鳥類は確かに「賢い」ことが科学的に証明されつつある．それでは一般的に下等とみなされている無脊椎動物には「知性」のある動物が存在しないのだろうか．海洋動物学者は頭足類の知能の高さを思わせるさまざまな行動を観察したり，訓練による学習能力の高さを観察して「海の霊長類」とよんだ．それらの観察を「知性」と結びつけるには厳密な科学的検証を必要とするが，頭足類の脳と脊椎動物の脳との類似性と行動を結びつける試みは，脳の進化と行動の発達，およびそれを制御・調節する遺伝子や分子群の収斂的な進化を考察するうえで興味深い知見を与えるだろう．頭足類の遺伝子や分子群の研究は緒についたばかりであるが，今後の遺伝子データベースの蓄積や神経生理学的手法，分子生物学的手法の開発と発展により，ヒトとは遠く離れた「別の知性」を比較研究する道は開けている．

引用文献

1) Martin, R., Voigt, K. H. (1987) The neurosecretory system of the octopus vena cava: a neurohemal organ. *Experientia*, **43**, 537-543
2) Budelmann, B. U., *et al.* (1997) Cephalopoda. *Microscopic anatomy of invertebrates* (eds. Harrison, F. W., *et al.*), 6A, Mollusca II, Wiley-Liss
3) Wells, M. J. (1978) Endocrinology. *The octopus, physiology and behavior of an advanced invertebrate*, pp.111-142, Chapman and Hall
4) Minakata, H. (2006) Neuropeptides and peptide hormones in cephalopds. *Invertebrate neuropeptides and hormones: basic knowledge and recent advances* (ed. Satake, H.), pp.111-126, Transworld Research Network
5) Reich, G. (1992) A new peptide of the oxytocin/vasopressin family isolated from nerves of the cephalopod *Octopus vulgaris*. *Neurosci. Let.*, **134**, 191-194
6) Takuwa-Kuroda, K., *et al.* (2003) Octopus, which owns the most advanced brain in invertebrates, has two members of vasopressin/oxytocin superfamily as in vertebrates. *Reg. Pep.*, **115**, 139-149
7) Koueta, N., *et al.* (1992) Partial characterization of a gonadotropic, mitogenic factor from the optic gland and hemolymph of the cuttlefish *Sepia officinalis* L. *Comp. Biochem. Physiol.*, **102A**, 229-234
8) Le Gall, S., *et al.* (1988) Evidence for peptidergic innervation of the endocrine optic gland in Sepia by neurons showing FMRFamide-like immunoreactivity. *Brain Res.*, **462**, 83-88
9) Di Cosmo, A., Di Cristo, C. (1998) Neuropeptidergic control of the optic gland of *Octopus vulgaris*: FMRF-amide and GnRH immunoreactivity. *J. Comp. Neurol.*, **398**, 1-12
10) Tsai, P. S., Zhang, L. (2008) The emergence and loss of gonadotropin-releasing hormone in protostomes: orthology, phylogeny, structure, and function. *Biol. Reprod.* **9**, 798-805
11) Di Cristo, C., et al. (2009) GnRH in the brain and ovary of *Sepia officinalis*, *Peptides*, **30**, 531-537
12) Iwakoshi-Ukena, E., *et al.* (2004) Expression and distribution of octopus gonadotropin-releasing hormone in the central nervous system and peripheral organs of the octopus (*Octopus vulgaris*) by in situ hybridization and immunohistochemistry. *J. Comp. Neurol.*, **477**, 310-323
13) Kanda, A., *et al.* (2006) Molecular and functional characterization of a novel gonadotropin-releasing-hormone receptor isolated from the common octopus (*Octopus vulgaris*). *Biochem. J.*, **395**, 125-135
14) Lofts, B. D., Bern, M. A. (1972) The functional morphology of steroidogenic tissues. Steroids in Non-Mammalian Vertebrates (ed., Idler, O.R.), pp. 37-125, Academic Press
15) Susswein, A. J., Nagle, G. T. (2004) Peptide and protein pheromones in molluscs. *Peptides*, **25**,

1523-1530
16) 市川眞澄 他（1998）『脳と生殖 —GnRH 神経系の進化と適応』，学会出版センター
17) Young, J. Z.（1995）Multiple matrices in the memory system of Octopus. Cephalopod neurobiology（eds., Abbott, N. J., *et. al.*), pp. 431-443, Oxford Univ. Press
18) Jin, D., *et al.*（2007）CD38 is critical for social behaviour by regulating oxytocin secretion. *Nature*, **446**, 41-45
19) Hopkin, M.（2004）Octopuses have a preferred arm. Eight-limbed creatures have a favorite. Nature News（http://www.nature.com/news/2004/040615/full/news040614-1.html）
20) Fiorito, G., Scotto, P.（1992）Observational learning in *Octopus vulgaris*. *Science*, 256, 545-547
21) Ihara, R., *et al.*（2007）Laterality of behavioral and morphological features in *Sepia lycidas*. *Abstracts in Seventh International Symposium Cephalopods-Present and Past, 2007, Sapporo, Japan*, pp. 136
22) 池田 譲（2005）「頭足類の社会性と行動 —イカの心を探る—」，『月刊 海洋』，**37**，404-409

参考文献

滋野修一（2005）「無脊椎動物における巨大脳 —頭足類で生じた認知システムと収斂進化—」，『月刊 海洋』，37，396-403

滋野修一（2007）「神経節体制から軟体動物巨大脳への変遷」，『神経系の多様性 その進化と起源』，シリーズ 21 世紀の動物科学 7（日本動物学会 監修），pp.61-96，培風館

7 心臓を拍動させるシンプルな神経節

山岸 宏

　主としてエビやカニなどの十脚類やシャコなどの口脚類の研究から，甲殻類の心臓は心臓内にある少数のニューロンからなる心臓神経節が拍動のもととなる，神経原性のものであるとされてきた．心臓神経節はパターン化した運動出力で心筋を収縮させ，心臓拍動のペースメーカーとして機能する．しかし系統的にさまざまな段階の種の心臓拍動機構を調べた結果，心筋がペースメーカーとなる筋原性のものや，個体発生の過程で心臓ペースメーカーが心筋から心臓神経節に転移するものなど，神経原性として一般化されてきた甲殻類の心臓ペースメーカー機構に，幅広い多様性のあることが判明した．さらに心臓神経節の構成においても，単一のニューロンからなるものから，ニューロン群がシナプスを介して複雑な神経回路網を形成するものまで，系統的な発達の段階のあることが明らかになった．

はじめに

　甲殻類の神経原性心臓のペースメーカーである**心臓神経節**は，少数のニューロンからなる最もシンプルな中枢神経系のモデルとして，早くから神経生理学に導入された．しかしその神経回路網は予想以上に複雑であった．しかし系統的にさまざまな段階の種についてその心臓拍動機構を調べた結果，甲殻類に心臓ペースメーカー機構の多様性や，心臓神経節の系統的発達の過程があること

が明らかになってきた．

1 異なる心臓ペースメーカー

　心臓がほかの器官と異なる特徴の1つは，体外に取り出してもリズミカルに拍動を続ける自動性をもっていることである．この自動的な拍動リズムが心臓のどの部分でつくり出されているか，言い換えると拍動リズムの**ペースメーカー**（pace maker：歩調とり）が心臓のどのような組織に由来するかによって，心臓は生理学的に**筋原性**（myogenic）と**神経原性**（neurogenic）とに分けられる．

　たとえばヒトを含む哺乳類の心臓は，上大静脈と心臓の接続部（静脈洞）と心房との間にある限られた部分（洞房結節）がペースメーカーとなる筋原性である．自動性をもった洞房結節の心筋細胞群が細胞間の電気的結合を介して同期して活動し，その活動が心房筋さらに心室筋と伝播することによって心臓拍動が生じる．また同じ筋原性である軟体動物のカキの心室では，すべての心筋細胞が自動性をもっていて，それらは細胞間の電気的結合を介して同期して活動する．このことからカキの心臓は散在ペースメーカーの性質をもった筋原性心臓とされている．

　一方，節足動物のカブトガニ類，サソリやクモの仲間，そしてエビやカニなどの甲殻類は，心臓内にニューロンの集団である神経節が存在し，それが心臓拍動のペースメーカーとなることから，神経原性の心臓をもつことが明らかにされてきた．

2 心臓を拍動させる神経節

　それでは甲殻類の神経原性心臓とは具体的にどのようなものであろうか．微小な種やフジツボなどの固着性の種を除いて，多くの甲殻類が横紋筋からなる心臓をもっているが，その形は球状，管状，箱状など種によってさまざまである．心臓は，胸部もしくは胸部から腹部にかけての背側にあり，血液（哺乳類のリンパ液のような機能もあるので血リンパ液ともいう）で満たされた囲心腔

とよばれる空洞に，多くのロープ状の結合組織でつるされた状態で存在する．甲殻類は開放血管系なので，心臓から血液を送り出す動脈系はあるが心臓へ血液を送り込む静脈は存在しない．動脈を通して心臓から送り出された血液は，血体腔とよばれる組織の隙間を流れて鰓に集まり，ガス交換を行ったあとに囲心腔に戻る．心臓にはいくつかの心門とよばれる2枚の弁からなる開口部があり，静脈にかわるものとして心臓内へ血液を流入させる．すなわち血液は，心臓が弛緩するときには心門が開いて心臓内に流入し，心臓が収縮するときには心門が閉じて心臓から動脈へ送り出される．原始的な甲殻類であるミジンコやカブトエビなどの鰓脚類では動脈はほとんど存在しないが，エビやカニなどの十脚類では脚の先に至るまで細い動脈が驚くほど密に分布している．近年，心臓それ自身の調節機構に加えて，心臓と動脈の間にある心臓動脈弁に対する神経性およびホルモン性の調節機構の研究が進み，開放血管系である甲殻類の心臓循環系が，これまで考えられていたよりもはるかに精密に調節されていることが明らかになってきた．

　甲殻類の心臓に少数のニューロン（最大でも16個）が存在することは，早くから知られていた．これらのニューロンは心臓背壁の内側もしくは外側の中央部に縦方向に並んで細長い**心臓神経節**（cardiac ganglion）を形成し，多くの神経分枝を心筋に送る．1930年代のはじめに，甲殻類の心臓神経節の詳細な形態学的研究で著名なAlexandrowicz（アレクサンドロヴィッチ）は，等脚類のフナムシ（*Ligia oceanica*）の管状の心臓を用いて，心筋や心臓神経節の切断実験を行った．そして中央部で心筋を切断して心臓神経節のみでつながった心臓では前部と後部の拍動は協調すること，逆に心筋はそのままで心臓神経節を切断した心臓では前部と後部の拍動は協調しないことなど，心臓神経節が心臓拍動の発現に重要な役割をもっていることを示した．そののち十脚類のエビやカニ，口脚類のシャコなどを用いて多くの心臓神経節に関する神経生理学的研究が行われ，自動性をもつ心臓神経節の周期的な運動出力が心筋を収縮させることが明らかにされた．さらに心臓神経節を除去したり，神経毒であるフグ毒**テトロドトキシン**（tetrodotoxin）を作用させると心臓は完全に停止することから，甲殻類の心臓では心筋に自動性は存在せず，その拍動は心臓神経節がペースメーカーとなる典型的な神経原性であるとして一般化されてき

た.それでは十脚類や口脚類の心臓神経節とはどのようなものであろうか.

2.1 十脚類の心臓神経節

　十脚類の心臓は胸部の背側にある箱状の器官で，心臓神経節は心臓背壁の内側に付着している（**図1左**）.アメリカザリガニなどのザリガニ類の心臓神経節は16個のニューロンからなるが，ほかの多くの十脚類では5個の大細胞と4個の小細胞の合計9個のニューロンで構成されている.エビ類ではそれらのニューロンは縦方向に前方から5個の大細胞，4個の小細胞の順で並んでいるが，ロブスター（*Homarus americanus*）では前端が2股に分かれ，それぞれの分枝に1個ずつの大細胞が位置している（**図1右**）.一方カニ類では，前方に3個の大細胞，後方に2個の大細胞と4個の小細胞がそれぞれ近接して配置されている.

　1960年代の初めに，ロブスターの心臓神経節が最もシンプルな中枢神経系のモデルとして，神経生理学の研究に導入された[1].それ以来ロブスターおよび数種のエビやカニを用いて，心臓神経節の神経回路網や心筋支配に関する多くの研究が行われてきた.**図2**はそれらの結果から明らかになった十脚類の心臓拍動機構を，模式的に示したものである.心臓神経節については以下のことが明らかにされた[2].

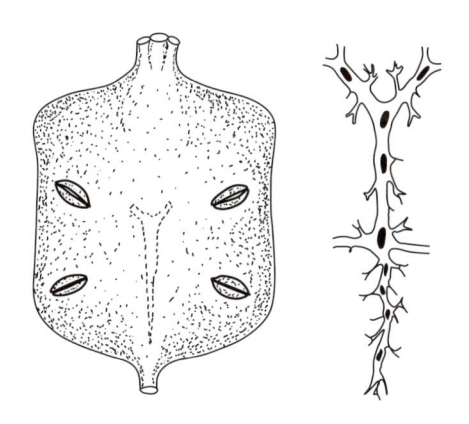

図1　ロブスターの心臓
　　左図は心臓の背面.点線は背壁の内側にある心臓神経節の位置を示す.右図は心臓神経節.9個のニューロンが縦方向に配列している.

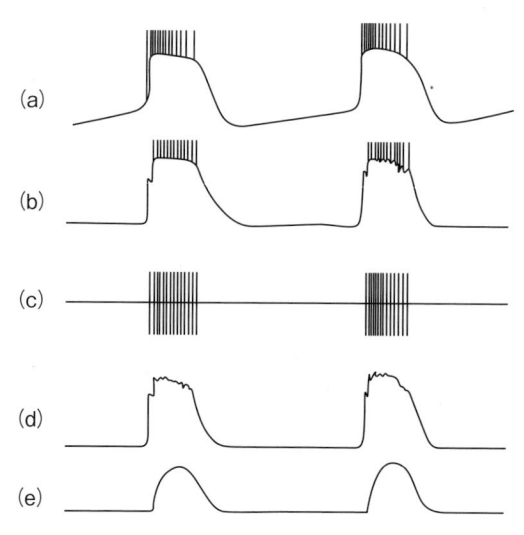

図2 ロブスターの心臓拍動機構
(a) ペースメーカーニューロンの細胞内電位．(b) 運動ニューロンの細胞内電位．(c) 神経分枝のインパルス群．(d) 心筋の細胞内電位．(e) 心臓拍動．上方の振れが心臓の収縮を示す．

(1) 4個の小細胞は自動性をもつペースメーカーニューロンで，その軸索は神経節を出ない．一方，5個の大細胞は軸索を心筋に送ってそれを支配する運動ニューロンである．
(2) 4個の小細胞は5個の大細胞に興奮性のシナプスを形成している．小細胞の周期的な自発活動（**図2a**）が，興奮性シナプス電位を介して大細胞を興奮させる（**図2b**）．
(3) 小細胞からのシナプス入力によって大細胞で生じたインパルス群は，神経分枝中の軸策を介して心筋に送られる（**図2c**）．
(4) 神経節内のニューロン間には電気的シナプスが存在する．電気シナプスは緩やかな電位変化を伝える経路として，ニューロン間の活動の同期性や安定性に寄与しているらしい．

このように心臓神経節は心臓リズムを発生するパターン発生器であると同時に，心筋を収縮させる運動中枢として機能している．しかし小細胞間の化学シナプス結合や電気シナプスを介した細胞間の相互作用などについては，依然と

して明確にはなっていない．十脚類の心臓神経節はわずか9個のニューロンからなるシンプルな神経節であるが，それは機能分化したニューロンが化学シナプスおよび電気シナプスを介して相互に作用して運動出力を形成する，予想以上に複雑な神経回路網であるといえる．

では心臓神経節からの周期的なインパルス群が，どのようにして心筋を収縮させて心臓拍動を生じるのだろうか．その前に一般的な運動神経と筋の関係についておさらいをしてみる．横紋筋を構成する個々の筋繊維（筋細胞）は，細胞膜を介した内外の電位差（膜電位）の変化の程度（振幅および持続時間）に従った段階的な収縮を示す性質をもっている．そのため筋の収縮は筋繊維が活動電位を発生するかしないかによって大きく異なる．たとえば脊椎動物の骨格筋は活動電位の全か無かの法則に従った収縮を示すもの（相動性繊維）と，段階的収縮を示すもの（緊張性繊維）とに分類される．前者では運動神経による神経筋接合部電位（neuromuscular junction potential，神経筋シナプスのシナプス電位）でひき起こされた筋繊維の活動電位が，細胞膜全体に伝導して筋繊維に決まった大きさの収縮（短縮）を生じる．一方，後者の筋繊維は活動電位を発生せず，運動神経の接合部電位によって収縮する．接合部電位は伝導しない局所的な電位変化であるが，運動神経は筋繊維に多数の神経筋接合部を形成し，筋全体に接合部電位による均一な電位変化を生じる．また運動神経のインパルスが短時間で連続すると，それらの接合部電位は時間的な重なり（加重）を示すので，筋の膜電位変化およびその収縮の程度は運動神経のインパルス群のパターン（インパルスの頻度や数）に依存した段階的な収縮を示す．無脊椎動物においても筋繊維は同様な2つの型に分けられるが，そのほかにもさまざまな中間型がみられる（たとえばさまざまな大きさの活動電位を発生するなど）．しかし多くの筋は活動電位を発生せず，運動神経の活動に依存した接合部電位によって制御されている．

心臓神経節から神経分枝によって送り出される運動出力は周期的なインパルス群からなる（**図2c**）．1個のインパルス群は200～300ミリ秒の間に，最初は頻度が高く，そののち低くなっていく10～20個のインパルスからなる．インパルス群の頻度すなわち心臓の拍動頻度は，たとえばロブスターの成体で1分間に50～60回である．心臓神経節のインパルス群は心筋に興奮性の接合部

電位を発生するが，それらの接合部電位は加重してインパルス群のパターンに依存した膜電位変化となる（図 2d）．そして心筋はその膜電位変化の程度に応じた収縮を生じる（図 2e）．数種のカニの心筋において加重した接合部電位に重なって短い活動電位が生じること，またエビ類の心筋においても条件によって短い活動電位が生じる場合のあることが報告されているが，十脚類の心筋の収縮はおおむね接合部電位によって制御されていると考えられている．このように十脚類の心臓神経節は自発活動の頻度とインパルス群のパターンで，心臓拍動の頻度と振幅の両者を制御できるといえる．実際に心臓神経節活動の頻度とインパルス群のパターンは心臓環境のさまざまな変化や心臓調節神経およびホルモンの作用によって変化し，それに伴って心臓拍動の頻度と振幅も変化する．心臓から送り出される血液の量（拍出量）は主として心臓拍動の頻度と振幅に依存している．十脚類の心臓は心臓神経節の活動によって直接心臓からの血液の拍出量が制御される，文字どおりの神経原性といえよう．

2.2 口脚類の心臓神経節

　口脚類シャコの心臓は頭胸部から腹部の背側に存在する細長い管状の器官である．心臓神経節は 15 個のニューロンからなり[3]，それらは心臓背壁の外側に縦方向に並んで心臓神経節を形成する．前方の 3 個のニューロンは近接しているが，4 個目からは個々に離れて後方に連なる．心臓神経節に関する神経生理学的研究はおもに日本産のシャコ（*Squilla oratoria*）を用いて行われ，以下のことが明らかにされた[4]．

(1) 15 個のニューロンはすべて心筋を支配する運動ニューロンである．
(2) 前端の 5〜6 個のニューロンが自動性をもち，ペースメーカーおよび運動ニューロンとして機能している．それらのペースメーカー運動ニューロンは電気シナプスを介して同期して活動し，周期的なインパルス群を発生する．
(3) ニューロンの軸索は多くの電気シナプスで結合している．前端のペースメーカー部位で発生したインパルス群は，軸索間の電気シナプスを介して後方に伝導し，神経分枝を介して心筋に送られる．

口脚類の心臓神経節のニューロンには，十脚類におけるようなペースメーカーニューロンと運動ニューロンといった明確な機能分化はみられない．しかし運動ニューロンのなかでも自動性については機能分化があり，神経節内でペースメーカー部位は局在している．心臓神経節の前端だけでなく後端にも2次的なペースメーカー機能が存在するという報告もあるが，通常は前端のペースメーカー運動ニューロン群が電気的結合を介し同期して活動し，周期的なインパルス群を神経分枝によって心筋に送り出す．同時に軸索間にある電気シナプスを介してインパルス群を後方の運動ニューロンに伝導し，神経分枝を介して心筋に送り出す．このように自動性をもたない運動ニューロンは，前端のペースメーカー部位で生じたインパルスの後方への素早い伝導経路を形成している．またニューロン間に化学シナプスは存在しないことから，口脚類の心臓神経節は十脚類に比べてニューロンの数が多いにもかかわらず，その神経回路網ははるかにシンプルである．

　心臓神経節からは十脚類と同様に周期的なインパルス群が心筋に送り出され，それらは心筋に加重した接合部電位による膜電位変化を生じる．そして心筋はこの膜電位変化に応じた収縮，すなわち心臓拍動をひき起こす．加重した接合部電位による活動電位の発生はみられない．このように口脚類の心臓神経節は十脚類と同様に，その運動出力によって心臓拍動の頻度と振幅を制御しているといえる．

3 2つの心臓ペースメーカー ── フナムシの心臓

　Alexandrowicz は等脚類のフナムシを用いて，初めて甲殻類の心臓神経節の役割を実験的に示したが，さらにフナムシの心臓神経節が6個のニューロンからなることを報告した．そこでこれまで研究されてきた十脚類や口脚類に比べて，よりシンプルな心臓神経節であろうという予想のもとに，日本産のフナムシ (*Ligia exotica*) を用いてその心臓拍動機構を調べた．

3.1 心臓神経節のペースメーカー機能

　フナムシの心臓は薄い1層の心筋からなる管状の器官で，胸部から腹部の背

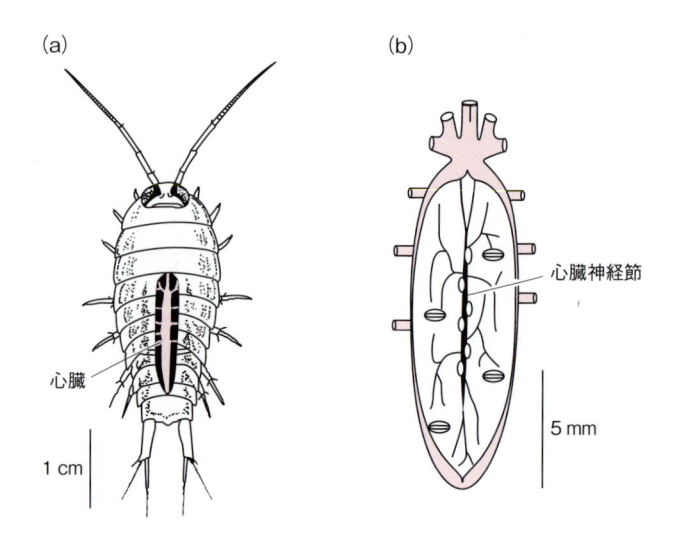

図3 フナムシの心臓
(a) フナムシの外形.背壁の一部を除去して心臓を示す.(b) 腹壁の心壁を除去して心臓の背壁内面を示す.

側に位置する(**図3a**).心臓背壁の内側にほぼ同じ大きさの6個のニューロンが縦方向に並んで心臓神経節を形成する(**図3b**).心臓神経節については以下のことが判明した[5].

(1) 6個のニューロンはいずれも自動性をもった運動ニューロンで,軸索を神経分枝に送って心筋を支配する.ニューロン間に電気的活動の差異はみられない.

(2) 6個のニューロンは電気シナプスを介して同期して活動し,周期的なインパルス群を心筋に送り出す.

十脚類や口脚類の心臓神経節と異なり,等脚類フナムシの心臓神経節を構成するニューロンの間に機能分化はみられず,いずれもがペースメーカー運動ニューロンである.すべてのニューロンは電気シナプスを介して同期して活動し,ニューロン間に化学シナプスは存在しない.口脚類とは異なってニューロンの軸索間には電気的結合はなく,各ニューロンの軸索は独立してインパルスを発生する.先行して活動するニューロンは決まっておらず,最初に活動した

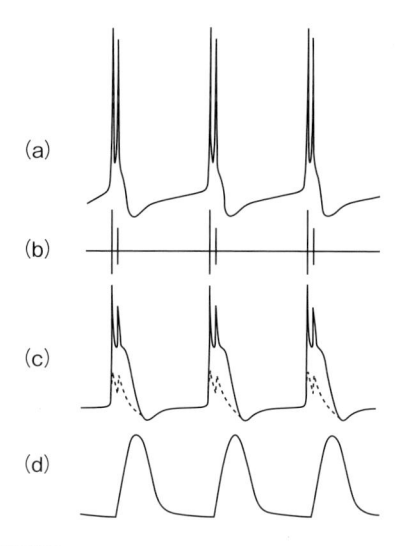

図4　フナムシの心臓拍動機構
　　(a) 心臓神経節ニューロンの細胞内電位．(b) 神経分枝のインパルス．(c) 心筋の細胞内電位．点線は接合部電位を示す．(d) 心臓拍動．上方の振れが心臓収縮を示す．

ニューロンが電気シナプスを介してほかのニューロンを活動させる．このようにフナムシの心臓神経節は相同な6個のニューロンが，電気シナプスを介して同期して活動するきわめてシンプルな神経回路網である．深海性で体長が10 cmに達する大型の等脚類であるオオグソクムシ（*Bathynomus doederleini*）の心臓神経節は，フナムシの倍の12個のニューロンからなるが，その神経回路網はフナムシと同様と考えられている．

図4はフナムシの心臓拍動機構を模式的に示したものである．心臓神経節のペースメーカー運動ニューロンの活動による周期的なインパルス群が神経分枝に送り出される（**図4a**）．1個のインパルス群に含まれるインパルスの数は1〜3で，インパルス群の頻度，すなわち心臓の拍動頻度は生体のフナムシで1分間で120回前後である（**図4b**）．それらのインパルスは心筋に加重した接合部電位接合を生じ，さらに心筋の活動電位をひき起こす（**図4c**）．心筋の活動電位は約200ミリ秒にも及ぶ緩やかなプラトー電位と，それに重なる数個の素早いスパイク電位とからなる．心筋の活動電位は心筋の収縮すなわち心臓拍動を生じる（**図4d**）．

フナムシの心臓拍動機構が十脚類や口脚類と大きく異なるのは，心臓神経節のインパルス群が接合電位を介してつねに心筋の活動電位をひき起こすことにある．このことは十脚類や口脚類の心臓神経節と機能的にどのような違いをもつのであろうか．フナムシの心臓神経節の1インパルス群に含まれるインパルス数は，十脚類や口脚類に比べてはるかに少なく，それによって心筋に生じる加重した接合部電位の持続時間も短い．さらに心筋は加重した接合部電位よりもはるかに長い持続時間の活動電位を発生する．このため心筋の収縮は接合部電位による膜電位変化に関係なく，活動電位の全か無かの性質によって一定の大きさとなる．このようにフナムシの心臓神経節はペースメーカーとして心臓拍動の頻度を決定するが，十脚類や口脚類と違ってその振幅を制御することはできない．実際に心臓環境のさまざまな変化や心臓調節神経やホルモンの作用によって，心臓神経節の活動頻度は大きく変化するがインパルス群のパターンはほとんど変化しない．

3.2 心筋のペースメーカー機能

十脚類や口脚類の心臓にテトロドトキシンを作用させると，心臓神経節の活動は抑えられて拍動は完全に停止する．ところが不思議なことにフナムシの心臓にテトロドトキシンを作用させると，心臓神経節の活動が抑えられるにもかかわらず拍動は停止しない．頻度は低下しながらも拍動は安定して持続し，テトロドトキシンを洗うと心臓神経節の活動が再開して心臓拍動はもとの頻度に回復する．この現象はどのような理由によるものであろうか．テトロドトキシン投与によって心臓神経節の活動は抑えられる．しかし心筋においては活動電位の構成要素のうち，テトロドトキシン感受性のスパイク電位は消失するがプラトー電位はより低い頻度ながらも安定して出現し，それに伴って心臓拍動も持続する．この拍動は心筋の自動性に由来する筋原性であり，自動性をもつすべての心筋細胞が電気的結合を介し同期して活動することによる．このようにフナムシの心臓には心臓神経節と心筋の2つのペースメーカーが存在し，テトロドトキシンの投与によって拍動のペースメーカーが心臓神経節から心筋に転移し，心臓拍動は神経原性から筋原性に転換する．

それではこの2つのペースメーカーの間で，どのようにして心臓リズムが決

定されているのであろうか．一般に自動性をもつ神経細胞や筋細胞の活動リズムは，単一のシナプス入力による膜電位変化によってそのリズムが変調されたり，頻回入力のリズムに引き込まれたりすることが知られている．テトロドトキシンを作用させた心臓においても，心筋細胞に短い電流を注入してその膜電位を変えると，筋原性の拍動リズムを変調したり刺激の頻度に引き込んだりすることが可能である．心臓神経節は接合部電位を介して心筋の活動リズムをより高い頻度の神経リズムに引き込むことによって，拍動のペースメーカーとして機能していると考えられる．ほかの数種の等脚類においても，それらの心臓拍動はテトロドトキシンで停止しない．等脚類の心臓は心臓神経節のみに自動性がある十脚類や口脚類とは，ひと味違った機構の神経原性心臓であるといえる．

3.3 発生過程におけるペースメーカーの転移

フナムシの心臓における心筋の自動性はどのような役割を担っているのであろうか．その手がかりを得る1つの方法として，個体発生の過程における心臓拍動機構の変化を調べた[6]．

関東地方におけるフナムシの活動期間は4月からおよそ半年間であるが，フナムシはその活動期間を通して繁殖行動を行う．雌は交尾したあと産卵し，腹部の育房とよばれる構造中に100個前後の受精卵を抱える．胚は卵の中で直接発生を行い約3週間で孵化する．孵化した幼体は脚の数が成体より1対少ない6対で体長は約3mmである．雌は孵化後も数日間は幼体を抱えたのち，育房を開いて幼体を放出する．幼体は孵化後ほぼ3週間の間に2回脱皮して，約5mmの未成熟な成体となる．4月に孵化した個体は半年で約20mmの成熟成体となるが，40mmを越える最大長になるには3〜4年を要するようである．

交尾した雌を25℃の恒温条件下で飼育したときの胚発生の期間は18日である．胚発生の11日目で心臓形成が心臓後部から開始され，12日目には不規則ながら心臓拍動が始まる．13日目には心臓形成はほぼ完了し拍動も安定する．安静時の心臓拍動の頻度は胚発生の進行とともに増大し，孵化直後の幼体では毎分250〜350回の範囲となるが，そのあとは成長するに従ってしだいに減少し，最大長に近い成体では120回前後となる．

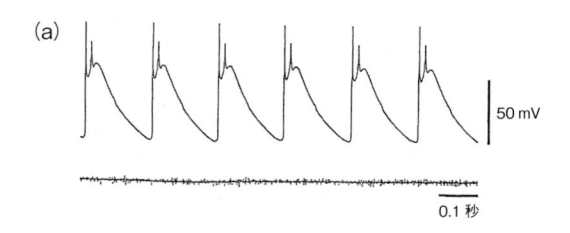

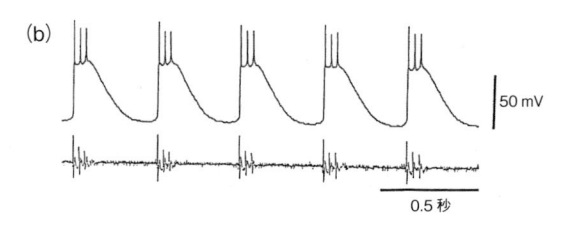

図5 フナムシ発生過程における心臓ペースメーカーの転移
(a) 初期幼体の心臓からの記録．心筋の細胞内電位（上段）と心臓神経節のインパルス活動（下段）の同時記録．(b) 後期幼体の心臓からの記録．

　孵化前後の胚や幼体では高い頻度の心臓拍動が生じるが，驚くことに心臓神経節はまったく活動しておらず，その拍動は心筋がペースメーカーとなる筋原性である（**図5a**）．活動していない心臓神経節の電気刺激によって心筋に接合部電位が生じることから，単一刺激によって心筋の活動リズムを変調したり，頻回刺激によってより高い頻度のリズムに引き込んだりすることができる．このようにすでに孵化前の胚の段階で心臓神経節は心筋を支配していて，心臓拍動を心筋リズムから神経リズムに変換する能力をもっている．個体差はあるが孵化後約1週間で心臓神経節は自発活動を開始し，接合部電位を介して心筋リズムを神経リズムに引き込む（**図5b**）．このようにフナムシにおいては，幼体発生の過程で心臓ペースメーカーが心筋から心臓神経節に転移し，心臓は筋原性から神経原性に転換する．成体の心臓がテトロドトキシンの作用によって神経原性から筋原性に転換することからも明らかなように，幼体発生の過程で心臓ペースメーカーが心臓神経節に転移したあとも心筋の自動性は維持される．

4 単一の心臓ニューロン —— ウミホタルの心臓

　Cannonは深海で採集された3個の標本（最小の標本でも直径約1cm）をもとに，巨大な貝虫類の1種（*Gigantocypris mülleri*）の外部および内部形態を詳細に報告している[7]．その分厚い論文の心臓に関する部分に，心臓の背壁の内側に1個の神経細胞を描いた図があり，cardiac neurone（心臓ニューロン）と記載されている．この報告をもとに，さらにシンプルな心臓神経節を求めて，東京湾で採集したウミホタルの心臓拍動機構を調べた[8,9]．

　ウミホタルは楕円形で，蝶番で結合した開閉可能で透明な2枚の殻でおおわれている．背側にある心臓は楕円形をしていて，透明な殻を通して体の外からもその拍動が観察される（図6a左）．電子顕微鏡などによる観察の結果，記載された種と同様にウミホタルにも1個の心臓ニューロンが存在する（図6a右）．しかし記載された種とは異なって背壁の内側ではなく外側に細胞体が存在し，軸索を内部に伸ばして心筋細胞とシナプスを形成する．ニューロンが小さいことなどから神経活動の記録が困難なため，心筋の活動を調べた結果，以下のことが明らかとなった．

(1) 心筋は素早いスパイク電位とそれに続く緩やかなプラトー電位からなる活動電位を発生し，それに伴って心筋は収縮する（図6b）．
(2) 活動電位は接合部電位とみられる電位に重なって発生する．
(3) テトロドトキシンの投与で心筋の活動は完全に停止するか，もしくは心筋の自動性による筋原性の活動が発現する．
(4) 心筋細胞に電流を注入して心筋の膜電位を変えても，心筋活動電位の頻度は変化しない．

　これらの結果は，ウミホタルの心臓が神経原性であるという考えを強く支持する．等脚類のフナムシと同様に，心臓にあるペースメーカー運動ニューロンの周期的な運動出力が，接合部電位を介して心筋に活動電位を発生して拍動を生じると考えられる．心筋にも自動性が存在するが，それはフナムシほどには強くないようである．単一のニューロンからなる最もシンプルな心臓神経節といういい方は神経節の定義に矛盾するので，Cannonの表記に従ってウミホタ

(a)

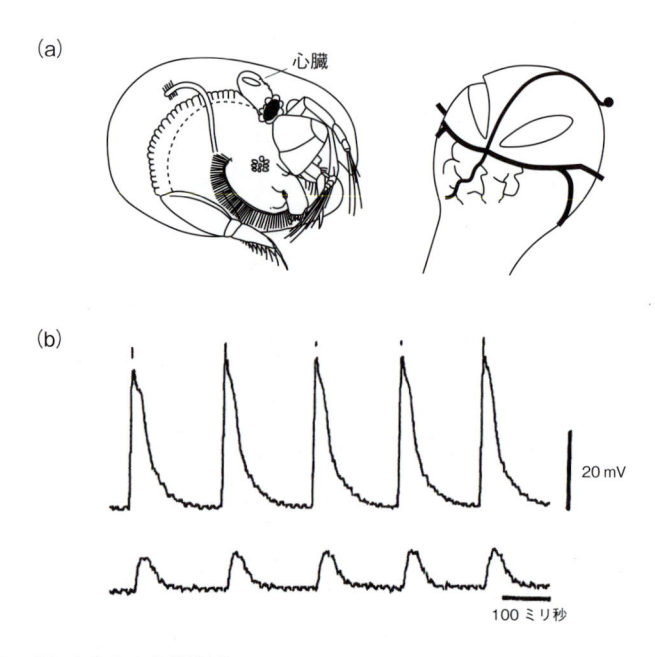

(b)

20 mV

100 ミリ秒

図6　ウミホタルの心臓拍動
　(a) ウミホタルの外形（左）と心臓の神経系（右）．(b) 心筋の細胞内電位（上段）と心臓拍動（下段）の同時記録．

ルの心臓は単一の心臓ニューロンがペースメーカーとなる神経原性であるといえる．

5 甲殻類の筋原性心臓 ── アメリカカブトエビの心臓

　著名な発生学者であったHaeckelの言葉に「個体発生は系統発生をくり返す」というのがある．その言に従えばフナムシの個体発生の過程における心臓の筋原性から神経原性への転換は，系統的に原始的な甲殻類における筋原性心臓の存在を期待させる．そこで甲殻類の系統のなかでも原始的で，数億年前からほとんど形を変えないで現存することから生きた化石ともよばれる，鰓脚類のアメリカカブトエビ（*Triops longicaudatus*，**図7a 左**）の心臓拍動機構を調べた[10]．
　アメリカカブトエビの心臓は体の背側にあって，心壁が1層の心筋細胞から

なる管状の器官である（図7a右）．心臓の動脈系はほとんど発達しておらず，心臓の前端に2つに分かれた血液の流出する開口部がある．心臓の後部は袋状に閉じているが，側部には血液の流入する多くの心門がある．心臓にニューロンが存在するかどうかについては，同じ鰓脚類に属するミジンコで組織学的な研究から否定的な報告がなされている．アメリカカブトエビにおいても，電子顕微鏡やさまざまな組織学的手法を用いたにもかかわらず，心臓にニューロンが存在する証拠は得られなかった．アメリカカブトエビの心臓にニューロンが存在する可能性はほとんどないように思われる．心筋の活動を調べた結果，以下のことが明らかになった．

(1) 心筋は緩やかに変化する電位（ペースメーカー電位）に先行された活動電位を発生し，活動電位に伴って心筋は収縮する（図7b）．
(2) 個々の心筋細胞が自動性をもっていて，細胞間の電気的結合を介して同期して活動する．先行して活動電位を発生する部位は決まっていない．
(3) 心筋細胞に電流を注入してその膜電位を変化させることによって，心臓リズムを増減したり，完全に停止したりすることが可能である．

これらの結果は心臓が筋原性であることを示している．アメリカカブトエビの心臓に心臓ニューロンは存在せず，その拍動は心筋をペースメーカーとする筋原性である．フナムシ幼体の筋原性心臓と同様に，自動性をもつ心筋細胞が電気的結合を介して同期して活動し，先行して活動する細胞は決まっていない．これは軟体動物のカキの心臓で知られている機構と同じであり，フナムシ幼体やアメリカカブトエビの心臓は，散在ペースメーカーの性質をもつ筋原性心臓であるといえる．またアメリカカブトエビの心筋の活動電位は全か無かの法則に従わず，その振幅はさまざまに変化しそれに応じて心筋の収縮も変化する．神経ホルモンなどを作用させると，活動電位の頻度とともにその振幅も増大し，それに対応しては拍動の頻度と振幅が増大する．このようにアメリカカブトエビの心臓においては，自動性をもつ心筋がその活動頻度と活動電位の振幅を変化させることによって，心臓拍動の頻度と振幅を制御しているといえる．

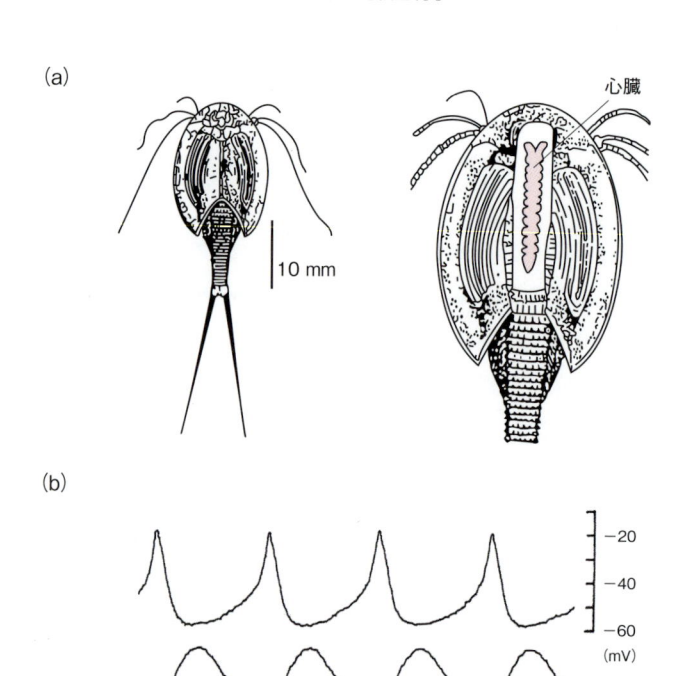

図7 アメリカカブトエビの心臓拍動
(a) アメリカカブトエビの外形（左）と心臓（右）．(b) 心筋の細胞内電位（上段）と心臓拍動（下段）の同時記録．

6 心臓神経節の系統的発達

　これまで神経原性として一般化されてきた甲殻類の心臓に，筋原性を含めて多様性のあることが明らかになった．さらに神経原性心臓のペースメーカーである心臓神経節のニューロン構成やその回路網に，系統的な発達の過程があることがみてとれる．図8はそれを模式的に示したものである．すなわち

(1) 心臓内にニューロンは存在しない（鰓脚類）
(2) 単一のペースメーカー運動ニューロン（貝虫類）
(3) 相同なペースメーカー運動ニューロンが電気シナプスで結合した単純な神経回路網（等脚類）

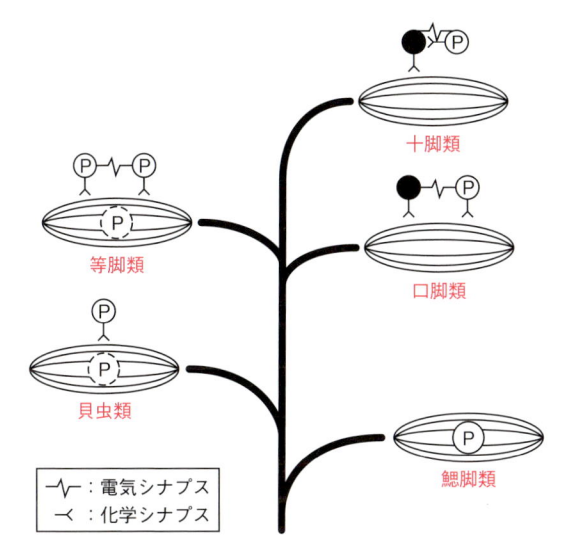

図8 心臓神経節の系統的発達
Pはペースメーカー，黒丸はペースメーカー機能をもたないことを示す．

(4) 自動性のあるものとないものに機能分化した運動ニューロンが電気シナプスで結合した神経回路網（口脚類）
(5) 分化したペースメーカーニューロンと運動ニューロンが化学および電気シナプスで結合した複雑な神経回路網（十脚類）

このように甲殻類はニューロンの分化やシナプス結合を通して，心臓神経節の神経回路網を複雑化していった．これは心臓神経節のどのような機能変化と関連しているのであろうか．前に述べたように心臓からの血液の拍出量は，主として心臓拍動の頻度と振幅によって制御される．神経原性心臓においてはその拍動の頻度は心臓神経節の運動出力の頻度によって決定されるが，拍動の振幅は心臓神経節の運動出力によって生じる心筋の膜電位変化に依存している．等脚類の心臓拍動は心臓神経節からの接合部電位によってひき起こされた心筋の活動電位によって生じる．そのため心臓神経節は心臓拍動の頻度を決めるが，その振幅を制御することはできない．心筋に活動電位を発生するには多くの接合部電位を必要としないので，1回の心臓拍動をひき起こすフナムシ心臓神経

節の出力インパルスは少数であり，それは出力頻度が変化しても変わらない．一方，十脚類の心臓においては，心筋の収縮は主として接合部電位による膜電位変化に依存している．それらの心臓神経節の1回の心臓拍動に対する出力インパルスは多数であり，そのパターン（数や頻度）を変えることによって心臓拍動の振幅を制御できる．甲殻類はその進化の過程で，心筋の生理的変化と神経回路網を複雑化させることによって，心臓神経節によって心臓拍動の頻度と振幅，すなわち心臓からの血液拍出量をより精密に制御できるようになったのではないだろうか．

おわりに

多くの動物の心臓が心筋をペースメーカーとする筋原性であるなかで，甲殻類は進化の過程で心臓神経節を複雑化させ，神経原性心臓を発達させていった．神経原性心臓は甲殻類の生存にどのような有利さをもっていたのであろうか．

それを理解するには心臓循環系の研究のみならず，行動や生態を含めた甲殻類の幅広い研究が必要とされるのではないだろうか．今後の研究の進展が期待される．

引用文献

1) Welsh, J. H., Maynard, D. M.（1951）Electrical activity of a simple ganglion. *Fed. Proc.*, **10**, 145
2) Cooke, I. M.（2002）Reliable, responsive pacemaking and pattern generation with minimal cell numbers: the crustacean cardiac ganglion. *Biol. Bull.*, **202**, 108-136
3) Ando, H., Kuwasawa K.（2004）Neuronal and neurohormonal control of the heart in the stomatopod crustacean, *Squilla oratoria. J. Exp. Biol.*, **207**, 4663-4677
4) Watanabe, A., Takeda, K.（1963）The spread of excitation among neurons in the heart ganglion of the stomatopod, *Squilla oratoria. J. Gen. Physiol.*, **56**, 773-801
5) Yamagishi, H., Ebara, A.（1985）Spontaneous activity and pacemaker property of neurons in the cardiac ganglion of an isopod, *Ligia exotica. Com. Biochem. Physiol.*, **81A**, 55-62
6) Yamagishi, H., Hirose, E.（1997）Transfer of the heart pacemaker during juvenile development in the isopod crustacean *Ligia exotica. J. Exp. Biol.*, **200**, 2193-2404

7) Cannon, H. G. (1940) On the anatomy of *Giantocypris mülleri. Discovery Reports*, **19**, 185-244
8) Ando, Y., *et al.* (2001) Cardiac nervous system in the ostracod crustacean *Vargula hilgendorfii*. *Zool. Sci.*, **18**, 651-658
9) Ishii, Y., Yamagishi, H. (2002) Cardiac pacemaker mechanisms in the ostracod crustacean *Vargula hilgendorfii. Comp. Biochem. Physiol.* **A**, 133, 589-594
10) Yamagishi, H., *et al.* (1997) Myogenic heartbeat in the primitive crustacean *Triops longicaudatus. Biol. Bull.*, **193**, 350-358

参考文献

McMahon, B. R., *et al.* (1997) Invertebrate circulatory systems. *Handbook of Physiology*, Sec.13 Comparative Physiology, Vol.II (ed. Dantzler, W. H.), pp.931-1008, Oxford Univ. Press
田崎健郎 (1985)「甲殻類の心臓神経節」,『比較生理生化学』, **2**, 19-26
桑沢清明・矢沢 徹 (1996)「単一細胞レベルでの神経生物学 ―甲殻類をモデルとした心拍と血流調節の神経機構―」,『生物の科学 遺伝』, 別冊 **8**, 70-79
山岸 宏 (1999)「フナムシの個体発生における心臓ペースメーカーの転移 ―筋原性から神経原性へ―」,『比較生理生化学』, **16**, 76-85

8 クモの視覚

山下茂樹

　クモは昆虫と同じ節足動物の仲間で形も大きさもよく似ているが，眼の形は昆虫とクモでは大きく異なっている．昆虫は複眼と単眼をもち，主要な光受容器官である複眼は個眼とよばれる小さな受光単位が数千個からときには1万個以上も集まってできている．他方，クモ類は通常頭胸部上に4対8個の眼をもつがすべて単眼で，昆虫のような複眼はない．8個の眼の配列はクモの種によっていろいろ異なっているので分類上の目安とされている．前列4眼，後列4眼の2列に並ぶのが最も普通であるが，3列または4列に並んでいるものもある．この章ではクモ類のなかで最も発達した眼をもつハエトリグモを中心にクモの視覚機能を述べていきたい．

はじめに

　筆者らの研究室ではハエトリグモ，コガネグモ，オニグモを材料にクモ類の眼の機能を比較生理学的に調べている（図1）．ハエトリグモは捕虫網を張らず視覚に依存した生活をする典型的な昼行徘徊性のクモで，巧みにジャンプして虫を捕獲する．対照的にオニグモは日没後に捕虫円網を張り，夜明け前には網をたたんで物陰に隠れてしまう完全な夜行性のクモである．コガネグモは昼夜にわたって円網上で生活するいわば「昼夜行性」のクモで，ハエトリグモと

ハエトリグモ	コガネグモ	オニグモ
Plexippus paykulli	*Argiope amoena*	*Araneus ventricosus*

図1　昼行性のハエトリグモ，昼夜行性のコガネグモおよび夜行性のオニグモ
ハエトリグモの正面には巨大な前中眼がみえている．コガネグモは昼夜にわたって円網の中央部で下向きにとまっているが，オニグモは朝になると網をたたみ，写真下のように物陰で固まってしまう．→口絵4参照．

オニグモの中間型と考えられる．昼行性のハエトリグモの眼には感度の低い視細胞，夜行性のオニグモの眼には感度の高い視細胞がおもに存在する．他方，中間型のコガネグモの眼には感度の低い視細胞と感度の高い視細胞が混在している．一般的に徘徊性のクモの眼は造網性のクモの眼に比べ発達しているが，そのなかでもとりわけ優れた眼をもつのがハエトリグモである．

　ハエトリグモの眼は頭胸部上に3列に配列している．第1列には巨大な前中眼とやや小さめの前側眼が並んでいる．前側眼の後方に非常に小さな後中眼が第2列をつくり，さらにその後方に前側眼と同じ程度の大きさの後側眼が第3列をつくっている（**図2**）．ハエトリグモは8個の眼で全体の視野を広げると同時に役割分担を行っている．前側眼は約60°，また後側眼は約120°の視野をもち，これら4個の側眼でクモの周りのほぼ360°をおおっている．この視野内で小さな物体が動くと，クモは動いた物体が自分の正面にくるように体を瞬間的に回転させる定位行動を示す．この行動はクモが好んで餌とする小型の昆虫の動きや，仲間のクモの動きに対してよくひき起こされる．ひきつづき，ハエトリグモは向かい合った相手の違いにより主眼ともよばれる前中眼を通して捕食行動や配偶行動に移る．前中眼は細長く水平方向の視野は5°と狭いが，高い解像力をもち形態の識別や色彩の弁別などの高等な機能をもっている．また後中眼はきわめて小さく「退化した眼であり実質的なはたらきはない」と考

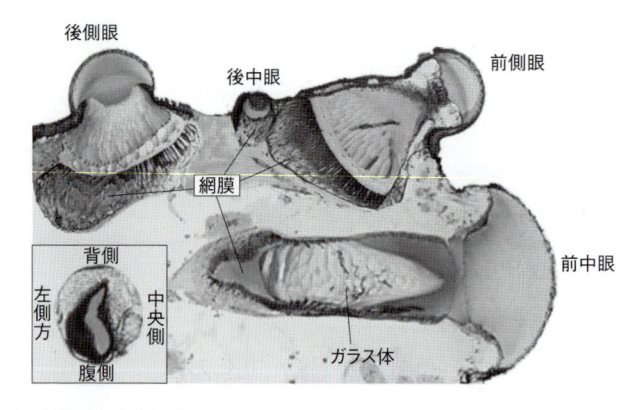

図2 ハエトリグモの4対の眼
前中眼，前側眼と後中眼，後側眼の3枚の顕微鏡写真を重ね合わせた合成図．挿入図は左の前中眼の網膜の輪切りである．文献21より改変引用．

えられていたが，紫外線受容に関与していることなどが明らかになってきている．他方，オニグモとコガネグモの眼はともに2列に配列している．第1列には色素細胞に裏打ちされた網膜をもつ前中眼と，反射板に裏打ちされた前側眼が並んでいる．第2列を構成する後中眼と，後側眼は，オニグモでは反射板に裏打ちされた網膜のみであるが，コガネグモでは反射板に裏打ちされた網膜と色素細胞に裏打ちされた網膜が共存している．

1 前側眼と後側眼による運動検知

ハエトリグモの動く物体に対する回転行動は，背中を固定し脚にリングをもたせた状態で調べられている[1-3]（**図3**）．クモは背中を固定されているので自分自身は回転できないが脚は自由に動くので，クモは自分が回転しようとした角度と同じだけリングを反対方向に回転させる．クモがどの眼を用いて動く物体の検知を行っているかは，いろいろな眼を塗りつぶした実験により明らかにされている[1]．最も大きな前中眼を塗りつぶしても，動く物体に対する定位行動には変化がみられない．しかし，前中眼の次に大きな前側眼と後側眼をすべて塗りつぶしてやると，クモはもはや動く物体に対する定位がまったくできなくなってしまう．しかし，この4個の側眼のうち，たとえ1個の側眼だけでも

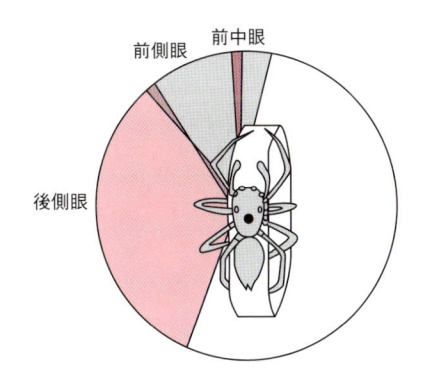

図3 ハエトリグモの回転行動を調べる方法および前中眼，前側眼，後側眼の視野
クモはガラス管の先端（●）に背甲部を固定され，脚にはリングをもたせている．

正常ならば，クモはその眼の視野内での動きに対して正常な定位行動を示す．

側眼が運動対象を検知するために必要な最小の物体の大きさと動く角度はどちらも，側眼の隣り合う視細胞のなす角度とほぼ同じ約1°である[1]．視角1°の物体が1°動くときには1個の視細胞のみが1回のオフ刺激を受けていることになるが，Land[1] は単一の静止点光の点滅刺激では回転行動はひき起こされないと述べている．ひきつづき，Duelli[2] も複数の静止点光の点滅によるみかけの動きに対する回転行動を調べ，回転行動をひき起こすには少なくとも2個以上の視細胞が時間的なずれをもって連続的にオフ刺激されることが必要であると報告した．われわれは，単一の静止点光の点滅刺激に対しても回転行動はひき起こされるはずであるとの観点から，単一の静止点光の点滅刺激に対する回転行動を調べ直し，ハエトリグモはスポットサイズ7°以下の単一のオフ刺激および，スポットサイズ3°以下の単一のオン刺激に対し回転行動をひき起こすことを明らかにした[3]．オフ刺激に対してはより効率よく回転行動がひき起こされるが，そのためには，光強度の低下開始から終了までの時間が0.2秒以下と強度の低下速度が速く，同時にオフの持続時間が0.2秒以上と長いことが必要である．小さな物体で，個々の視細胞に速い光強度低下と持続の長いオフ刺激を同時に与えるためには，動いている物体を素早く止める必要がある．このような刺激をつくり出す自然の動きとしては，飛行中のハエやジャンプ後のハエトリグモなどの着地が考えられる．従来，単一の静止点光の点滅刺激で

は回転行動はひき起こされないとされてきたが，おそらく刺激方法が不適切であったものと想像される．たとえば，われわれは単一のタングステンランプを電源のオン・オフで点滅させても光強度の変化速度が緩すぎて，回転行動はほとんどひき起こされないことを観察している．

他方，2個の静止点光による側眼の2点への連続刺激に対する応答は，みかけの角速度が20°/秒以下と遅い時には単一の静止点光に対する応答に比べ増大するが，みかけの角速度がそれ以上速い場合には，2点光に対する応答の増大はほとんど起こらない[3]．ハエトリグモ側眼は2個以上の視細胞に対する連続刺激により，自分の周りでのハエや仲間のクモの歩行といった遅い動きを検知しているものと思われる．

ハエトリグモ側眼の視葉を構成する3つの神経叢は解剖学的に，優れた運動対照検知機能をもつハエの複眼視覚系の視葉板，視髄および視小葉板に相当すると考えられている．

2 高等な視覚機能をもつ前中眼

優れた運動検知機能をもつ側眼によりとらえられた物体は，ハエトリグモ自身の回転行動により前中眼の視野内に入ってくる．ひきつづきクモは向かい合った相手の違いにより捕食行動や配偶行動に移る．もしこのとき，前中眼が塗りつぶされておれば，クモは眼の前にハエがいても，それを捕獲することができないばかりか同種のクモの存在さえも知ることことができなくなってしまう．しかし，前中眼が正常でかつ対象物が視野内にあれば，ほかの6個の眼がすべて塗りつぶされていても，ハエトリグモは捕食活動や配偶行動を正常に行うことができる．

前中眼は全体として細長い筒状をしており，網膜はレンズとガラス体でつくられる光学系の後ろにある．前中眼の特徴の1つは，網膜が背側から腹側にかけて側方に湾曲した縦長のブーメランのような形をしていることである（図2）．1個の眼の水平方向の視野は約5°，垂直方向の視野は約20°で左右の眼の視野の重なりはない．眼のレンズは網膜上に倒立像をつくるので，左右の眼の視野を合わせると縦長のX字状になる．左右の眼の視野が最も接近している

中央部分（中心窩）には周辺部に比べて小さな細胞が密に集まっており，機能上中心的な役割を果たしていると考えられる．

　前中眼は6群の動眼筋のはたらきにより，固定したレンズに対して網膜を振り子のように動かすことができ，さらに視軸を中心にねじることもできる．これらの運動は左右の眼で同時に起きる．ハエトリグモは通常1秒から30秒に1回の頻度で網膜を左右に動かしている．左右へ動く範囲は約50°であるので，前中眼は左右50°上下20°の範囲の空間を見ることができる．この範囲に物体が入ってくると，前中眼は物体が視野の中心にくるように網膜を動かす断続性運動や視野の中心で動く物体を追跡する運動を示す．さらに，視野の中心でとらえた物体を，網膜をねじりながら左右へ細かく動かし走査することにより識別している[4]．

　ハエトリグモ前中眼の視葉を構成する3つのニューロパイルは解剖学的には，3原色を入力とする昼行性昆虫の視葉板，視髄および視小葉に相当すると考えられている．

2.1　ハエトリグモ前中眼の解像力

　カメラ眼はレンズの焦点距離が長くなるほど，一定面積の網膜には，より拡大された空間が映し出される．すなわち望遠レンズである．直径 $1.4\,\mu m$ の視細胞をもつケアシハエトリの前中眼では直径 $810\,\mu m$ のレンズに対し，焦点距離を $1,980\,\mu m$ と長くすることにより，離れた2点間を識別できる能力である解像力と直接関係する視細胞間隔を $0.04°$ にまで狭めている[5]．この値は，理論的にはミツバチやトンボなどの昆虫の複眼より20倍以上細かい形の識別を可能にしている．しかしながら，ハエトリグモの前中眼は高い解像力と引き換

column　コラム

脳内光感受性細胞

コガネグモの脳には光に対し直接感受性を示す神経細胞が存在する．この脳内光感受性細胞は眼からの入力を受けており，1〜2%程度のきわめてわずかな光強度低下（影）を検知する能力を備えている．8個の眼に加え，脳内光感受性細胞の機能研究もきわめて興味深いテーマである．

えに眼が細長く巨大化し，情報処理に必要な脳のスペースが狭くなってしまっている．

2.2 昆虫複眼との比較

昆虫複眼の受光単位である個眼のレンズは微小なために，焦点距離を短くし，厚みを薄くすることができる．この微小な個眼を多数頭の表面に並べると，外観は巨大であるが実際には薄型の複眼ができあがる．また，頭全体に薄い個眼を配置することができるので，全方位の視野を得ることも容易である．このように，複眼は薄型で広視野かつ軽量という点ではカメラ眼に比べはるかに優れている．さらに，頭部を脳のスペースとして有効に使用することができる．他方，複眼の解像力を高めるためには，個眼を小さくし個眼間隔を狭くする必要がある．しかし，光の入射口径が小さくなるにつれて回折が大きくなり映像はしだいにぼやけてくる．そのために，レンズ径をおおむね $20\,\mu m$ 以下にしても解像力はもはや上昇しなくなってしまう．実際，昆虫の大小や複眼の大小にかかわらず，個眼のレンズ径は $20〜40\,\mu m$ とほぼ一定している．仮に，直径 $2.3\,mm$ と $230\,mm$ の球面上に $20\,\mu m$ の個眼を隙間なく配置した場合の個眼間隔は，それぞれ約 $1°$ と約 $0.01°$ となる．すなわち，複眼で解像力を上げるためには眼の曲率半径を大きくしなければならないが，小動物にとっては限界がある．

2.3 ハエトリグモ前中眼の色彩弁別

ハエトリグモの雄が雌と向かい合うと，雄はしばしば触肢を上下に動かし，第1歩脚を高くもち上げ，さらにその脚を左右に振りながら，直線やジグザクを描く求婚ダンスを踊り始める．Peckham と Peckham[6] は，あらかじめ雌の体のさまざまな部位を実際とは異なった色に塗っておくと，雄がダンスを始める割合が減少することを見いだし，ハエトリグモの前中眼は色の識別を行っていると 100 年以上も前に報告している．ハエトリグモの色彩弁別能力については，このクモが示すさまざまな視覚行動[7-10]からも支持されている（**表1**）．ところで，この雄にみられる求婚ダンスは紙に書いた白黒の模型によってもひき起こすことができる．雄にダンスを始めさせるのに最も有効な模型は雌が静

表1　ハエトリグモ色覚の研究史

	文献番号	方法	観察
P	6	求愛行動	雌の体を実際と異なる色に塗ると，雄が求愛ダンスを始める割合が顕著に減少.
P	7	威嚇行動	威嚇行動をひき起こすためには黄色の模様が必須.
P	8	縞模様への跳躍	青と灰および橙と灰の縞模様を白と黒の縞模様と同程度に識別.
P	12	形態および光学系	前中眼網膜は4層構造（網膜の奥からレンズ側へ 1, 2, 3, 4）. 赤色光は層1，緑色光は層2，青色光は層3，紫外光は層4に焦点.
N	14	細胞内記録	前中眼には紫外と緑の2種類の視細胞.
P	13	細胞内記録およびERG	前中眼には紫外，青，緑，黄の4種類の視細胞. 網膜の奥は長波長の光に，レンズ側は短波長の光に比較的高い感度を示す.
N	15	細胞内記録・染色	前中眼には紫外と緑の2種類の視細胞. 層1の周辺部および層2の中心部と周辺部は緑受容細胞，層4は紫外受容細胞.
P	9	求愛行動	緑の世界で，求愛時の緋色の触肢のフラッシュを観察.
P	10	動眼反射	紫外光（330 nm）から深紅色（700 nm）の広い範囲の単色光に対し動眼反射が誘発.
P	11	連合学習	ハエトリグモは熱と連合させて，青・緑・黄・赤・灰の色紙をおもに色合いにより識別.
N	20	求愛行動	求愛行動には雄からの紫外線の反射と雌からの紫外線により誘発される緑の蛍光が重要.
P	16	遺伝子解析	3種類のオプシン遺伝子 RH1, RH2, RH3 を同定. 視物質レベルでは赤が存在しない可能性を示唆.

表の第1列目のPはハエトリグモの色覚を肯定または示唆する論文，Nは色覚に否定的な論文である.

止している状態を正面からみたときの姿を模倣したものである．特に雌が静止した状態での左右の歩脚の型（位置と角度）が重要な意味をもっている．雄は雌と向き合うと前中眼をねじりながら網膜を左右に動かす．このとき，もし左右の眼の網膜でつくられるX字状の視野の型と雌の歩脚の型が一致すれば，雄はそれを雌と判断しダンスを踊り始めるらしい[4]．このように雄の求婚ダンスの開始には形が最も重要であり，さらに色が補助的な役割を果たしていることがわかる．しかしながら，色覚を示唆するさまざまな報告があるにもかかわらず，ショウジョウバエなど生きた餌しか食べないハエトリグモでは色学習実験がむずかしく，ハエトリグモが真に色覚をもつか否かは確認されない状態が長年続いてきた．

2.4 色紙と熱の連合学習

最近，筆者らの研究室では2種類の色紙と熱刺激の組合せに対する嫌悪学習

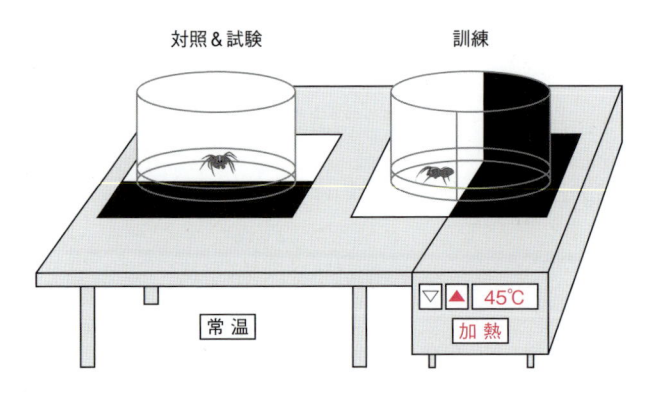

図4　色紙と熱に対する連合学習の方法

を成立させることに成功した[11]．図4に白と黒の色紙の場合を例に実験方法を示している．直径60 mmのアリーナの半分の底面と側面は黒の色紙，残りの半分の底面と側面は白の色紙でおおわれている．1回の学習実験は対照（訓練前），訓練，試験（訓練後）の3つのセッションで構成されている．対照時と試験時には白と黒の色紙はいずれも常温の木の台上に置かれている．訓練時には白の色紙は常温の台上に，黒の色紙はホットプレート上に置かれ，黒の色紙は表面温度が42～44℃程度になるように加熱されている．アリーナは床面から4 mmの高さを透明のガラス板でおおい，歩脚最終節の跗節に温度受容器をもつクモが床面上を水平方向に歩行するように強制している．また，アリーナは上方よりタングステンランプで照明されている．図5に対照時，訓練時，および試験時のハエトリグモのアリーナ内でのそれぞれ180秒間の歩行軌跡を示している．対照時にはハエトリグモは白の領域で99秒，黒の領域で81秒とほぼ白黒上をほぼ均等に歩行している．訓練時には常温の白の領域で177秒，加熱した黒の領域で3秒と無条件に加熱した黒を避けている．訓練後，高熱を取り除き，白黒ともに常温の台上で試験しても，クモは白の領域で149秒，黒の領域で31秒と訓練時に熱を加えた黒を避けている．この結果は，ハエトリグモが白黒の色紙を熱と連合させて学習記憶したことを示している．

同様の方法で，青，緑，黄，赤，灰の5種類の色紙を組み合わせて調べた結果，ハエトリグモは青黄，青緑，青赤，青灰，緑黄，緑赤，緑灰，黄赤，黄灰，

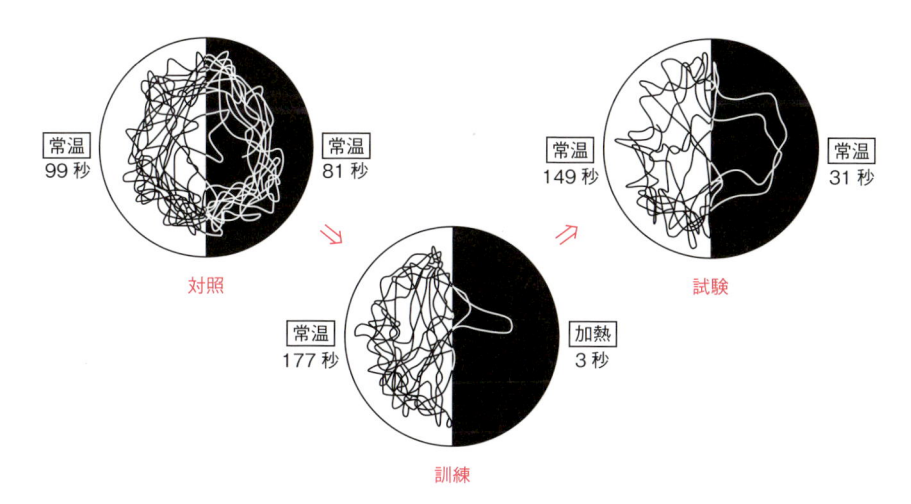

図5 白黒の色紙と熱に対する連合学習における対照時，訓練時および試験時のハエトリグモの歩行軌跡
文献11より改変引用．

　赤灰の10通り2色パターンをすべて熱と連合させて学習することができた．この結果はハエトリグモが紫外線を含まない可視光線のもとで，青から赤までの広い範囲の色を識別していることを示唆している．

　ハエトリグモが色紙を色合いにより識別したのか，あるいは明暗により識別したのかを調べるために，青白，緑白，黄白，赤白のパターンで訓練したあとに，青黒，緑黒，黄黒，赤黒のパターンで試験を行った．図6に実験に用いた色紙の分光反射率と実験手順を示している．訓練時には青，緑，黄，赤の色紙に熱を加えている．青，緑，黄，赤の色紙はいずれも白より暗く，黒より明るいので，仮にハエトリグモが明暗のみでパターンを識別しているのであれば，ハエトリグモは試験時にはより暗い黒の色紙を避け，より明るい青，緑，黄，赤の色紙を選ぶ確率が高くなると予想される．しかし，実際にはハエトリグモは訓練時に熱を加えた青，緑，黄，赤の色紙を有意に避けた．この結果は，ハエトリグモは色紙のパターンをおもに色合いにより識別していることを示唆している．

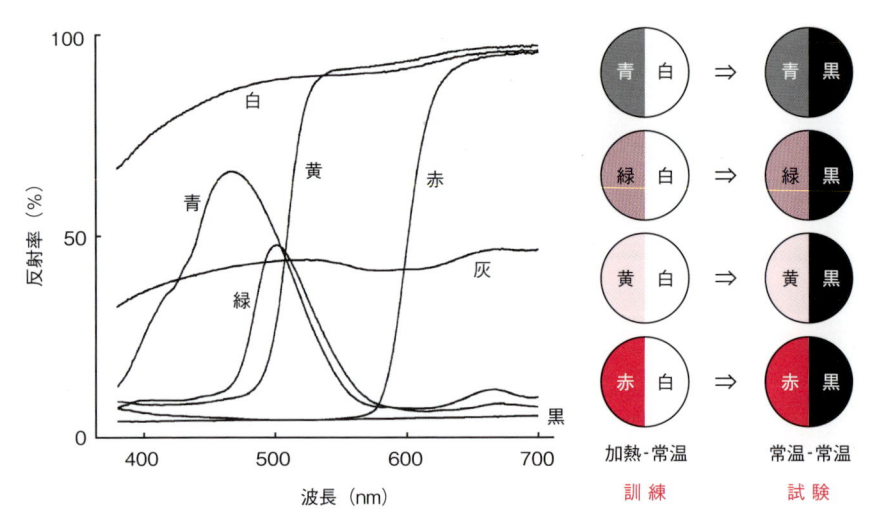

図6　学習実験に用いた色紙の分光反射率およびハエトリグモが色紙を色合いにより識別したか，あるいは明暗により識別したかを調べる実験手法

2.5 ハエトリグモ前中眼の分光感度

　前中眼の網膜上には視細胞の光感受部位が4層に分かれて並んでおり，網膜の最も奥の層からレンズ側に向けて順次1〜4と名づけられている．ただし，4層構造をしているのは網膜の中央部のみで，周辺部には層1と層2のみが存在し，層3と層4は存在しない．前中眼への入射光は網膜上に焦点を結ぶが，レンズの色収差のために焦点を結ぶ位置が波長の違いにより異なっている．網膜の最も奥にある層1には黄から赤色の光が焦点を結んでいる．光の波長が短くなるにつれて焦点を結ぶ位置がレンズ側に近づき，層2には緑色光が，層3には青色光が，また層4には紫外光が焦点を結ぶ[12]．もし，色覚に深く関与すると思われる網膜中央部の4層のそれぞれが，その層に焦点を結ぶ色光に最も高い感度をもつ視細胞で構成されておれば，前中眼は効率よく色彩弁別ができることになる．山下と立田[13]は細胞内記録法によりハエトリグモの前中眼には紫外，青，緑および黄に感受性を示す4種類の視細胞が存在することおよび，網膜をはさんだ2ヵ所からERG（網膜電図）を同時記録し，網膜の奥側は長波長の光に，またレンズ側は短波長の光に比較的高い感度を示すことを観察し，

ハエトリグモは紫外から赤の領域まで広い範囲の色を識別していることおよび，各層の視細胞がそれぞれの層に焦点を結ぶ色光に高い感度をもつ可能性を示唆した．しかし，赤感受性細胞は1例のみしか記録されておらず，たとえば，層1には層2から層4でフィルターされた長波用側の光が多く到達し，みかけの分光感度が長波長側にシフトした可能性等も指摘されている．他方，DeVoe[14]は前中眼には紫外と緑に感受性を示す2種類の視細胞のみが存在すると報告している．Blestら[15]はハエトリグモ前中眼視細胞から細胞内記録染色を行い，層1の周辺部および層2の中央部と周辺部の視細胞は緑感受性細胞，層4は紫外感受性細胞であることを示し，ハエトリグモはUVと緑の受容細胞のみをもつと主張した．しかしながら，黄から赤色光が焦点を結ぶ層1の中央部の視細胞，青色光が焦点を結ぶ層3の視細胞からは細胞内記録染色が成功しておらず，Blestら[15]の結果は4層がそれぞれ異なった視細胞をもつとの仮説を否定するものではない．

最近，小柳ら[16]はハエトリグモの前中眼には3種類のオプシンが発現しており，これらは紫外，青，緑に感受性を示す視物質に対応する可能性が高いことを報告し，視物質レベルでは前中眼には赤感受性物質が存在しないことを示唆した．しかしながら，光学系の色収差と視細胞の4層構造に起因したみかけの分光感度の違いなどを利用し，ハエトリグモが赤を色合いにより識別している可能性は十分に考えられる．ハエトリグモの色彩弁別能力を定量的に調べるためには，輝度を自由に調節できる色光と熱を組み合わせた連合学習を行う必要があると思われる．

3 コガネグモとオニグモの色覚

夜行性のオニグモの眼には緑に感受性を示す1種類の視細胞のみしか存在しないので，オニグモでは色覚は考えられない．他方，中間型のコガネグモの前中眼には紫外，青，緑に感受性を示す3種類の視細胞が存在する．コガネグモの眼は視神経を介した脳からの指令により，恒常暗黒下で感度の概日リズムを示し，主観的夜には昼に比べて感度が数十倍から百倍程度上昇する[17-18]．主観的夜にERGから求めた分光感度曲線は紫外，青，緑の領域に極大を示すが，

主観的昼あるいは明順応下では青領域の感度が最も低下し紫外と緑の領域にのみ極大が現れる．紫外感受性細胞と緑感受性細胞の分光感度曲線の重なりは小さいので，昼間明るい所では十分な色彩弁別はむずかしいと思われる．筆者らは，コガネグモが明所下では色紙をおもに明暗により識別していると考えられる学習実験の結果を得ている．

最近，Kelberら[19]は夜行性のスズメガは紫外，青，緑に感受性を示す3種類の視細胞をもち，星明かり程度（10^{-4} cd/m^2）のきわめて薄暗い条件下で真の色彩弁別を行っていると報告した．この結果はコガネグモの色覚を薄明下でも調べる必要性のあることを示唆している．

4 ハエトリグモの後中眼

ハエトリグモの後中眼は退化した眼であると考えられ，これまで後中眼の機能に関する研究はほとんど行われてこなかった．最近，釜山は2種類の単色光に対する選択性を調べ，アダンソンハエトリは，より波長の短い単色光，特に紫外を選択する傾向の強いこと，および後中眼を塗りつぶすとその傾向がなくなることを見いだし，このクモが紫外に誘引される行動には後中眼が関与していることを示した．筆者らはERG応答を指標にアダンソンハエトリ後中眼の分光感度を調べ，後中眼は紫外に極大感度をもち，可視領域に小さな感度を示すことを見いだし，後中眼には紫外と可視光に感受性を示す複数の視物質が含まれる可能性を示唆した．現在，後中眼に含まれる視物質に関し，永田らは分子生物学的手法での解析を進めている．

他方，Limら[20]は，東南アジアに生息し凝った色模様をもつハエトリグモ（*Cosmophasis umbratica*）の雄が紫外線をよく反射し，この紫外線の反射が雌雄間の求愛行動や雄どうしの威嚇行動に必要であると報告している．ハエトリグモの求愛行動や威嚇行動は前中眼を通してひき起こされるので，アダンソンハエトリの紫外線選択には前中眼も関与している可能性が考えられる．

おわりに

以上みてきたように，視覚に依存した生活をするハエトリグモの側眼は運動の検知機能を，また前中眼は色彩の弁別や形態の識別など高等な機能をもっている．他方，振動感覚に強く依存した生活をする造網性クモの眼の機能はいまだほとんど不明であるが，コガネグモの眼には紫外，青，緑に感受性を示す分光感度の異なる3種類の視細胞が存在する．このことは，造網性のクモもさまざまな重要な視覚機能をもっているに違いないことを示唆している．

引用文献

1) Land, M. F. (1971) Orientation by jumping spiders in the absence of visual feedback. *J. Exp. Biol.*, **54**, 119-139
2) Duelli, P. (1978) Movement detection in the posterolateral eyes of jumping spiders (*Evarcha arcuata*, Salticidae). *J. Comp. Physiol.*, **124**, 15-26
3) Komiya, M., et al. (1988) Turning reactions to real and apparent motion stimuli in the posterolateral eyes of jumping spiders. *J. Comp. Physiol. A*, **163**, 585-592
4) Land, M. F. (1969b) Movements of the retinae of jumping spiders (Salticidae: Dendryphantinae) in response to visual stimuli. *J. Exp. Biol.*, **51**, 471-493
5) Williams, D. S., McIntyre, P. (1980) The principal eyes of a jumping spider have a telephoto component. *Nature*, **288**, 578-580
6) Peckham, G. W., Peckham, E. G. (1894) The sense of sight in spiders with some observations of the color sense. *Trans. Wis. Acad. Sci. Arts, Lett.*, **10**, 231-261
7) Crane, J. (1949) Comparative biology of salticid spiders at Rancho Grande, Venezuela. Part IV. An analysis of display. *Zoologica*, **34**, 159-214
8) Kästner, A. (1950) Reaktionen der Hüpfspinnen (Salticidae) auf unbewegte farblose und farbige Gesichtsreize. *Zool. Beitr.*, **1**, 12-50
9) Forster, L. (1985) Target discrimination in jumping spiders (Araneae: Salticidae) In: *Neurobiology of Arachnids* (ed. Barth, F. G.), pp. 249-274, Springer Verlag
10) Peaslee, A. G., Wilson, G. (1989) Spectral sensitivity in jumping spiders (Araneae, Salticidae). *J. Comp. Physiol.*, **164**, 359-363
11) Nakamura, T., Yamashita, S. (2000) Learning and discrimination of colored papers in jumping spiders (Araneae, Salticidae). *J. Comp. Physiol. A*, **186**, 897-901

12) Land, M. F. (1969a) Structure of the retinae of the principal eyes of jumping spiders (Salticidae: Dendryphantinae) in relation to visual optics. *J. Exp. Biol.*, **51**, 443-470
13) Yamashita, S., Tateda, H. (1976) Spectral sensitivities of jumping spider eyes. *J. Comp. Physiol.*, **105**, 29-41
14) DeVoe, R. D. (1975) Ultraviolet and green receptors in principal eyes of jumping spiders. *J. Gen. Physiol.*, **66**, 193-207
15) Blest, A. D., et al. (1981) The spectral sensitivities of identified receptors and the function of retinal tiering in the principal eyes of a jumping spider. *J. Comp. Physiol. A*, **145**, 227-239
16) Koyanagi, M., et al. (2008) Molecular evolution of arthropod color vision deduced from multiple opsin genes of jumping spiders. *J. Mol. Evol.* **66**, 130-137
17) Yamashita, S. (1985) Photoreceptor cells in the spider eye: spectral sensitivity and efferent control. *Neurobiology of Arachnids* (ed. Barth, F. G.), pp. 103-117, Springer Verlag
18) Yamashita, S. (2002) Efferent innervation of photoreceptors in spiders. *Microsc. Res. Tec.*, **58**, 356-364
19) Kelber, A., et al. (2002) Scotopic colour vision in nocturnal hawkmoths. *Nature*, **419**, 922-925
20) Lim, M. L. M., et al. (2007) Sex-specific UV and fluorescence signals in jumping spiders. *Science*, **315**, 481
21) 山下茂樹 (2008)「ハエトリグモの眼の構造と機能」,『昆虫ミメティックス』, pp. 334-337, エヌティーエス

9 棘皮動物の変わった神経系と運動系

本川達雄

　棘皮動物の神経系のおもなものには，外側神経系（表皮神経叢とそれが発達したもの）と下側神経系がある．後者は運動神経であり，筋収縮と結合組織の硬さを制御している．棘皮動物の神経系にはユニークな点が多い（中枢神経系がない，シナプスがほんどみられない，筋肉とそれを支配する神経の間に厚い結合組織層が存在することがある，グリア細胞をもたない，体腔上皮中や結合組織中に神経がある，など）．これらのユニークな特徴は，硬さ可変結合組織という棘皮動物独特の効果器との関連で進化したものと考えられる．

はじめに

　棘皮動物は実に風変わりな動物である．何といっても星形の体形——体が**5放射相称**をしているのだ．ヒトデやクモヒトデは星形そのものだし（**図1a**），ウニは球形だけれど，棘や管足の配列をみると，やはり5放射相称（**図1b**）．棘皮動物門にはウミユリ綱，ヒトデ綱，クモヒトデ綱，ウニ綱，ナマコ綱と5つの仲間がいるが，すべてが5放射相称を示す（**図1**）．
　ウミユリが棘皮動物のなかでは最も祖先形に近いものであり，口を上にして海底に固着している（**図1d**）．ほかの仲間は自由生活者であり，口を下に向

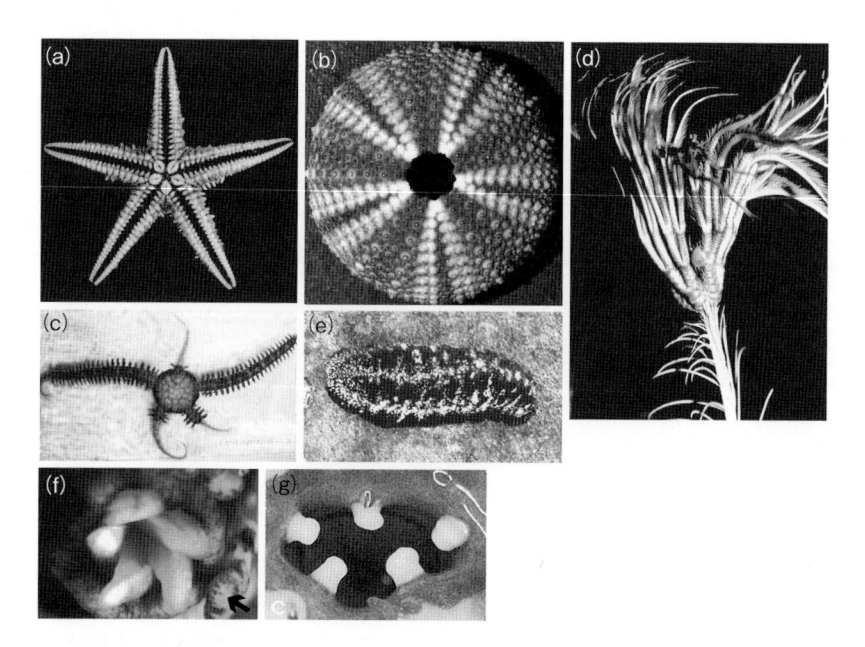

図1 棘皮動物門に属する5つの綱

(a) ヒトデ綱（モミジガイ），(b) ウニ綱（バフンウニ），(c) クモヒトデ綱（ジュズクモヒトデ），(d) ウミユリ綱（トリノアシ），(e) ナマコ綱（クリイロナマコ）．(a) ヒトデの口側面．完璧な5放射相称を示している．中央が口で，腕が5本放射状に突き出ている．腕の中央に走っている溝（歩帯溝：黒い筋として見えている）の中に管足が入っており，溝が開いて管足が伸び出して歩く．歩帯溝の底の中央には放射神経があり，これは口をとりまく神経環から腕の先端へと走っている．(b)は棘を取り去ったウニの殻の反口側からみたもの．ペアになった白いすじが5放射状に中心から走っているが，これが管足の並んでいる歩帯の部分．ウニの口は下側（海底の基盤に面した側）中央にあり，口にはアリストテレスの提灯とよばれる巨大な咀嚼器官が存在する．これは5本の歯をもつ（fはガンガゼの歯の先端部：矢印は口の周りの管足で，これは化学刺激を感じると考えられている）．(c) はクモヒトデの反口側面．腕は同一のユニットが一列に連なった構造をとっている（棘のくり返しでそのことがわかるだろう）．ユニットどうしは筋肉と結合組織とでつながっている．写真では5本の腕のうち3本は短いが，これらは自切をして再生中のもの．太い部分がもとからある腕で，急に細くなった先の部分は再生中の部分．自切の際には，ユニットどうしをつないでいる結合組織が極端にやわらかくなり，腕が切り落とされる．(d) はウミユリを側面からみたところ．口は上側にあり，反対側の茎で海底に固着している（そのほかの棘皮動物は口を下に向けている）．初期の幼体は，5本の腕が放射状に口の周りから突き出ているが，腕はそのあと枝分かれして数が増える．茎のところどころから細いものが突き出しているものが巻枝で，同じ所からは5本の巻枝が放射状に突き出している．(e) のナマコは巨大な芋虫形をしているが，これはウニを縦に引き伸ばして横倒しにしたものと考えればよい．右端が口で左端が肛門．5放射の軸はほかの棘皮動物のように垂直ではなく水平である．口の周りに生えている触手は5の倍数本あり，クリイロナマコの場合には肛門の周りに5本の歯（肛歯）が生えている (g)．肛歯の役割はわかっていない．→口絵5参照

けている．口は下面中央（図1a，2c），肛門は上面中央にある．口のある面を口側面，反対の面を反口側面とよぶ．ヒトデやウニでは，口と肛門の軸と垂直方向に，口を下にして歩いていく．普通，動物は口を前にして歩くものだから，これもきわめて風変わりである．

　風変わりといえば，棘皮動物には特別の感覚器官がない．目や鼻や平衡感覚器をもっていないのである（例外はヒトデの眼点と，一部のナマコがもつ平衡感覚器）．では何も感じないかというと，光も化学刺激も機械刺激もちゃんと感じる（図1f，2a）．特化した感覚器をもたないだけであり，実は体全体が感じてしまうのである．棘や管足の表面も含めて，体表をおおっている表皮のすべてに感覚細胞と思われるものが多数散らばって存在している．このように特定の少数の器官に機能が限定されておらず，体中に機能が分散されているのが，棘皮動物の際だった特徴である．

　そのよい例が管足（tube foot，図2c，3b）である．体中にきわめてたくさんある管足が，歩行も感覚も呼吸も排泄もこなしてしまう．管足とは体の表面から突き出た細い管で，水圧で伸び縮みし，水管系の一員をなす．たとえばガンガゼ（ウニ）には約1000本もの管足がある（殻径6 cmの個体の場合）．管足は複数の機能を果たすが，歩行という1つの機能についてみても，管足の半数（つまり下面にある数百本）が歩行にもかかわっており，2〜6本に歩行機能が集中しているわけではない（足の多い割にはゆっくりとしか歩かないが）．実はウニの場合，管足以外に数百本ある棘も歩行にかかわっている．これだけ多くの「足」を駆使するのだから，さぞかし立派な脳があると思うとそうでもなく，脳に対応するような神経の塊はない．脳がないのも棘皮動物の風変わりな点の1つである．棘皮動物は脳のような中枢が命令を発して足を動かすのではなく，たくさんある足が局所的な反射を示し，この反射の連続が体を動かしていくのではないかと考えられている．「われわれは足を動かすが，棘皮動物は足が動物を動かす」などといわれるゆえんだ．

　棘皮動物には，ほかにも風変わりな点が多い．たとえば，骨格系では骨のつくりもユニークだし，その骨をつなげて骨格系をつくり上げている結合組織は，硬さが変わるというとりわけユニークな性質をもっている．また水管系は棘皮動物独自のものだし，エネルギー消費量が極端に少ないこともほかの動物たち

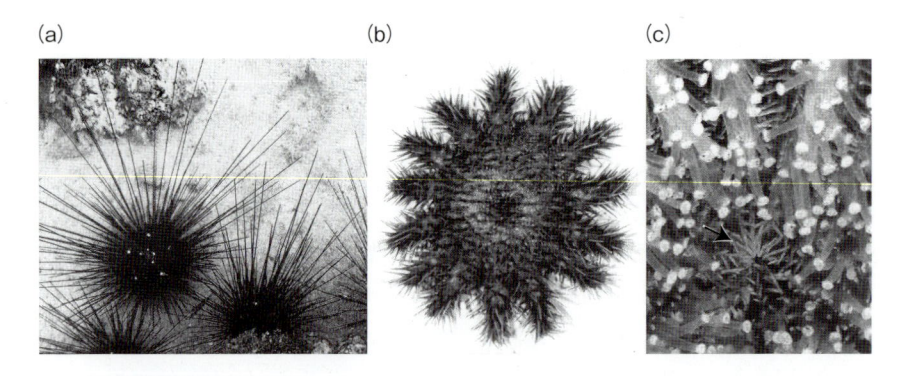

図2 棘皮動物は棘で身を守っているものが多い
(a)は長い棘をもつ代表的なウニであるガンガゼの群れているところ．このウニは棘も体表も神経も光を感じる．ガンガゼは陰に反応して棘を激しく振り動かす反射を示す．(b)，(c)はヒトデの中ではきわめて大きく多数の棘をもつオニヒトデ．(b)は反口側からみたもの．反口側の棘は先端が尖っており毒をもつ．(c)は口側からみたもの．口側の棘は先の丸いへら状で，口（矢印）は棘でガードされている．この写真では歩帯溝が開いて多数の管足が伸び出している．管足の先端は吸盤になっている（丸く光ってみえる部分）．

とはおおいに異なる点である．そして本書の主題である神経系についても，ほかの動物とはきわめて異なる様相を示すのである．

1 神経系の構成

まず神経系のおおまかな構成について述べておこう．棘皮動物の神経系は分布する位置関係から，3つのシステムに分けられている．

① **反口側神経系**（aboral system）：ヒトデでは頂上神経系ともよばれる．これは口とは反対側に分布する神経系である．
② **外側神経系**（ectoneural system）：これは口側に分布する神経系である．そのため口側神経系ともよばれる．表皮神経叢やそれが発達したものだと考えられており，表皮神経系という名もある．
③ **下側神経系**（hyponeural system）：ヒトデではLange's nerveともよばれる．これは反口側神経系と外側神経系の中間に位置し，体腔上皮神経叢由来だと考えられている．

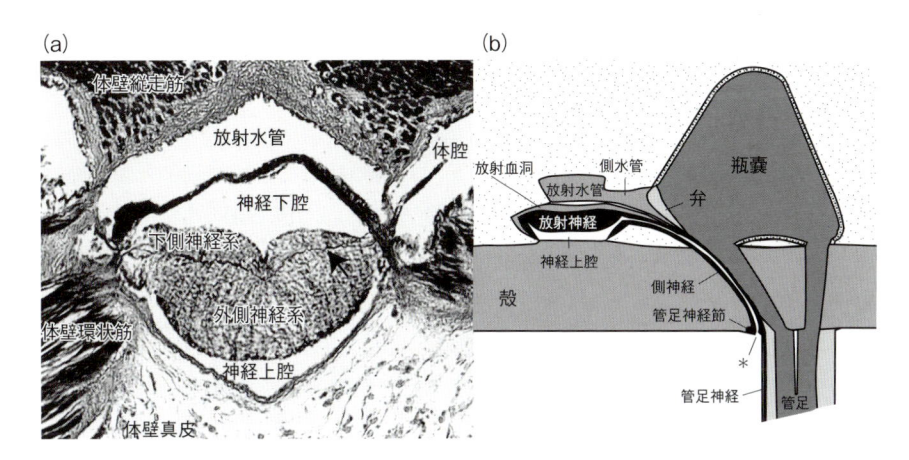

図3 マナマコの放射神経の横断面（a）と，ウニの放射神経の横断面の模式図（b）
ナマコの放射神経は外側神経系と下側神経系からなり，それらは結合組織の層で仕切られている（矢印）．(b)には瓶嚢と管足の一部と，放射神経から伸びだして管足神経へとつながる側神経も示してある．ウニの放射神経は外側神経系のみからなる．放射神経も側神経も，水のつまった腔（神経上腔）を伴っている．＊は神経上腔が外界に開く開口部．

ウミユリとそのほかの棘皮動物とでは，神経系の構成に大きな違いがみられる．ウミユリのおもな神経は反口側神経系であり，これはほかの棘皮動物ではほとんど発達していない．それに対してウミユリ以外では外側神経系がおおいに発達しており，特にウニではほとんどが外側神経系である（下側神経系は神経環の近くに位置する10個の神経節のみに，反口側神経系は囲肛膜をとりまく環状神経のみにみられる）．

下側神経系は特にクモヒトデで発達している．クモヒトデはほかの棘皮動物と違って，歩行は管足ではなく腕の筋肉を用いる．クモヒトデの腕は私たちの脊椎のように，一列に並んだ骨（腕骨，脊椎骨ともよばれる）でできており（**図1c**），腕骨と腕骨をつないでいる強力な筋肉により，腕をヘビの尾のように動かして移動する（そのためクモヒトデを蛇尾類ともよぶ）．この筋肉を支配しているのが下側神経系である．クモヒトデに限らず，下側神経系は純粋に運動神経であるとされている．

これらの神経系は5放射相称の体のつくりを反映した神経の走行を示す．体の中央に**神経環**（nerve ring）がある．神経環は口をとりまいており（ウミユリはのぞく），周口神経環ともよばれる．神経環から各腕へ放射状に神経が伸び，

腕の中を先端まで走っていく［**放射神経**（radial nerve），ウミユリでは腕板神経（brachial nerve）］．神経環や放射神経中には神経細胞とその軸索がみられる．

ウミユリ以外では神経環も放射神経も，外側神経系と下側神経系とが一緒に束になってできている．放射神経の横断面をみると（**図3a**）外界に近い側に外側神経系が，その内側（体腔側）に，結合組織（基底膜）を隔てて下側神経系が走っている．これらの神経系は必ず水のつまった管を伴っている．外側神経系に接している管が神経上腔，下側神経系に接している管が神経下腔である．神経環は5本の放射神経を連結し，互いのはたらきを協調させている中枢のはたらきをもつのではないかと想像されていたが，そのような機能はないようだ．神経環からは内臓へと，放射神経からは管足や体表や筋肉へと，神経が分かれて分布していく．特に外側神経系は**表皮神経叢**（epithelial nerve plexus）となって，体表全体に，網の目のような神経網を張り巡らしている．

以上，ウミユリ以外の棘皮動物の主要な神経系をまとめると，

① 外側神経系に属するもの：神経環の外層・放射神経の外層・表皮神経叢．
② 下側神経系に属するもの：神経環の内層・放射神経の内層・放射神経内層から筋肉や結合組織へ伸びていく神経．ただしウニの神経環と放射神経は下側神経系をもっていない（**図3b**）．またナマコの場合，放射神経には下側神経系があるが神経環にはない．

2 体腔上皮や結合組織の中にも神経が存在する

以上は光学顕微鏡レベルでの古典的な分類であるが，電子顕微鏡の詳細な観察をもとに，別の切り口で棘皮動物の神経系を分類することもできる[1]．神経系を，明らかに上皮系のものと，結合組織中にみられるものとに分けるのである．すなわち，(a) 上皮中にあるもの．これには**表皮神経叢**（上述した表皮神経叢のみならず，それが肥厚したものと考えられている外側神経系も含む）と，体腔上皮神経叢が含まれる．(b) 結合組織中にあるもの．これにはウミユリの反口側神経系と下側神経系が含まれる．また，傍報帯細胞も一種の神経である可能性が高く，そうであるならば，これがウミユリ以外では結合組織中の神

経要素のおもな部分を占めている．

　ここに至って，棘皮動物神経系の，きわめて特殊な様相が浮かび上がってきた．まず（b）の特徴から考えてみよう．結合組織中にかなりの量の神経要素が入っているのである．ということは，結合組織中に神経のターゲットがあることを指し示しているといえる．

　実は棘皮動物の結合組織自体が，刺激に応じて硬さを速やかに変え，その変化は神経の支配を受けているのである．硬さを変える，つまり効果器としてはたらくような結合組織は，ほかの動物にはない棘皮動物門独自のものである．それに関連して，結合組織を支配する神経などという，これまたほかではみられない神経系を棘皮動物はもっているのである．

　（a）にあげた上皮中の神経においても，おおいに不思議な点がある．まず（不思議さはそれほどでもないが）表皮神経叢からみていこう．そもそも神経というものは外胚葉（表皮）由来のものだから，これはどの動物にもみられるあたりまえの神経ということになる．ただし棘皮動物の場合は表皮神経叢が体表を網の目のようにおおいつくしていることが，私たちや昆虫とは異なっており，ちょっと変わっている．これはヒドラのような，放射相称でほとんど動かない動物たちの神経系に共通する特徴だと理解できるだろう．

　（a）のうちでも体腔上皮神経叢がおおいなる不思議を提供する．体壁の外側を表皮がおおい，内側を体腔上皮がおおっているのを真体腔動物という．表皮のほうは外胚葉由来，体腔上皮（中皮）は中胚葉由来である．神経系は表皮由来であり，つまりは外胚葉由来のものというのが常識である．ところが棘皮動物では，体腔上皮という中胚葉由来のもののなかに神経叢がみられるのである．

　棘皮動物の表皮も体腔上皮も，よく似た構造をもっている．一番外側（表皮では外界，体腔上皮では体腔に面した所）に薄いクチクラ層（これは体腔上皮にはない），その下に細胞が（多くの場合1層に）並んでいる．おもな細胞は，支持細胞，分泌細胞，感覚細胞である．支持細胞は頂端に微絨毛をもち（そして多くのものは繊毛ももち），細胞の基部から柄を下の基底膜まで伸ばしている．分泌細胞は含まれている顆粒により，さまざまなタイプのものに分けられる．感覚細胞は繊毛をもち，基部から突起を伸ばし，それは下にある神経叢に入り込んでいる．これらの細胞層の下に神経叢がある．神経叢中には細胞体も

突起もみられるが，細胞体はあまりない．神経叢の下に基底膜があり，これがその下にある結合組織層との区切りとなっている．

　基底膜までが上皮層であり，神経叢も上皮層の一員とみなされる．表皮の場合，だからこの神経もほかの表皮の構成員同様，当然外胚葉由来だと考えられている．これをそのまま体腔上皮に当てはめれば，体腔上皮神経叢も当然体腔上皮をつくっているほかの細胞たちと同じ由来，つまり中胚葉由来ということになる．中胚葉由来の神経系⁉　普通，神経系は外胚葉由来とされている．棘皮動物が中胚葉由来の神経系をもつとすれば，とんでもなくユニークだということになってしまう．体腔上皮神経叢も，そして結合組織中に（基底膜で隔離されずに）存在する神経も，「素直に」考えれば中胚葉由来と考えたくなる．もちろんそうではなくて，外胚葉由来の神経が体腔上皮中や結合組織中に潜り込んでいるのかもしれないが（常識的にはそう考えるだろう），もしそうだとしても，体腔上皮が，表皮とそっくりの神経叢を備えていたり結合組織中に神経要素がかなり存在するということだけでも，棘皮動物の神経系はきわめてユニークなものといっていい．

3 硬さ可変結合組織

3.1 結合組織はすばやく硬さを変える

　棘皮動物は「硬さ可変結合組織」［キャッチ結合組織（catch connective tissue）ともよばれる］をもっている[2,3]．結合組織中にみられる神経要素が硬さ変化を支配しており，棘皮動物の神経系のユニークさは，この硬さ可変結合組織を抜きにしては考えられない．

　硬さ可変結合組織は，棘皮動物の至るところにみられる．そもそも棘皮動物の骨格系は，小さな骨片が硬さ可変結合組織によってつなぎ合わされてできているものなのである．骨片は小さなタイル状で，これを敷きつめたように体表をおおっているが，そのタイルとタイルをつなぎ合わせている結合組織が硬さ可変結合組織であり，この結合組織が硬くなれば，全体がつなぎ目なしの1枚の大きなタイルでできたような非常に硬い殻となり体を守る．結合組織が軟らかくなれば，タイルのつなぎ目ごとに関節があるようなものだから，かなり自

由に体を変形できることになる（ウニの殻の場合は骨片がジグソーパズルのように組み合わさっているものが多いので殻の変形はできないが，ヤワラウニのように骨片が組み合わさっていないものもおり，それらのウニは殻の変形が可能である）．

棘皮動物では，骨片は棘となって体表から突き出しており（図1c, 2），棘と殻をつないでいる結合組織（靱帯）が硬くなると棘は立った姿勢を保ち，軟らかくなれば棘は（筋肉の収縮により）自由に動くことが可能となり，棘を倒して狭い穴に入ったり（ウニのように）棘で歩くことも可能となる．硬さ可変結合組織が棘の姿勢維持を行っているのである．私たちが体を硬くして身構えるときや，姿勢を維持しつづける際には筋肉を収縮させている．しかし硬さ可変結合組織が硬くなるのに筋肉は関与していない．筋肉をまったく含まない結合組織，たとえばウミユリの巻枝（図1d）の靱帯[4]も，大きな硬さ変化を示す．

クモヒトデやウミユリの腕は，円盤状の骨片が一列につながった構造をしており（図1c, d），隣接する骨片間は筋肉と靱帯とで結びつけられている．靱帯が軟らかければ腕は自由に屈曲でき，靱帯が硬くなればいかなる腕の姿勢においてもそのまま「フリーズ」し，たとえば，流れに抗して長時間にわたり腕を伸ばして摂食姿勢をとりつづけながら（管足を使って）濾過摂食もできるのである．そしてその腕先を魚に食いつかれたなら，その少し基部にある骨片間の靱帯をものすごく軟らかくして腕を切り落とし（ちょうどトカゲのしっぽ切りのように）自切により身を守ることができる（図1c）．

3.2 ナマコの真皮

ナマコはぶ厚い体壁をもっており，体壁のほとんどが結合組織である真皮層からなっている（図4）．この真皮が硬さ可変結合組織である．大きな組織片を得られることや，組織片を任意の形に切って使えることから，ナマコ真皮は硬さ（正確には力学的性質）の精密な測定や生化学的研究に愛用されてきた．

真皮中に細胞はあまり存在せず，大部分のスペースは細胞外成分で占められている．そしてこの細胞外成分の硬さが変わる．真皮の細胞外成分のおもなものは，水，無機イオン，コラーゲン繊維，グリコサミノグリカンである．真皮の含水率は85％と非常に高い．コラーゲンは束になって繊維をつくり，この繊

維が3次元の網目をなしている．網目は共有結合で強く結び合わされているものではない．グリコサミノグリカンは負の電荷をもつ高分子多糖類であり，ナマコ体壁からはコンドロイチン硫酸様やナマコ特有のものが単離されている．

詳細な力学試験により，ナマコは力学的に異なる3つの状態をとることがわかった[5]．

① 硬い状態：高い弾性率，低いエネルギー損失，直線的な応力-ひずみ曲線を示す，つまり硬いバネのような性質を示す状態．機械刺激（極端には強くないもの）や高濃度に K^+ を含む海水などの刺激に応答してこの状態となる．

② 標準状態（切り出した真皮を海水中で充分に休ませたもの）：中程度の弾性率とエネルギー損失をもち，応力-ひずみ曲線は典型的なJ字曲線（低ひずみでは曲線は寝ているが，ある程度のひずみを越えると急速に曲線が立ち上がる）を示す．つまり私たちの皮膚のように，少し引き伸ばす分には小さな力で伸びるが，それ以上引き伸ばそうとすると強く抵抗する．標準状態は硬い状態と軟らかい状態の単なる中間状態ではなく，独自の力学的な性質を示す状態である．

③ 軟らかい状態：低い弾性率と高いエネルギー損失をもち，約10％以上のひずみを加えると，ひずみを加えれば加えるほど弾性率が低下するというひずみ依存性を示す．そのため，たとえば魚に噛みつかれた際のように体壁に大きなひずみが加わると，その部分の弾性率が極端に低下し，あたかも皮が「溶けた」ようにどろどろになって穴があき，そこから腸を放出してナマコは逃げるといわれている．この状態は Ca^{2+} 欠如海水によってもひき起こされる．ナマコによっては体を2つに分裂させて無性生殖により増えるものがいるが，この際にも，体壁真皮が軟らかくなってちぎれていると思われる．

硬さ変化の分子機構についてわかっていることは少ない．ナマコの皮は，グリコサミノグリカンという負の電荷をもち大量に水を引きつけた高分子のハイドロゲル中に，コラーゲン繊維が入っているものとみなせるだろう．このゲルの力学的性質が変わるわけだが，その際，高分子間の結合状態が変わっている

図4 クリイロナマコ（体幅5.5cm）の横断面
厚い白い部分が体壁の真皮．中央が体液のつまった体腔（この中に腸や生殖巣が浮いている）．体腔に面して環状筋と5対の縦走筋がある．

に違いない．

　同じ硬くなる反応といっても，「軟らかい状態→標準状態」と「標準状態→硬い状態」では，異なる機構がはたらいているらしい．テンシリン（tensilin）はナマコから単離されたタンパク質であり，これは「軟らかい状態→標準状態」という変化をひき起こす[6,7]．テンシリンはコラーゲン原繊維溶液を凝集させるため，コラーゲン間に架橋を形成して皮を硬くしている可能性がある．

　「標準状態→硬い状態」という変化を起こすタンパク質もナマコから見つかった．この状態変化の際には結合組織の含水率が減少する．疎水結合の増加や，静電的な結合の増加によって電離した基の数が減少するなどにより，含水率が低下するのではないか．つまり，水が出ていくような結合が形成されることにより，硬さの増加が起こっているのだろうと想像される（「軟らかい状態→標準状態」の硬化においては，含水率の変化はない）．

　硬さ可変結合組織を用いて姿勢維持を行うことの利点は，エネルギー消費が少なくてすむことである．結合組織は，そもそもエネルギー消費量が少ないうえに，硬い状態になっても収縮中の筋の1/10しかエネルギーを使わない．さらにナマコの結合組織の硬さは収縮中の縦走筋の硬さの7倍もあるため（ひずみ2％のとき），同じ外力に抗して姿勢を維持するのに必要なエネルギーは，結合組織を使うと1/70ですむという計算になる[8]．結合組織で姿勢維持を行えば，筋肉を使うよりきわめて省エネになるのだ．

　クリイロナマコにおける全筋肉量と全結合組織量とを量ってみたところ，結合組織が体の約6割を占め，筋肉はその1/10の量しかなかった．ところが哺

乳類の場合は逆で，筋肉の占める割合が体の約半分，皮膚は1～2割程度である．筋肉は，弛緩している際にも結合組織より6倍ものエネルギーを使うのだから，筋肉が少なく結合組織ばかりのナマコは，エネルギー消費量がきわめて少ないと想像できる．実際，クリイロナマコの個体のエネルギー消費量を測定したところ，同じサイズの「標準的な」無脊椎動物の1/8，恒温動物と比較すれば1/200になった[8]．

　ナマコは体重の6割が結合組織で（そのほとんどが体壁の真皮，つまり皮），残り4割の大半は大きな体腔中に入っている水だから，（生殖巣で体が満たされている時期以外は）実質ナマコは皮ばかりの動物である．これでは捕食者にとって魅力が少ないだろう．となるとナマコは捕食者から逃げるための筋肉をほとんど必要とせず，姿勢維持の筋肉の必要もないわけで，そうなるとエネルギー消費量が少ないため，砂という栄養価は低いが周りに豊富にあるものを餌とすることができ，そのため動き回る必要はなく，だからますます動くための筋肉はいらなくなり，その結果として，皮だらけでエネルギー消費量のきわめて少ないナマコという生き物が進化してきたのであろう．餌を探す必要も捕食者を見張っている必要もなければ特別の感覚器官は必要ないし，感覚器官がなく筋肉もさほどなければ，感覚入力を統合して筋肉に指令を出すための立派な脳も必要ない．だからナマコはほかの動物からみるときわめてユニークかつ，一見不可解な体のつくりとなっており，またそれに伴って神経系もユニークになっているのだろう．以上の推測は棘皮動物すべてに当てはまると思われる．

4 ウミユリの収縮性結合組織

　棘皮動物の結合組織は，力を発生して縮むこともある．ウミユリの柄も腕も巻枝も，円盤状の小骨が一列に積み重なった細長い構造をとり，小骨どうしは結合組織でつづり合わされている．円盤の中央部が線状に盛り上がって支点となって関節を形成し，隣り合った骨の間での屈曲が可能である．この骨をつないでいる結合組織（靱帯）が力を積極的に発生して収縮する[9]．結合組織内には筋細胞はもちろんのこと，ほかに力を発生しそうな細胞も存在しないので，非細胞性の収縮機構の存在を考えざるを得ない．この結合組織は硬さ変化も示

すが，硬さ変化と収縮とは独立に起こる現象である．

5 神経系各論

5.1 ナマコの真皮

　ナマコ真皮の硬さは神経支配を受けている．真皮を，棘皮動物の神経に特異的に反応する抗体1E11で染めると，かなりの数の突起と少数の細胞体が染まる（図5a）．電子顕微鏡で見ると，小さな小胞をもった突起や，より大きな電子密度の高い楕円形顆粒をもった突起があり，おそらく前者はコリン作動性の神経，後者は次節で述べる傍靱帯細胞であると考えられる．単離した真皮はアセチルコリンに対して2相性の反応を示す．まず硬くなり，そののち与える前よりも軟らかくなるのである．硬くなる反応にはニコチン様の受容体が，軟らかくなる反応にはムスカリン様の受容体が関与している[10]．

　ナマコ体壁から真皮の硬さを変えるペプチド群が見つかってきた[11]．①真皮を硬くするNGIWYアミド，②真皮を軟らかくするホロキニン（holokinin 1とholokinin 2），③アセチルコリンの作用を抑制するスティコピン（stichopin）である．

　NGIWYアミドの抗体はナマコの主要な神経系を染め，放射神経の場合，外側神経系も下側神経系も染まってくる．体壁中にも染まる繊維があり，これは1E11でも染まる．つまりNGIWYアミドは神経ペプチドである[12]．ヒトデ，ウニ，クモヒトデの神経もこのペプチドの抗体で染まるため，広く棘皮動物に分布する神経ペプチドである可能性が高い．NGIWYアミドはナマコ真皮を硬くするだけではなく，ナマコの筋肉やヒトデの管足の収縮をも起こす．また，成熟したナマコに与えると放卵放精をひき起こす[13]．

　スティコピンはユニークな分布をしている．抗体で染めたところ，結合組織中にしか分布していないのである[14]．スティコピンの抗体で染まるものには2種類のものがある．1つは細長い繊維状のもので，これは1E11でも染まるため，神経繊維だと思われる（図5a，b）．つまり，スティコピン含有神経は，結合組織に特異的に分布する神経である．結合組織特有の神経など，ほかの動物ではまったく知られていない．

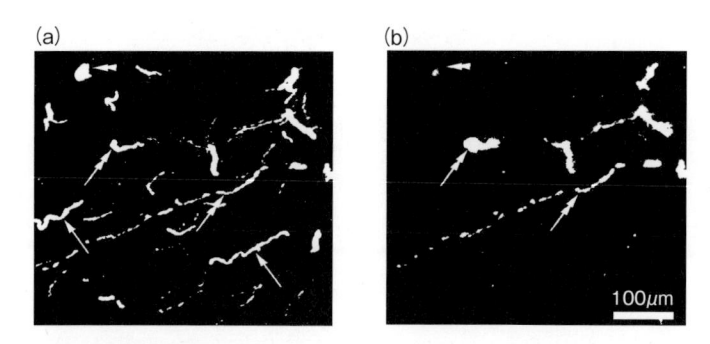

図5　ナマコ体壁真皮中の神経
棘皮動物の神経を特異的に染める抗体1E11とスティコピンの抗体で2重染色したもの．1E11で染まる神経（a）のうちのいくつかのもの（2重矢頭）がスティコピン抗体陽性反応を示している（b）．

　スティコピンで染まるもう1つのものは神経分泌細胞らしい．これは卵形の細胞で突起をもたず，1E11で染まる場合と染まらない場合がある．体壁真皮，放射神経，管足，総排出腔，体壁縦走筋の筋膜などの結合組織中にみられる．とりわけおもしろいのは放射神経中のもので，この細胞は放射神経を構成している外側神経系と下側神経系中にはまったくみられないのだが，2つの神経系を仕切っている結合組織層中に固まって存在しているのである．電子顕微鏡で観察すると，これらは典型的な分泌細胞だった（**図6**）．位置的に考えて，分泌されたものは結合組織中を拡散して外側神経系や下側神経系に効果を及ぼすとしか考えようがない．次節で述べるように，棘皮動物の神経伝達物質は結合組織中を拡散していくと考えられているが，似たような現象がここでも起こっているのだろう．
　スティコピン分泌細胞は脊椎動物のクロマフィン細胞同様，神経由来の分泌細胞と考えてよいと思われる．おもしろいことに，この細胞は水のつまった腔に面した所に多く分布している．すなわち神経上腔，神経下腔，皮鰓の内腔，体腔などに面しているのである．この配置からすると，スティコピンはこれらの腔へと分泌され，腔中を運ばれてホルモンとしてはたらくと考えざるを得ない．

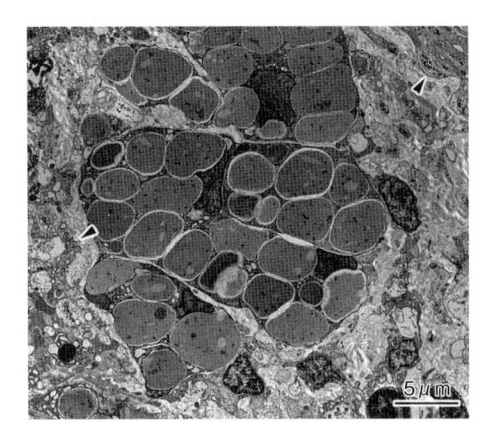

図6 ナマコ放射神経の結合組織中にあるスティコピンを含む分泌細胞
矢頭は結合組織層と神経細胞層とを区切っている基底膜.

5.2 ウニの管足

　管足は中に水のつまった管状の器官で（**図2c**），根元が膨らんだ瓶嚢（びんのう）になっており（**図3b**），瓶嚢が縮むと水圧により管足が伸びる．管足が縮むのは管の壁にある筋肉（筋上皮）の収縮による．管の壁は外側から，① 表皮，② 結合組織層，③ 筋上皮層からなっており，筋上皮層は管足の内腔（管腔）に面している．① の表皮は外界に面しているが，これは，支持細胞と粘液細胞が並んだ細胞層，その下にある表皮神経叢，さらに下の基底膜とからなる．表皮神経叢は管足の1側面で肥厚して管足神経となっている．管足神経は，管足のつけ根にある管足神経節から管足の先端へと走っており，管足神経節では，放射神経から伸びてくる側神経や体表の表皮神経叢と接続している．

　たいへん不思議なことに，管腔に面した筋上皮と，管足表皮にある神経叢（や管足神経）との間には，少なくとも数 μm の厚さの結合組織層が横たわっており，神経と筋肉とが密接してはいない．そのため Florey は，神経から分泌されたアセチルコリンはこの結合組織層を拡散して横断していき，筋細胞まで達して収縮をひき起こすと考えた[15]．神経伝達物質は結合組織を横切っていく際に，結合組織の硬さにも影響を与えているのではないかと想像されている．

5.3 クモヒトデの傍靱帯細胞

　棘皮動物の神経系を用いた電気生理学の仕事はほとんどない．信じがたいことだろうが，細胞外からの記録も細胞内からの記録も，ほとんどない．神経細胞がたいへんに小さいのが記録のとりにくい理由とされている．ただし，唯一例外がある．クモヒトデは棘皮動物としては例外的に「巨大な」神経細胞をもち，ある程度の電気的な記録がとられている（巨大といっても太さはせいぜい20 μm 止まりだが）．そのためもあって，クモヒトデの神経系は電子顕微鏡でもかなりよく調べられてきた．クモヒトデは形態学的にも取り扱いやすい．腕が同一ユニットのくり返しでできており，ユニットである節は，中心にある1個の大きな腕骨と，上下左右をおおう4枚の楯状の骨（腕板）というはっきりとした構造をもち，神経系もそれに対応して分かれているため，取り扱いやすいのである．

　腕骨は隣の節の腕骨と関節をなし，腕骨どうしはよく発達した2対の腕筋と2対の結合組織（靱帯）でつなげられている．隣の腕板どうしも靱帯でつながっている．各節には管足と棘がある．靱帯や腕筋の腱は硬さ可変結合組織である．放射神経は，節ごとに一部太くなって神経節を形成し（横断面で見るとここがダンベル形に見える），ここから腕筋へと神経を伸ばしている．神経節と神経節の中間の位置から，側神経が出ているが，これは放射神経の下側神経の部分が伸び出たものである．側神経は枝分かれして靱帯と棘（側腕板上に生えている）へ伸びていき，靱帯や棘の近傍で結節をつくる．

　靱帯や腱の中には電子密度の高い顆粒をもった細い細胞突起がみられ，Wilkie はこれを**傍靱帯細胞**（juxtaligamental cell）と名づけた[16]．この突起はコラーゲン繊維間の基質中に多数みられ，電子密度の高い，丸か楕円形の膜に包まれた顆粒（長径340〜970 μm）を多数含んでいるのが特徴である．この顆粒以外に，微小管，ミトコンドリア，直径360 μm の中の抜けた小胞が突起中にみられる場合がある．クモヒトデの自切の際，腕骨どうしをつないでいる結合組織（靱帯と筋肉の腱）が非常に軟らかくなって切れるが，その際，傍靱帯細胞の顆粒が放出されるようだ．傍靱帯細胞に似た突起はさまざまな硬さ可変結合組織に分布しており，顆粒中に硬さを制御する物質が含まれていると想

像されるが，その中身はいまだ不明である．顆粒のサイズからすると，傍輻帯細胞にはいくつかの種類が存在するようである．

クモヒトデの場合，傍輻帯細胞の細胞体は結合組織中にはなく，結節中や側神経中に存在している．細胞体は高電子密度の細胞質をもっており，このことでほかの細胞と区別できる．結節は基底膜で周りの結合組織から隔てられており，傍輻帯細胞の突起は，基底膜にあいた孔を通って結合組織中へと伸びていく[17]．この結合組織中へ伸びた突起は基底膜を伴っていない．傍輻帯細胞の細胞体や突起は側神経中や結節中では，下側神経系の細胞体や突起とともに存在しており，下側神経から傍輻帯細胞へのシナプスも，まれに存在している．このような形態から，傍輻帯細胞は特殊化した神経（神経分泌細胞）ではないかと考えられている．

6 棘皮動物神経系のユニークさ

棘皮動物の神経系は，大変にユニークなものである．ユニークな点をまとめておこう．

① 放射相称である．
② 中枢神経系がない．
③ 表皮神経叢のつくる神経網が発達し，体表をおおっている．
④ 神経の細胞体のサイズが小さく，軸索も細い．
⑤ 分化した構造をもつシナプスがほとんどみられない．
⑥ 筋肉層とそれを支配している神経層との間に結合組織層が存在する場合がある．
⑦ 神経が筋肉へと突起を伸ばさずに，筋肉の方から神経へと筋尾を伸ばすことがある．
⑧ グリア細胞をもたない．
⑨ おもな神経系が液のつまった腔（洞）を伴っている．
⑩ 体腔上皮中に神経叢をもつ．
⑪ 結合組織中に神経があり，それらうちのあるものは結合組織に特異的で

(たとえばスティコピン作動性神経や傍軫帯細胞),結合組織の硬さを支配している.

　体が放射相称だから,それに伴い神経系も放射相称になるのは当たり前といえば当たり前であるが(特異な点①),私たちになじみのある左右対称動物の神経系と,かなり違うのは確かだ.刺胞動物で典型的にみられるように,放射相称で動きのにぶいものでは神経網が発達しており中枢神経は未発達だが,棘皮動物でも同様であろう(特異な点②③).特に棘皮動物では特定の感覚器官がなく,感覚細胞は体表に広く散らばっており,運動器官である管足や棘も体中に散らばり,まとまった大きな筋肉の塊をもっていない.中枢神経系がないことや神経が細いこと(特異な点②④)はこれらと関係しているのだろう(比較的太い筋肉をもち,動きも素早いクモヒトデには,ある程度太い軸索が存在する).③の神経網は刺胞動物のものと同様かというと,どうもそうでもないようだ.棘の根元や管足の根元では表皮神経叢が肥厚して神経節(棘の場合は神経環)をつくっており,これがある程度「ミニ中枢的」にはたらいていると思われ,情報はハブとハブの間を直線的に伝わる.多数のハブがネットワークでつながって巨大な網の目の連絡網をつくりあげているインターネット.これに対比できそうなシステムが棘皮動物の神経系であり,動物界においてきわめてユニークなシステムだといっていい.

　シナプスがみられないこと(ユニークな点⑤)と,⑥の結合組織層を神経伝達物質が伝わっていくという2点は関係しているかもしれない.たとえば,管足が縮む際にはあらかじめ結合組織が軟らかくなっていないとスムーズに縮めないかもしれず,神経叢から放出された神経伝達物質は結合組織層を拡散しながら,まずこれを軟らかくし,それから筋肉に達すれば円滑に収縮をひき起こせるだろう.もしこのようにはたらくとすれば,シナプスという特定の狭い範囲に放出部位を限る必要はない.ただしこれでは,局所的にある筋肉のみを収縮させるという要請には対応しにくい.そういう場面のために,棘皮動物は筋尾をもっているのではないだろうか(ユニークな点⑦).棘皮動物の筋肉は,先端が長く伸び,神経の近傍まで行っている場合がある.「尾」の部分には収縮装置はなく,神経からの興奮を伝える機能をのみもっていると思われている.

つまり，神経が筋肉の所へいって情報を伝えるのではなく，筋肉のほうが神経の所に情報をもらいにいっているわけである．筋尾は線虫やナメクジウオにもみられ，必ずしも棘皮動物特有のものではないが，これも棘皮動物の神経情報伝達系のユニークな点としてあげることができるだろう．

　棘皮動物の神経系にはグリア細胞がない（ただしクモヒトデにはグリアがみられる場所もまれに存在するし，ウミシダにもグリアとしてはたらく細胞がみられるという主張もある）．グリア細胞のない点（⑧）と，⑨ 神経が液のつまった腔を伴っていることとは関係があるのではないかと筆者は想像している．グリアの役割の1つに神経への栄養供給があり，この腔がその役割を担っていると考えたいのである．

　棘皮動物の神経系は，表皮由来のものであれ体腔上皮由来のものであれ，もともとは液に面していたものである（表皮由来なら海水，体腔上皮由来なら体腔液）．その祖先的な形質を保ちつづけているのが棘皮動物の神経系なのであろう．液のつまった腔に神経が面していれば，これを介して栄養や酸素も得られるだろうし，また液を介して（神経分泌的に）情報をやりとりすることもできるだろう．先ほどスティコピン分泌細胞が腔へとスティコピンを分泌してホルモン様のはたらきをしているのではないかと推測した．また，管足の結合組織中を神経伝達物質が伝わっていくということも述べたが，棘皮動物の神経系は，古典的な神経としてだけではなく，同時にホルモンやオータコイド（局所ホルモン）としても普通にはたらいており，そのことに腔が関与していると想像している．棘皮動物のようにゆっくりとしか動かない動物にとっては，このような神経にもホルモンにもはたらけるシステムのほうが，かえって都合がよいのかもしれない．

　⑩ 体腔上皮中に神経叢があることと，⑪ 結合組織中に結合組織特異的な神経要素があり，それらは結合組織の硬さを支配していることとは，棘皮動物の神経系のきわめてユニークなところである．もしこれらが中胚葉由来の神経であれば，そのユニークさはここにきわまるだろう．

　20世紀後半に棘皮動物の神経系を電気生理学的手法と電子顕微鏡とを用いてまじめに研究した唯一の人間であるCobbは，引退するにあたり，みずから「究極の憶測」とよぶ仮説を出した[18, 19]．すなわち，下側神経系や結合組織中

の神経要素は中胚葉由来であり，もしかしたらこれらは筋肉から進化した「神経」ではないかというのである．つまり，筋肉が収縮装置を失い，いわば筋尾のみになったものが「神経」としてはたらいているのだと考えるのである．もちろん，結合組織中の神経要素は，（外胚葉由来である）外側神経系が結合組織へ侵入したものである可能性はあるのだが，Cobb はその可能性を否定する．なぜなら，外側神経系は中胚葉由来の組織と直接接することはなく，必ず基底膜を介して接するからである．それゆえ，結合組織中に基底膜に包まれずに「裸で」存在する神経要素は外胚葉由来ではないと彼は考える．

ただし，直接接する例がないわけではない．ウニ棘筋と外側神経系が接する部分では，基底膜が消失している場合があり，基底膜の存在は必ずしも胚葉の由来を考えるうえでの絶対の基準にはならないだろう．Mashanov[20]はナマコの放射神経を詳細に調べることによりこの点を吟味した．外側神経系と下側神経系を仕切っている基底膜にはところどころに孔があいており，2つの神経系間に直接の連絡が存在した．さらに放射神経の発生過程を調べ，下側神経は外側神経から分かれて出てくるものであって，中胚葉性ではなく外胚葉性であると主張している[21]．ただし棘皮動物の場合，変態の過程で，成体の神経系は幼生の神経系とは連続性をもたないため，成体の神経系が何胚葉由来なのかを形態だけで決定するのはきわめて困難である．Cobb の仮説の当否を決定するには，胚葉特異的な遺伝子の発現をみるというような研究が必要になる．

以上，棘皮動物のユニークさをまとめ，それらの意味づけを行ってみた．意味づけの部分は憶測にすぎない．はっきりいえる事実を並べただけなら，棘皮動物の神経系は不可解なものでしかなくなってしまうため（Cobb にならって引退間近の特権を利用し）きわめて大胆な憶測を行ってみた．

棘皮動物はあまり筋肉をもたず，そのかわり硬さ可変結合組織と防御となる骨格系を発達させた．棘皮動物は少しだけ動く動物であり，餌を求めて素早く動いたり敵からさっと逃げたりする必要がなく，そのため感覚器官や脳を必要としていない．管足も表皮も，多種類の機能を果たし，こういう多機能なものが体全体に分布している自律分散系が棘皮動物というものなのかもしれない．私たちのような中央集権型のものとはたいへんに違う．このような体のつくり

をもち生活をしている動物の神経系として，このユニークな神経系が進化してきたのだと思う．神経にしても，オータコイドやホルモンの機能を同時にもっている可能性が高い．

おわりに

　ガンガゼというウニがいる（**図2a**）．このウニは棘で光を感じ，影に素早く反応して棘を振り動かす．これは放射神経を介する反射である．普段は光を感じた棘から一番近い放射神経が反射の中枢になるが，それを破壊した場合，残りの4本の放射神経のうちの一番近いものまで入力情報が伝わって反射が起こる．それを破壊すればさらに遠くまでいって，放射神経が1本でも残っていれば，ちゃんと反射が起きるのである（反射時間は遅くはなるが）．固定された中枢やルートがないからこそ，こういう芸当ができるわけで，きわめて壊れにくく安全なシステムということもできるだろう．遅くても頑健なシステム——せっかちな現代人はこういうものをあまり評価できないのではないだろうか．

　しかし風向きは変わってきたのかもしれない．インターネットに初めて接した際，これはガンガゼだなあと感じた．ルートがあらかじめ固定されておらず，そのつどそのつど探しながらいっても，ちゃんとたどり着いてしまう．

　棘皮動物は感覚器官も効果器も分散しており，神経の入力もいろいろ，出力もいろいろ，そして神経の経路もいろいろである．「ここをこう刺激したら必ずこういう反応が起こせる」とはなかなかならない．だから研究が困難なのである．こんな「あやふやであいまいな」システムではたしてうまくやっていけるのかと（ウニのために）心配していたのだが，インターネットを知って，これだ！と思った．ウニはインターネットだ．最先端の発想なのだ．その発想に動物学者がついていけていなかったのだ．だから「棘皮動物とは，動物学者を困惑させようとして神様が特別にデザインされた高貴なる動物群なのだ」[22]とおっしゃる大先生もかつて存在し，この「名言」が今でもよく引用されるのだろう．こんな（手強いが謎解きの楽しみにあふれた）棘皮動物の神経生理学に興味をもつ若者が出てくることを切に願って本章を終える．

引用文献

1) Heinzeler, T., Welsch, U. (2001) *The echinoderm nervous system and its phylogenetic interpretation* (eds. Roth, G., Wullimann, M. F.), pp.41-63, Wiley
2) Motokawa, T. (1988) Catch connective tissue: a key character for echinoderms' success. In Echinoderm Biology (eds. Burke, R.D., *et al.*), pp.39-54. Balkema
3) Wilkie, I. C., *et al.* (2004) Mutable collagenous tissue: Recent progress and an evolutionary perspective. *Echinoderms: München* (eds. Heinzeller, T., Nebelsick, J. H.), pp.371-378, Balkema
4) Birenheide, R., *et al.* (2000) Cirri of the stalked crinoid *Metacrinus rotundus*: neural elements and the effect of cholinergic agonists on mechanical properties. *Proc. R. Soc. Lond. B*, **267**, 7-16
5) Motokawa, T., Tsuchi, A. (2003) Dynamic mechanical properties of body-wall dermis in various mechanical states and their implications for the behavior of sea cucumbers. *Biol. Bull.*, **205**, 261-275
6) Tipper, J. P., *et al.* (2003) Purification, characterization and cloning of tensilin, the collagen-fibril binding and tissue stiffening factor from *Cucumaria frondosa* dermis. *Matrix Biol.*, **21**, 625-635
7) Tamori, M., *et al.* (2006) Tensilin-like stiffening protein from *Holothuria leucospilota* does not induce the stiffest state of catch connective tissue. *J. Exp. Biol.*, **209**, 1594-1602
8) Takemae, N., *et al.* (2009) Low oxygen consumption and high body content of catch connective tissue contribute to low metabolic rate of sea cucumbers. *Biol. Bull.*, **216**, 45-54
9) Motokawa, T., *et al.* (2004) Contraction and stiffness changes in collagenous arm ligaments of the stalked crinoid *Metacrinus rotundus* (Echinodermata). *Biol. Bull.*, **206**, 4-12
10) Motokawa, T. (1987) Cholinergic control of the mechanical properties of the catch connective tissue in the holothurian body wall. *Comp. Biochem. Physiol.*, **86C**, 333-337
11) Biernheide, R, *et al.* (1998) Peptides controlling stiffness of connective tissue in sea cucumbers. *Biol. Bull.* **194**, 253-259
12) Inoue, M., *et al.* (1999) Localization of the neuropeptide NGIWYamide in the holothurian nervous system and its effects on muscular contraction. *Proc. R. Soc. Lond. B*, **266**, 993-1000
13) Kato, S. *et al.* (2009) Neuronal peptides induce oocyte maturation and gamete spawning of sea cucumber, *Apostichopus japonicus*. *Dev. Biol.*, **326**, 169-176
14) Tamori, M. *et al.* (2007) Stichopin-containing nerves and secretory cells specific to connective tissues of the sea cucumber. *Proc. R. Soc. Lond. B*, **274**, 2279-2285
15) Florey, E., Cahill, M. A. (1977) Cholinergic motor control of sea urchin tube feet. Evidence for connective tissue involvement in motor control. *Cell Tissue Res.*, **177**, 195-214
16) Wilkie, I. C. (1979) The juxtaligamental cells of *Ophiocomina nigra* (Abildgaard) (Echinodermata: Ophiuroidea) and their possible role in mechano-effector function of collagnous tissue. *Cell*

Tissue Res., **197**, 515-530
17) Mashanov, V. S., *et al.* (2007) Juxtaligamental cells in the arm of the brittlestar *Amphipholis kochii* Lütken, 1872 (Echinodermata: Ophiuroidea). *Russian J. Marine Biol.*, **33**, 110-117
18) Cobb, J. L. S. (1989) Enigmas of echinoderm nervous systems. *Evolution of the first nervous systems* (ed. Anderson, P.V.A.), pp.329-337, Plenum
19) Cobb, J. L. S. (1995) The nervous systems of Echinodermata: Recent results and new approach. *The nervous systems of invertebrates: an evolutionary and comparative approach* (eds. Breidbäch, O. and Kursch, W.), pp. 407-424, Birkhäuser
20) Mashanov, V. S., *et al.* (2006) Ultrastructure of the circumoral nerve ring and the radial nerve cords in holothurians (Echinodermata). *Zoomorphology*, **125**, 27-38
21) Mashanov, V. S., *et al.* (2007) Developmental origin of the adult nervous system in a holothurian: an attempt to unravel the enigma of neurogenesis in echinoderms. *Evolution Development*, **9**, 244-256
22) Hyman, L. (1955) *The Invertebrates: Echinodermata,* pp.763, MacGraw-Hill.

参考文献

Harrison, F. W., Chia, F-S. (1974) *Microscopic Anatomy of Invertebrates*, vol. 14 Echinodermata. pp. 510, Wiley-Liss.

10 ホヤの神経系と行動

日下部岳広

> 　ホヤは脊椎動物に近縁な海産無脊椎動物である．成体は岩や桟橋の柱などに固着して移動能力をもたないが，オタマジャクシ型の幼生は固着場所を求めて海中を泳ぎ回る．脊椎動物のおもな神経伝達物質のほとんどが，ホヤ幼生の単純な神経系でも使われている．脊椎動物の神経系の基本設計は，ホヤとの共通祖先の段階ですでにできあがっていたらしい．ゲノム解読から得られた情報や蛍光イメージング技術を活用した最近の研究により，光や重力を感じる感覚器官と200に満たない少数の神経細胞からなる単純な神経系によって遊泳運動を制御するしくみが明らかになりつつある．

はじめに

　ホヤは脊椎動物に最も近縁な無脊椎動物で，世界中の海から2000種以上が知られ，かなり繁栄しているグループである．自由遊泳性の幼生を経て，変態して成体になると固着生活を送る．ホヤの幼生と成体はそれぞれのユニークな生活様式に適応した神経系をもっている．脊椎動物との共通性を保ちながらも独自の進化を遂げたホヤの神経系を紹介し，そこから垣間見えるホヤの生存戦略と脊椎動物の祖先の姿に迫ってみたい．

1 ホヤの生活史と多様性

ホヤは桟橋の支柱や養殖いかだ，養殖カゴ，ロープなど海中の人工構造物や海底の岩石，砂泥，藻類などに固着してプランクトンや有機物破片を摂食する付着動物である（**図1**）．一般に雌雄同体で，1つの個体が卵と精子の両方をつくる．通常自家受精はせず，別の個体の配偶子（卵，精子）と受精する．受精卵は発生してオタマジャクシ型をした自由遊泳性の幼生になり，変態して移動能力をもたない成体になる．

生活史と生殖様式から**単体ボヤ**と**群体ボヤ**に大別することができる．単体ボヤが有性生殖だけで増殖し独立した個体として生活するのに対し，群体ボヤは無性生殖で増えた個体が集まって群体（コロニー）を形成する．群体ボヤも有性生殖をし，コロニーの創始個体は単体ボヤと同じように受精卵からオタマジャクシ型の幼生を経て発生したものである．単体性，群体性の違いは必ずしも類縁関係を反映したものではなく，異なる系統で独立に群体性の種がみられる．

受精卵がオタマジャクシ幼生になるのに要する時間は，カタユウレイボヤ

図1 神経や発生の研究によく用いられるホヤ
(a)マボヤ（写真提供：真壁和裕博士）．東北地方では食用に養殖される．(b)カタユウレイボヤ．世界中の海に広く分布し，全ゲノム配列が解読されている．

（*Ciona intestinalis*）で約18時間，マボヤ（*Halocynthia roretzi*）で35時間である．オタマジャクシ幼生には口も肛門もなく，変態する場所を求めて餌も食べないで泳ぎ，適当な場所に付着すると変態する．成体のほとんどの器官は幼生では未発達で，変態の過程で形成される．

　群体ボヤの多くは体内受精で，比較的大きい卵を少数産み，親の体内でオタマジャクシ幼生まで発生する．群体ボヤ類のオタマジャクシ幼生は体が大きく，幼生の段階で成体の器官の分化がみられることが多い．また種数は少ないが，尾のない幼生になるものや幼生を経ないで直接的に成体に発生するホヤも知られている．

2 ホヤ幼生の遊泳行動

　カタユウレイボヤ卵は受精後およそ18時間（18℃）で孵化し，体長約1 mmのオタマジャクシ幼生になる（**図2**）．孵化後10時間ほどで，海中の岩やロープなどに固着して変態を始める．そののち2週間ほどかけて変態が完了し，固着性の成体になる．成体のホヤは移動することができず，幼生が決めた場所で一生を過ごす．わずか1日足らずの幼生期は，ホヤにとって一生を左右する重要な時期といえる．

　オタマジャクシ幼生は3,000個足らずの細胞からなる単純な構造をしている．尾の中心を脊索（notochord）が通り，その背中側に中空の神経管（neural tube）があって，腹側には内胚葉索がある．脊索の両側には横紋筋細胞が並び，

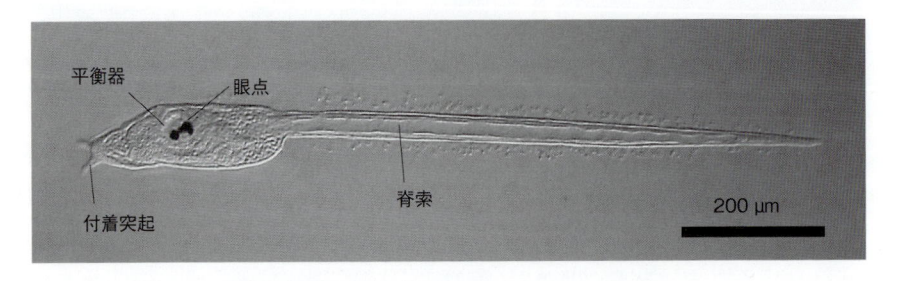

図2　カタユウレイボヤのオタマジャクシ型幼生

この収縮により尾を左右に振って泳ぐ．これらの器官の配置は脊椎動物とまったく同じで，ホヤが脊椎動物に近縁であることの証である．オタマジャクシ幼生の前端部には**付着突起**（adhesive organ）とよばれる構造があり，この部分で岩などに付着して変態を開始する．

　海中を漂う卵から孵化した幼生は，最初，水面に向かって泳ぐ．上昇運動を示すのは，孵化直後から4時間くらいまで（カタユウレイボヤの場合）であり，しばらくすると今度は逆に，海の底に向かって泳ぐ．このような行動パターンは，自分の生まれた場所から離れて適当な条件の場所に固着するために役に立つと考えられている．孵化直後の上昇運動とそれに続く下降運動は実験室でも再現が可能であり，カタユウレイボヤの場合，最初の上昇運動には重力が，そのあとの下降運動には光の刺激が遊泳方向を決定する要因であることが明らかになっている[1]．カタユウレイボヤは上昇期には光に対する反応を示さない．孵化後4時間目あたりから明暗の変化に反応するようになり，明条件下では遊泳が抑制され，暗刺激（明から暗）により活発な遊泳運動が誘起される．光に対する反応は種によって違いがあるらしく，いくつかの種において，上昇期には正の走光性を，下降期には負の走光性を示すことが報告されている．

3 ホヤ幼生の脳神経系と感覚器官

　ホヤ幼生には，遊泳行動のための神経系と感覚器が備わっている（**図3**）．中枢神経系は脊椎動物のそれと同様，胚の背側神経板に由来し，中空の神経管から形成される．その細胞総数は約330で，ニューロンに限れば約100しかない単純なものである．神経管は体幹部（頭部）で前端が膨らんで脳を形成している．脳は大きく2つの領域に分けられる．前側の大きな膨らみは**感覚胞**［sensory vesicle（脳胞）］とよばれ，実体顕微鏡で2個のメラニン色素細胞を容易に判別できる．2個の色素細胞は感覚器の一部で，前方に位置するのが**平衡器**［otolith（重力感知器）］，右後方にあるのが**眼点**［ocellus（光受容器）］である．感覚胞の後方の膨らみが**運動神経節**（visceral ganglion）で，尾部の運動を制御する**運動ニューロン**（motor neuron）を含んでいる．運動神経節の後ろには，上下左右各1列の細胞が尾部先端まで並んで中空の管をなし，**神**

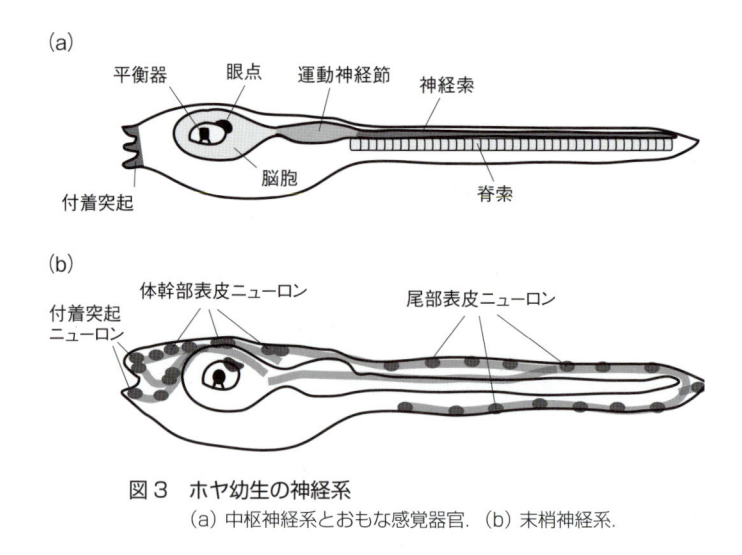

図3 ホヤ幼生の神経系
(a) 中枢神経系とおもな感覚器官. (b) 末梢神経系.

経索(nerve cord)とよばれる．運動ニューロンの軸索は神経索に沿って後方に伸び，尾部の筋肉とシナプスを形成している．

ホヤ幼生は中枢神経系に加え，おもに感覚ニューロンからなる末梢神経系をもつ(**図3**)．幼生の前端部には変態時に固着するための付着突起があるが，ここにはいくつかの感覚ニューロンが存在する．付着突起のニューロンの機能は解明されていないが，化学受容または機械受容のはたらきをもつ感覚ニューロンと考えられている．体幹部と尾部の表皮にも神経細胞が分布していて，**表皮ニューロン**(epidermal neuron)とよばれている．体幹部の表皮ニューロンは前方では背側正中から左右に広がって分布しており，中央部では背側の正中付近だけにみられる．尾部の表皮ニューロンは背腹両側の正中線に沿って並んでいる．

3.1 平衡器による重力感知機構

レーザー光の照射により，カタユウレイボヤ幼生の平衡器の色素細胞(耳石細胞)を破壊すると，上昇運動が失われる[1]．一方，眼点の色素細胞を破壊しても上昇運動は正常である．このことから平衡器が幼生初期の上昇運動に必要であることがわかる．耳石細胞を破壊した幼生も光刺激に対する反応は正常で，

上昇運動の消失は遊泳機能の一般的な異常ではなく，特異的であることがわかる．

耳石のメラニン色素はチロシナーゼにより合成される．適当な発生段階のカタユウレイボヤ胚をチロシナーゼの阻害剤である1-フェニル-2-チオ尿素

column

コラム

ホヤとナメクジウオはどちらが脊椎動物に近いか？

ホヤとナメクジウオは脊索動物に分類され，脊椎動物と類縁の深い動物であるが，どちらがより脊椎動物に近縁なのだろうか．近年，ゲノムプロジェクトや大規模な遺伝子配列の解析から推測された多数のタンパク質配列を用いて系統推定が行われるようになり，再現性の高い結果が得られるようになった．それによると，最初にナメクジウオが分岐し，そののちホヤと脊椎動物が分かれた．つまりホヤが脊椎動物に最も近縁である[23]．

こうした分子系統学の成果から，脊椎動物の祖先の姿を推測してみよう．ナメクジウオが最初に分岐したとすると，脊索動物の共通祖先はホヤのような固着性の生物ではなく，自由に動きまわっていたナメクジウオのような生物であった可能性が高い．したがって，ホヤの固着性は，ホヤの系統で独自に獲得された性質と考えたほうがよさそうである．ナメクジウオの全ゲノム配列が決定され，ナメクジウオと脊椎動物の間で染色体上の遺伝子の並び順がよく保存されていることが判明した．一方，ホヤと脊椎動物の間では遺伝子の並びは保存されていない．このことからも，ホヤは，脊椎動物の祖先から分かれたあとで，独自の進化を遂げた生物といえる．

このように，脊椎動物の祖先は現在のホヤとはまったく異なる姿であったと推測されるが，ナメクジウオは祖先の姿をとどめた生きた化石といえるだろうか．ナメクジウオにはなく，ホヤと脊椎動物に共通の形質がいろいろと知られている．たとえば，ホヤの視物質ロドプシンや細胞接着分子カドヘリンは，明らかに脊椎動物と同じタイプであるが，ナメクジウオのものはむしろほかの無脊椎動物に近い．ホヤには脊椎動物の生殖をつかさどる脳ホルモンGnRHがあるが，ナメクジウオでは見つかっていない．さらに，**コラム**「神経堤細胞と頭部プラコード」で述べるように，神経堤細胞や頭部プラコードによく似たものがホヤでみつかっている．ナメクジウオで失われた可能性もあるが，いくつかの性質はホヤと脊椎動物の共通祖先で新しく獲得されたと考えるのが自然だろう．ホヤとナメクジウオのゲノムが解読されたことで，背骨をもつ前の私たちの祖先の姿が明らかになってきた．

（PTU）を含んだ海水中で発生させると，メラニンを欠いた耳石細胞が形成される．このような幼生は光には正常に反応するが，上昇運動を示さない[2]．カタユウレイボヤと同属のユウレイボヤ（*Ciona savignyi*）で，チロシナーゼ欠損突然変異体が同定された．この突然変異体の幼生は，PTUで処理したカタユウレイボヤ幼生と同様に，光に対しては正常な反応を示すが，上昇運動に異常がみられる[3]．これらの実験から，チロシナーゼが平衡器を介した上昇運動に必要であると考えられる．

　ところで平衡器の機能にはメラニンの存在が重要なのであろうか．発生過程でPTU処理を遅く開始すると，耳石細胞ではメラニンがつくられて着色するが，眼点では色素細胞の色素を欠いた幼生をつくることができる．このような幼生の上昇運動を調べたところ，平衡器にメラニンがあるにもかかわらず，上昇運動はみられなかった[2]．したがって，PTU処理によってもたらされた上昇運動の喪失はメラニンの欠損によるものではない可能性がある．

　PTU処理を施した幼生の平衡器にはメラニンの欠損以外にも異常があることが知られている[2]．正常な幼生の平衡器の耳石細胞にはカリウム，カルシウム，亜鉛が多量に蓄積されているのだが，PTU処理幼生の耳石細胞にはこれらの元素が周囲の組織と同程度しか存在しなかった．PTU処理のタイミングを調節して得られた平衡器だけがメラニン色素をもつような幼生でもカリウム，カルシウム，亜鉛の蓄積が失われていることから，PTU処理による上昇運動の欠損は，メラニンがつくられないことによるものではなく，これらの金属の蓄積が失われたことと関係がある可能性が高い．

　平衡器の耳石細胞は脳胞内腔に腹側の壁面から突出した，気球のような形をした細胞である．基部付近の2つの細胞が内腔に向けてそれぞれ突起を伸ばし，突起の先端部が細いバネのような構造で耳石細胞の表面とつながっている[2]．つまりメラニン色素を含んだ耳石は，耳石細胞の「根元」と別の細胞から伸びた2つの「バネ」の3点で支えられている．金属の蓄積により，耳石細胞のメラニン色素塊は周囲に比べて比重が大きいと考えられる．そのためホヤ幼生が体の向きを変えると耳石細胞にひずみが生じ，耳石を支える3つの構造がそれを検知することにより鉛直方向に対する体位を検出すると考えられている[2]．

　脊椎動物は平衡感覚を内耳で感じている．内耳の音を感じるはたらきと平衡

感覚のはたらきは密接な関係にあって，内耳を聴覚器と平衡覚器に分離することはできない．内耳にはメラニンをもつ色素細胞（メラノサイト）があるが，内耳のメラノサイトが欠損すると難聴になる．チロシナーゼ欠損によりホヤ幼生の平衡器の機能にメラニン色素細胞がかかわっていることと関連して興味深い．

3.2 ホヤ幼生の光受容器

昆虫や頭足類の網膜の光受容細胞［**視細胞**（photoreceptor cell）］は光を感じる部分［**外節**（outer segment）］が微絨毛（細胞表面の微小な突起で，内部にはアクチン繊維の芯がある）でできていて**感桿型視細胞**（rhabdomeric photoreceptor）とよばれる．一方，脊椎動物の視細胞は繊毛（微絨毛とは違い，チューブリンを主成分とする軸構造をもつ）が特殊化してできた外節をもつ**繊毛型視細胞**（ciliary photoreceptor）である．感桿型視細胞と脊椎動物の繊毛型視細胞では，違うタイプの光受容体タンパク質［視物質**オプシン**（opsin）］が使われており，視物質が光を受けとったのち，細胞内ではたらく情報伝達系も大きく違っている．さらに，視細胞は光の情報を電気信号（細胞膜の電位変化）に変換して神経系に伝えるが，脊椎動物の視細胞と感桿型視細胞では，光の情報は反対方向の電位変化に変換される．脊椎動物では電位がより負へと変化する（過分極）のに対し，感桿型視細胞では普通の神経細胞と同じように，正の方向に変化する（脱分極）．

ホヤ幼生の眼点は1個の色素細胞，3個のレンズ細胞，約30個の視細胞で構成される単純なものである．視細胞は脊椎動物の視細胞とよく似た繊毛型で，過分極性の応答を示す．この眼点が幼生の遊泳行動の光応答にかかわることは，レーザーによる眼点の破壊実験やオプシン遺伝子の機能阻害実験により証明されている[1,4]．

カタユウレイボヤの幼生から脊椎動物の視物質オプシンとよく似たオプシンが見つかり，Ci-opsin1と名づけられた[5]．Ci-opsin1は脊椎動物以外で見つかった初めての脊椎動物型視物質オプシンである．Ci-opsin1をコードするメッセンジャーRNA（mRNA）の発現は幼生の眼点視細胞に特異的であり，Ci-opsin1タンパク質は眼点の視細胞外節に局在する[7,8,9]．ホヤでは，遺伝子と

相補的な配列をもつDNA類似物質（antisense morpholino oligonucleotides）を受精卵に注入することにより，調べたい遺伝子のはたらきを抑えることができる（遺伝子ノックダウン法）．これにより *Ci-opsin1* 遺伝子のはたらきを抑えたところ，孵化した幼生の視細胞外節に視物質（Ci-opsin1）が検出されず，光に対する幼生の遊泳行動が失われた[4]．遊泳行動に対する光の作用スペクトルと培養細胞に発現させたCi-opsin1の吸収スペクトルはほぼ完全に一致した[6]．これらの実験により，Ci-opsin1は幼生の眼点の視物質であり，Ci-opsin1による光受容を介して遊泳行動の変化がもたらされることが示された．

脊椎動物は左右1対の眼をもっている．ところがホヤの幼生には色素細胞をもつ眼点が1つだけある．Ci-opsin1の局在を調べたところ，脳内には，これまで知られていた色素眼杯に囲まれた光受容部（外節）をもつ視細胞（I型）以外にも2つのタイプの視細胞があることがわかった[6]．細胞体はI型視細胞とともに眼杯を取り囲んでいるが，外節は眼杯の外側に位置するII型視細胞，眼点色素細胞とは反対側の左腹側に位置するIII型視細胞である．I型視細胞と異なり，II型およびIII型視細胞は外節を脳室に突出させている．眼杯にレーザー光照射をすると，I型およびII型視細胞が破壊されるが，III型視細胞は無傷で残る．このような幼生は，遊泳運動自体は正常だが，光に対する遊泳行動を示さない．したがって，III型視細胞のみでは幼生の光遊泳行動に不十分であることがわかる．

III型視細胞の発見により，ホヤ幼生の脳胞にも左右に1つずつの光受容器があることが明らかになった．これらは脊椎動物の対になった眼（側眼）と対応するものであろうか．哺乳類以外の多くの脊椎動物では，脳の一部である**松果体**（pineal organ）も光受容器としての機能を備えている．ホヤ幼生の眼点はいくつかの点で松果体に似ている[5]．脳の一部であること，神経板の左右両側に原基があること，個体発生において最初に機能する光受容器であること，その光受容が幼生にもたらす行動が似ていること，などである．魚類・両生類・爬虫類には，松果体と対をなし，光受容細胞を含む**副松果体**（parapineal organ）がある．副松果体はしばしば脳の左側に位置する．ホヤ幼生の右側に位置しI型およびII型視細胞を含む眼点と，左側に位置するIII型視細胞からなる新規な光受容器は，それぞれ松果体と副松果体に相同なのかもしれない．

脊椎動物の脳室に突起を伸ばす**髄液接触ニューロン**（CSF-contacting neuron）にも視物質オプシンをもつものが知られており，**脳深部光受容細胞**（deep brain photoreceptor cell）とよばれている．ホヤのII型およびIII型視細胞は脳室に突起を伸ばしている点で髄液接触ニューロンとも似ている[6]．ホヤの光受容器の発生機構と生理機能については未解明な点が多く，今後，背後にある遺伝子の進化やはたらきも含めて比較解析を行うことで，進化的な関係が明らかになるであろう．

3.3 感覚器から筋肉へ：遊泳運動の制御にかかわる神経回路網

中枢神経系全体のニューロン数がおよそ100と非常に少ないため，ホヤ幼生では，感覚入力から筋肉の駆動に至る神経回路網をニューロンレベルで完全に明らかにできることが期待される．神経回路網を解明するためには，**神経伝達物質**（nenrotransmitter）によるニューロンの分類や個々のニューロンから出た軸索の投射先が明らかにされなければならない．ホヤのゲノム研究が進んで多数の神経系特異的遺伝子が見つかり，その発現パターンにより神経細胞を区別できるようになった．神経伝達物質の合成や分泌にかかわるタンパク質をコードする遺伝子の発現パターンを調べることで，各神経細胞が神経伝達に用いる神経伝達物質を推測することができる．これらの遺伝子の転写調節領域（プロモーター）や遺伝子からつくられるタンパク質に対する抗体を利用することにより，特定の神経伝達物質を放出するニューロンの細胞体と神経突起を選択的に可視化することが可能になった．ここではまず，神経伝達物質の種類ごとに神経細胞の分布様式をまとめ，それらから推測されたホヤ幼生の行動発現にかかわる神経回路網について述べる．

A グルタミン酸

グルタミン酸は脊椎動物と無脊椎動物の両方で代表的な**興奮性神経伝達物質**として知られている．たとえば，節足動物の運動ニューロンと筋肉の間のシナプスではグルタミン酸が放出され筋収縮がひき起こされる．グルタミン酸は脊椎動物の中枢神経系の大半のニューロンに対して興奮性の作用を示し，グルタミン酸は光（視覚），機械刺激（聴覚・触覚），化学物質（嗅覚・味覚）などの

感覚受容や，神経発生，運動制御，学習と記憶など多岐にわたる神経現象に関与する重要な神経伝達物質である．

グルタミン酸作動性ニューロン（glutamatergic neuron）で特異的にはたらくタンパク質の1つに小胞型グルタミン酸トランスポーター（VGLUT）がある．哺乳類は異なる遺伝子にコードされた3種類のVGLUTをもっているが，カタユウレイボヤには *VGLUT* 遺伝子が1つしかなく，Ci-VGLUTと名づけられている．*Ci-VGLUT* 遺伝子の発現やCi-VGLUTタンパク質の局在を指標として，ホヤ幼生のグルタミン酸作動性ニューロンの分布や神経軸索の経路が明らかにされている[7]．

先述のように付着突起と体幹部・尾部の表皮に末梢ニューロンがあるが，これらのほとんどがグルタミン酸作動性である（**図4**）．これらは感覚ニューロンと考えられている．*Ci-VGLUT* 遺伝子のプロモーターにクラゲ由来の蛍光

column コラム

大脳・中脳・後脳の起源

脊椎動物の脳は，前側から後側にかけて順に，大脳，間脳，中脳，小脳，延髄に分かれている．さらに延髄の後方に脊髄が続く．こうした場所による構造と機能の違いは，神経管の発生初期の遺伝子発現にまでさかのぼることができる．神経管の一番前の領域では Otx とよばれる転写調節タンパク質（転写因子）の遺伝子がはたらき，そのすぐ後ろ側では Pax-2/5/8 やエングレイルド（En）という転写因子や FGF8 という細胞間シグナル分子の遺伝子が，さらにその後ろでは *Hox* 遺伝子群がはたらく．Otx がはたらく場所は前脳（大脳＋間脳）と中脳に，Pax2/5/8 や FGF8 がはたらく場所は中脳と後脳の境界に，*Hox* 遺伝子がはたらく場所は後脳と脊髄になる．

ホヤの脳は脊椎動物と比べるはるかに単純であり，形態の比較から脊椎動物の前脳，中脳，後脳と対応させるのはむずかしい．しかし，ホヤの神経管の発生過程でも，*Otx*，*Pax-2/5/8*，*En*，*FGF8*（ホヤでは *FGF8/17/18*），*Hox* などの遺伝子が脊椎動物と同じような順序で，前後に並んで発現する[24]．したがって，ホヤと脊椎動物の共通祖先の脳には前脳，中脳，後脳に相当する区別がすでにできあがっていたらしい．こうした遺伝子のはたらきをホヤと脊椎動物の間で比べることで，脊椎動物の脳がつくられてきた進化の過程が明らかになると期待されている．

グルタミン酸作動性ニューロン

GABA/グリシン作動性ニューロン

コリン作動性ニューロン

カテコールアミン作動性ニューロン

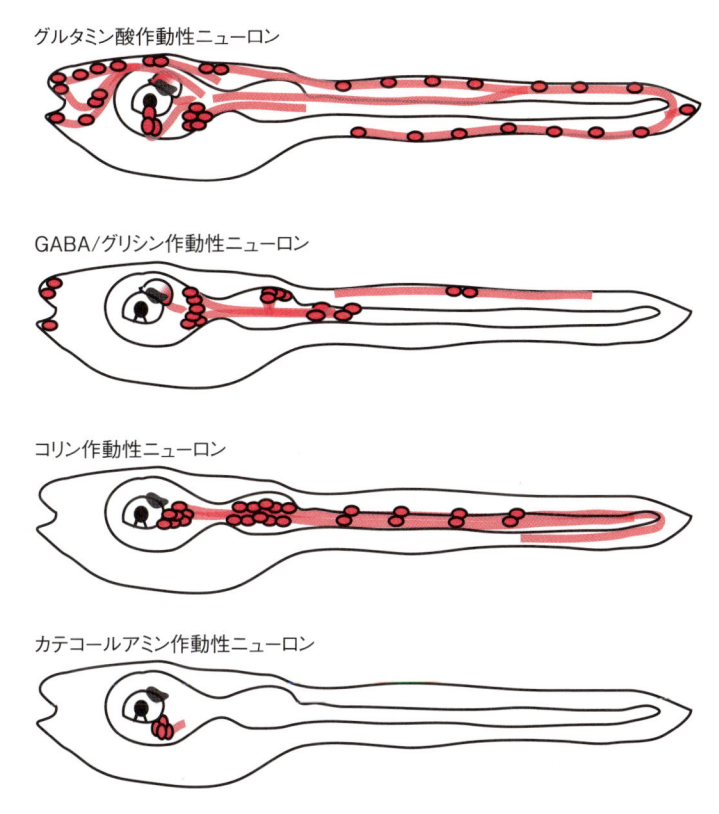

図4　ホヤ幼生のおもな神経伝達物質と神経細胞の分布
各神経伝達物質を放出する神経細胞は，それぞれ固有の場所に分布している．

タンパク質 GFP の遺伝子をつないだものをホヤの受精卵に入れると，発生した幼生のグルタミン酸作動性ニューロンの細胞体や軸索を蛍光で光らせることができる．このようにして軸索がどこまで伸びているかを調べたところ，付着突起のニューロンの軸索は近くにある表皮ニューロンに接続していた．体幹部の表皮ニューロンの軸索は，ごく一部を除いて中枢に向かって伸びており，脳胞の後部でシナプスを形成していることがわかった．尾部の表皮ニューロンは背腹の正中に沿って互いに接続しているが，その一部は分岐して神経管（神経索）に沿って前方に伸び，やはり脳胞の後部に入力していた．つまり，末梢の感覚ニューロンからの情報はほぼすべて脳胞の後部に入力していると考えられ

る．

　中枢神経系では，脳胞にのみグルタミン酸作動性ニューロンがあり，大きく2つのグループに分けられる（**図4**）．1つは視細胞や平衡器のニューロンで，これらは表皮ニューロンと同じく脳胞の後部に軸索を伸ばしている．もう1つのグループは脳胞後部に細胞体があり，後方の運動神経節まで軸索を伸ばしている．したがって，中枢でも末梢でもホヤ幼生の感覚ニューロンの神経伝達物質はおもにグルタミン酸と考えられる．なお，視細胞の一部はグルタミン酸以外の神経伝達物質を用いている可能性がある．

B アセチルコリン

　アセチルコリンもグルタミン酸と同様に，代表的な興奮性の神経伝達物質の1つである．脊椎動物では骨格筋の収縮を調節する延髄や脊髄の運動ニューロンの神経伝達物質であり，脳や自律神経系でも多くのシナプスでアセチルコリンが伝達に用いられている．また，多くの無脊椎動物でも運動ニューロンはアセチルコリンを使って筋収縮を制御している．アセチルコリンを神経伝達物質として放出するニューロンを**コリン作動性ニューロン**（cholinergic neuron）という．

　コリン作動性ニューロンで特異的にはたらくタンパク質にコリンアセチルトランスフェラーゼ（ChAT）と小胞型アセチルコリントランスポーター（VAChT）がある．おもしろいことに，この2つは構造的にはまったく無関係なタンパク質だが，それぞれの遺伝子は哺乳類でも線虫やショウジョウバエでも染色体上の同じ場所にあって，同じ部位からmRNAの合成（転写）が始まるが，エキソンの使われ方の違いによって，それぞれのタンパク質がつくられる．このような遺伝子構造はホヤでも同じである[8]．

　VAChTの分布や遺伝子発現を指標にして，カタユウレイボヤのコリン作動性ニューロンの分布が調べられている[9]．コリン作動性神経細胞は，脳胞の一部と運動神経節，そして尾部の神経索に存在している（**図4**）．運動神経節には左右5対10個のニューロンが前後に並んでおり，あとで詳しく述べるように，これらの多くは，筋肉の収縮を調節する運動ニューロンと考えられる．

C γ-アミノ酪酸（GABA）／グリシン

　γ-アミノ酪酸（GABA）は，脊椎動物の脳や脊髄のシナプスで抑制性の神経伝達に使われる代表的な物質である．GABAは節足動物や線虫でも神経伝達物質として用いられている．線虫ではGABAが興奮性の神経伝達物質としてもはたらく．基本的なアミノ酸の1つであるグリシンもGABAと似た作用をもち，脊椎動物の中枢神経系の重要な**抑制性神経伝達物質**である．GABAが主として脳に存在するのに対して，グリシンは脳幹と脊髄に多く分布する．

　GABAとグリシンは，どちらも小胞型GABAトランスポーター（VGAT）によってシナプス小胞に蓄積されたあとに，シナプス間隙に放出される．そのためVGATは，抑制性ニューロン（GABA作動性ニューロンとグリシン作動性ニューロン）に特異的で，抑制性ニューロンの指標として用いられる．カタユウレイボヤには1個の*VGAT*遺伝子があり，その発現やタンパク質の局在により抑制性ニューロンの分布が調べられている[9]．ホヤ幼生では，付着突起，脳胞，運動神経節，尾部神経索の前方部，尾部中央の背側表皮に抑制性ニューロンが分布している（**図4**）．

　グルタミン酸脱炭酸酵素（GAD）はグルタミン酸からGABAを合成する酵素で，GABA作動性ニューロンに特異的なタンパク質である．したがって，VGATとGADの両方をもつニューロンが**GABA作動性**（GABAergic）で，VGATのみをもつニューロンが**グリシン作動性**（glycinergic）である可能性が高い．カタユウレイボヤ幼生のVGATをもつニューロンの大半は*GAD*遺伝子も発現しているので，多くはGABA作動性ニューロンと考えられる[10]．抗GABA抗体を用いた抗体染色（免疫組織化学）の結果もこの考えを支持している[11]．例外は尾部神経索の前方の2対のニューロンで，これらの細胞は*GAD*遺伝子を発現していないので，グリシン作動性の可能性が高い．あとで詳しく述べるように，この特徴的な2対のニューロンはホヤ幼生の運動制御に重要な役割をもつと考えられる．脳胞では多くのニューロンが*GAD*遺伝子を発現している．視細胞も一部はGABA作動性の可能性があり，光感覚の情報処理機構を考えるうえで興味深い．

　ホヤ幼生にGABAやピクロトキシン（A型GABA受容体のはたらきを抑える薬剤）を投与する実験により，遊泳運動におけるGABA神経伝達の役割

が調べられている[11]．海水中にGABAを加えると遊泳運動が抑制される．一方，ピクロトキシンを含んだ海水中では自発的な遊泳運動の頻度および持続時間が増加する．こうした実験結果からGABAが遊泳運動に対して抑制的な作用をもつと考えられる．

D セロトニン

　セロトニン，ドーパミン，ノルアドレナリンなどのモノアミン類は，脊椎動物の脳や自律神経系で神経伝達物質としてはたらき，ヒトの精神活動ともかかわりが深いことが知られている．たとえば，セロトニンの不足がうつ病などの精神疾患に関係しており，セロトニン系に作用する薬物が治療に用いられている．

　トリプトファン水酸化酵素（TPH）はセロトニン合成の律速酵素で，セロトニン作動性ニューロンの指標として用いられている．カタユウレイボヤ幼生の中枢神経系では，TPH遺伝子が運動神経節の中央部腹側の少数の細胞で発現する．尾の筋肉の一部でも発現し，おもしろいことにTPHのmRNAは筋肉細胞の細胞質全体ではなくごく一部の領域に局在する[12]．

　セロトニン自体の局在も抗セロトニン抗体を用いた免疫組織化学染色により調べられている．ファルジアマミラータ（*Phallusia mammillata*）というヨーロッパ産のホヤでは，セロトニンの局在が，脳胞の眼点付近と付着突起および尾部の表皮ニューロンで観察されている．一方，別の2種のホヤ（*Herdmania momus*, *Ascidia interrupta*）では脳胞の後部にセロトニンが局在しているという．一方，カタユウレイボヤ幼生でのセロトニンの局在については，これまではっきりとした結果は得られていない[12]．このように，セロトニンの局在はホヤの種間で違いがみられ興味深いが，これが本当に種間の多様性を反映しているのかについては，さらに検討が必要と思われる．

　ホヤ幼生のセロトニンの役割については，TPH遺伝子の発現様式から遊泳運動の制御への関与が提唱されている[12]．また，セロトニンを含んだ海水中で幼生期が短くなり，変態が促進されるという報告もある．

E カテコールアミン

　モノアミンのうちドーパミンとノルアドレナリンはカテコール基をもつのでカテコールアミンとよばれる．ヒトの脳内のカテコールアミン類は覚醒，睡眠，記憶・学習，行動などに深く関与していることが知られている．また，運動の障害がみられるパーキンソン病は，脳の特定の部位のドーパミン作動性ニューロンが減少することが原因と考えられている．

　ニューロンに取り込まれたチロシンからチロシン水酸化酵素（TH）のはたらきによってドーパがつくられるのがカテコールアミンの生合成の第 1 段階で，芳香族アミノ酸脱炭酸酵素（AADC）によってドーパからドーパミンが，さらにドーパミン β 水酸化酵素（DBH）によってノルアドレナリンが合成される．TH はカテコールアミン作動性ニューロンに特異的に存在する．ホヤの *TH* 遺伝子は幼生では脳胞の腹側部の左側に位置する一部の細胞でのみ発現する[13]．TH 陽性細胞の大半はコロネット細胞とよばれる脳室に突出した球形の構造をもつユニークな形態の細胞で，少なくとも 1 個の細胞は後方に軸索様の突起を伸ばしているのが観察されている（図 4）．これらの TH 陽性細胞は抗ドーパミン抗体を用いた免疫染色でも染まるのに対し，ノルアドレナリンに対する抗体では標識されない．したがって，ホヤ幼生の TH 陽性細胞はドーパミン作動性であると考えられる．先に述べた，最近発見された III 型視細胞も脳胞腹側部の左側に位置するが，これらの細胞は形態的にも異なっていて，III 型視細胞のすぐ後方に TH 陽性細胞が隣接して存在している[13]．

　ホヤ幼生のコロネット細胞の機能については，水圧の感知にはたらくという説や光受容細胞であるとする説が提出されてきたが，現在ではどちらも否定されている．硬骨魚類の視床下部には血嚢体（saccus vasculosus）とよばれる構造がある．血嚢体にはホヤ幼生のものとよく似たコロネット細胞が存在し，脳室髄液の組成をモニターする化学センサーともいわれている[13]．ホヤの TH 陽性細胞が存在する場所は，そこで使われている遺伝子の共通性から脊椎動物の視床下部との相同性が指摘されている[13]．視床下部にはドーパミン作動性ニューロンが分布しており，この点でも脊椎動物との共通性がみられる．

　パーキンソン病からもわかるように，ドーパミンは脊椎動物で運動の制御と深くかかわっている．これからの類推と，ドーパミン陽性細胞の形態や経時変

column

コラム

神経堤細胞と頭部プラコード

神経堤細胞は，脊椎動物の発生初期に将来神経になる部位（神経板）と表皮になる部位の境界に生じる細胞集団で，体のさまざまな場所に移動して，末梢神経系，色素細胞，頭部骨格，副腎髄質などの組織を形成する．脊椎動物の特徴である鰓や顎も神経堤細胞によってつくられる．一方，眼，耳，鼻など脊椎動物の頭部にある主要な感覚器と内分泌中枢としてはたらく下垂体は頭部プラコードという構造からつくられる．頭部プラコードも神経堤細胞と同様，神経板と表皮の境界に生じる．神経堤細胞と頭部プラコードは脊椎動物に特有のものと考えられてきた．

カリブ海産のホヤ *Ecteinascidia turbinata* の幼生は巨大で，カタユウレイボヤやマボヤと違って，変態を始める前に幼生の体の中に成体器官がつくられる．最近，*E. turbinata* の幼生の脳と表皮の間に生じ，移動して色素細胞に分化する神経堤細胞によく似た細胞が発見された[25]．細胞表面のHNK-1という糖鎖抗原は神経堤細胞の指標とされているのだが，*E. turbinata* の移動性細胞にもHNK-1抗原がある．HNK-1陽性の移動性の細胞は他種のホヤにも存在し，やはり色素細胞に分化する．神経堤細胞は祖先生物では体表の色素細胞を形成するのにはたらいていたが，そののち，自律神経系や骨格などさまざまな組織へと分化する能力を獲得したことが，脊椎動物の進化に大きな役割を果たしたのかもしれない．

ホヤの幼生は消化管が未発達で，消化管の入口と出口，つまり口と肛門に相当する入水管と出水管は変態時に形成されるのだが，その由来は幼生の体内の頭部プラコードに似た原基である．脊椎動物では，Six-1/2，アイズ・アブセント（Eya），Pax-2/5/8などの転写調節因子がそろってはたらくことがプラコードの発達に重要である．最近の研究により，ホヤの入水管と出水管の原基でもSix-1/2，Eya，Pax-2/5/8などの転写調節因子がそろってはたらいていることがわかった[26]．入水管や出水管には感覚細胞があり，また入水管原基と下垂体の間には発達過程の類似性も知られている．私たちの眼や耳が祖先の口や肛門から進化したとしたら妙な気分だが，神経堤細胞も頭部プラコードも，起源は脊椎動物とホヤの共通の祖先までさかのぼることができそうである．

化の様子から，孵化後，時間とともに変化する遊泳行動の制御にドーパミンがかかわっている可能性が指摘されている[13]．

F ペプチド性神経伝達物質

比較的少数のアミノ酸が連結したペプチドも神経伝達物質としてはたらくことが知られている．ペプチド性神経伝達物質は，GABAなどほかの神経伝達物質と同じニューロンに共存することが多く，神経伝達を調節するはたらきをもつ．カタユウレイボヤ成体ではタキキニン，ゴナドトロピン放出ホルモン（GnRH）などのペプチドとその受容体が見つかっていて，いずれも成体の中枢神経系である**神経複合体**（neural complex）などに存在している[14-16]．

幼生におけるペプチド性神経伝達物質についてはまだよくわかっていないが，ペプチジルグリシン α-アミド化モノオキシゲナーゼ（PAM）やカルボキシペプチダーゼなどペプチド性神経伝達物質の産生に関与する酵素の遺伝子が幼生のニューロンで広く発現している．このことから，幼生の神経系にも多くのペプチド作動性ニューロンがあると考えられる．

G 尾部の運動を制御する神経回路

カタユウレイボヤ幼生の尾には左右に各18，計36（マボヤでは42）の横紋筋細胞が並び，左右の筋肉を交互に収縮させることにより泳ぐ．これまで神経伝達物質ごとにみてきたニューロンの分布や形態をもとに筋肉の収縮を制御する神経回路を考えてみたい（図5）．運動神経節には左右5対10個のコリン作動性運動ニューロンがあり，少なくともその一部は最前列背側の筋肉細胞とシナプスを形成している[9]．これらの興奮により筋収縮がひき起こされると考えられる．一方，運動神経節より後方の尾の基部にはVGAT陽性のニューロンが2対4個存在する[9]．これらのニューロンのシナプスからは抑制性伝達物質（おそらくグリシン）が放出されると考えられる．これら4つの抑制性ニューロンはいずれも左右の反対側の前方に軸索を伸ばし，反対側の運動ニューロンとシナプスを形成している．この神経回路により，左右の筋肉が規則的に交互に収縮と弛緩をくり返す運動パターンの発生をうまく説明することができる．

脊椎動物の延髄や脊髄には，遊泳，歩行，呼吸運動のようなリズミカルな運

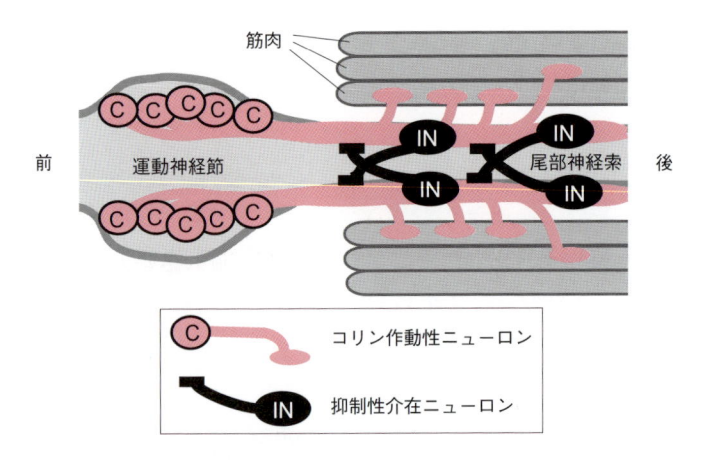

図5 ホヤ幼生の遊泳運動を制御する神経回路
運動神経節にはコリン作動性の運動ニューロン（C）があり，尾部の筋肉細胞とシナプスを形成している．運動ニューロンが興奮するとシナプスでアセチルコリンが放出され，筋肉細胞が収縮する．尾部神経索の前端部には抑制性の神経伝達物質（おそらくグリシン）を放出する2対の神経細胞（IN）が存在している．それぞれ前方の運動神経に向かって軸索を伸ばし，右側の細胞は左側の運動神経と，左側の細胞は右側の運動神経とシナプスを形成している．抑制性神経伝達物質は運動神経の興奮を抑える作用があるので，この神経回路は左右の筋肉が交互に収縮をするのに役立っていると考えられる．

動を自動的に発生させる神経回路があり，中枢パターン発生器（central pattern generator：CPG）とよばれている[17]．CPGにひとたび適当な刺激が与えられれば，あとは自律的にリズム運動を生成する．円口類（ヤツメウナギ）や両生類（アフリカツメガエル幼生）では脊髄の各分節にCPGがあって，グリシン作動性の抑制性ニューロンが左右の反対側に軸索を伸ばし興奮性ニューロンの活動を抑える回路を形成している．ホヤの運動神経節のコリン作動性ニューロンと抑制性介在ニューロンからなる神経回路は，脊椎動物のCPGとよく似ている．CPGの基本設計はホヤと脊椎動物の共通祖先で獲得され，私たちが普段なにげなく行っている歩行，咀しゃく，呼吸などのリズム運動の基礎となったのかもしれない．

脊椎動物ではセロトニンがCPGの活動の調節にかかわっている．先に述べたように，ホヤ幼生の運動神経節や脳胞後部にはセロトニン作動性ニューロンが存在することが報告されており，ホヤでもセロトニンによってCPGの調節が行われている可能性がある．

4 ホヤ成体の神経系と行動制御

　ホヤの体は全体が被囊とよばれる外皮におおわれている．被囊の主成分はセルロースであり，ホヤは動物としてはめずらしくセルロースをみずから合成することができる．被囊の内側には筋膜（体壁）があり，内臓諸器官をおおっている．体には2つの孔があり，一方が水や餌が流れ込む入水孔で，他方は排水や排泄物の流れ出る出水孔である．卵や精子も出水孔から海中に放出される．入水孔は薄いカゴのような袋状の鰓（鰓囊）につながり，ここで食物粒子をとらえて食道に送り込む．鰓囊の腹側正中を走る索状の構造は内柱（endostyle）とよばれ，ここから分泌される粘液が餌を捕捉するのに役立っている．内柱は脊椎動物の甲状腺の相同器官と考えられている．事実，原始的な脊椎動物であるヤツメウナギの幼生にも内柱があり，変態に伴って甲状腺になる．鰓囊には全面に無数の孔（鰓孔）があいていて，海水は鰓孔から囲鰓腔を経て出水孔から体外へ出る．食道は胃，腸とつながり，肛門は出水孔に向けて開いている．

　神経系は脊椎動物に比べはるかに単純である（図6）．入水孔と出水孔の間の筋膜直下に脳神経節（cerebral ganglion）があって，これが脳に相当する．脳神経節からは前方と後方にそれぞれ1対の神経（前方神経と後方神経）が出て出入水管や筋膜に分布し，後方にはもう1本の神経（内臓神経）が鰓囊や内臓に伸びている．脳神経節の腹側（種によっては背側）に密接して神経腺（neural gland）があり，脳神経節とあわせて神経複合体とよばれる．神経腺から前方に細い管が出て入水管基部（咽頭）につながり，後方には背索とよばれる構造が腸に沿って伸びる．興味深いことに，ホヤ成体の脳神経節は，全体を切除しても再生することが知られている．

　ホヤの成体ははっきり眼といえる器官はもたないが，光に対していくつかの反応を示すことが知られている．水槽にいるホヤに対して写真撮影用のフラッシュをたくと，ホヤは驚いたように体を収縮させ，入水管や出水管を引っ込める．いくつかの実験から，この行動は脳神経節が直接光を感じることによるものと考えられている．

　もう1つのよく知られている光に対する応答は，配偶子の放出（放精・放卵）のタイミングの制御である．ホヤの成体は固着生活を送るので，効率よく生殖

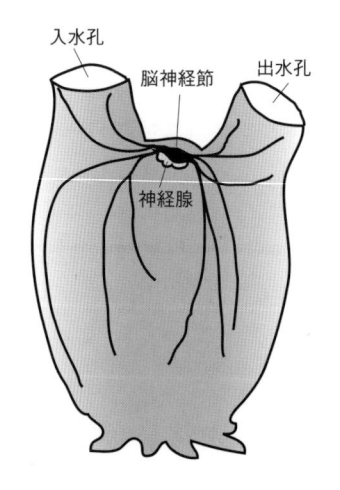

図6 ホヤ成体の神経系
脳に相当する脳神経節は，入水孔と出水孔の間の体表に近い場所に位置する．脳神経節から前方（入水孔側）と後方（出水孔側）に神経が出て全身に分布している．脳神経節の下（腹側）には神経腺とよばれる器官があり，両者をあわせて神経複合体という．

を行うためには，何らかの信号を使って，別の個体と同時に精子と卵を海中に放出しなくてはならない．ホヤは太陽光をその信号に使っているらしい．マボヤでは日の出後の決まった時刻に，同じ集団の個体がいっせいに放精・放卵を行う[18]．一方，カタユウレイボヤにGnRHを投与すると人工的に放精・放卵が誘導されることが報告されている[19]．GnRHとその受容体は脳神経節や背索に沿って分布しており，脳神経節で受容した光の情報は，GnRHを介して配偶子の放出を誘起するのかもしれない．

幼生の神経系に比べると，ホヤの成体の神経系の遺伝子・細胞レベルの研究はあまり進んでいない．成体で最も詳しく調べられているのが，上述したGnRHとその受容体の分布や役割についてである[14, 15]．ほかにタキキニンとその受容体，カンナビノイド受容体，ペプチド性神経伝達物質の合成に必要なプロホルモン変換酵素2（PC2）などについて，組織分布が調べられている[16, 20, 21]．

最近，トランスジェニック・ホヤ（外来の遺伝子を組み込んだ遺伝子改変ホヤ）系統を作製する技術が確立され，特定の組織や細胞ではたらく遺伝子のプロモーターを用いて，特定の細胞だけを蛍光標識したカタユウレイボヤの成体

がつくり出されている[22]．今後，こうしたトランスジェニック・ホヤを活用することによって，ホヤ成体の神経ネットワークが明らかにされるであろう．

おわりに

　世界中の海で繁栄しているホヤ．その単純な神経系は，太古の名残の原始的なものではなく，合理的で洗練されたがゆえの単純さを備えていることがわかってきた．研究が進むにつれて，予想以上に脊椎動物の神経系と似ていることも明らかになってきた．脊椎動物と同じ設計プランをもつ神経系の最も単純なモデルとして，ホヤを用いて個体まるごとの神経系がつくられ機能するしくみが細胞ひとつひとつのレベルで解明されようとしている．

引用文献

1) Tsuda, M., *et al.* (2003) Direct evidence for the role of pigment cells in the brain of ascidian larvae by laser ablation. *J. Exp. Biol.*, **206**, 1409-1417
2) Sakurai, D., *et al.* (2004) The role of pigment cells in the brain of ascidian larva. *J. Comp. Neurol.*, **475**, 70-82
3) Jiang, D., *et al.* (2005) Pigmentation in the sensory organs of the ascidian larva is essential for normal behavior. *J. Exp. Biol.*, **208**, 433-438
4) Inada, K., *et al.* (2003) Targeted knockdown of an opsin gene inhibits the swimming behaviour photoresponse of ascidian larvae. *Neurosci. Lett.*, **347**, 167-170
5) Kusakabe, T., *et al.* (2001) Ci-opsin1, a vertebrate-type opsin gene, expressed in the larval ocellus of the ascidian *Ciona intestinalis*. *FEBS Lett.*, **506**, 69-72
6) Horie, T., *et al.* (2008) Pigmented and nonpigmented ocelli in the brain vesicle of the ascidian larva. *J. Comp. Neurol.*, **509**, 88-102
7) Horie, T., *et al.* (2008) Glutamatergic networks in the *Ciona intestinalis* larva. *J. Comp. Neurol.*, **508**, 249-263
8) Takamura, K., *et al.* (2002) Developmental expression of ascidian neurotransmitter synthesis genes: I. Choline acetyltransferase and scetylcholine transporter genes. *Dev. Genes Evol.*, **212**, 50-53
9) Yoshida, R., *et al.* (2004) Identification of neuron-specific promoters in *Ciona intestinalis*.

Genesis, **39**, 130-140

10) Zega, G., *et al.* (2008) Developmental expression of glutamic acid decarboxylase and of gamma-aminobutyric acid type B receptors in the ascidian *Ciona intestinalis*. *J. Comp. Neurol.*, **506**, 489-505

11) Brown, E. R., *et al.* (2005) GABAergic synaptic transmission modulates swimming in the ascidian larva. *Eur. J. Neurosci.*, **22**, 2541-2548

12) Pennati, R., *et al.* (2007) Developmental expression of tryptophan hydroxylase gene in *Ciona intestinalis*. *Dev. Genes Evol.*, **217**, 307-313

13) Moret, F., *et al.* (2005) The dopamine-synthesizing cells of the sensory vesicle of the tunicate *Ciona intestinalis* are located only in a hypothalamus-related domain: implications for the origin of vertebrate catecholamine systems. *Eur. J. Neurosci.*, **21**, 3043-3055

14) Adams, B. A., *et al.* (2003) Six novel gonadotropin-releasing hormones are encoded as triplets on each of two genes in the protochordate. *Ciona intestinalis. Endocrinology*, **144**, 1907-1919

15) Kusakabe, T., *et al.* (2003) Structure, expression, and cluster organization of genes encoding gonadotropin-releasing hormone receptors found in the neural complex of the ascidian *Ciona intestinalis*. *Gene*, **322**, 77-84

16) Satake, H., *et al.* (2004) Tachykinin and tachykinin receptor of an ascidian, *Ciona intestinalis*: evolutionary origin of the vertebrate tachykinin family. *J. Biol. Chem.*, **279**, 53798-53805

17) Grillner, S. (1985) Neurobiological bases of rhythmic motor acts in vertebrates. *Science*, **228**, 143-149

18) Numakunai, T., Hoshino, Z. (1980) Periodic spawning of three types of the ascidian, *Halocynthia roretzi* (Drasche), under continuous light conditions. *J. Exp. Zool.*, **212**, 381-387

19) Terakado, K. (2001) Induction of gamete release by gonadotropin-releasing hormone in a protochordate, *Ciona intestinalis. Gen. Comp. Endocrinol.*, **124**, 277-284

20) Sekiguchi, T., *et al.* (2007) Further EST analysis of endocrine genes that are preferentially expressed in the neural complex of *Ciona intestinalis*: Receptor and enzyme genes associated with endocrine system in the neural complex. *Gen. Comp. Endocrinol.*, **150**, 233-245

21) Egertová, M., Elphick, M. R. (2007) Localization of CiCBR in the invertebrate chordate *Ciona intestinalis*: evidence of an ancient role for cannabinoid receptors as axonal regulators of neuronal signalling. *J. Comp. Neurol.*, **502**, 660-672

22) Sasakura, Y. (2007) Germline transgenesis and insertional mutagenesis in the ascidian *Ciona intestinalis*. *Dev. Dynam.*, **236**, 1758-1767

23) Putnam, N. H., *et al.* (2008) The amphioxus genome and the evolution of the chordate karyotype. *Nature*, **453**, 1064-1071

24) 西田宏記・西駕秀俊（2007）「背側神経管の出現」,『神経系の多様性：その起源と進化』（阿形清和・小泉 修 編）, pp.133-175, 培風館
25) Jeffery, W. R., *et al.*（2004）Migratory neural crest-like cells form body pigmentation in a urochordate embryo. *Nature*, **431**, 696-699
26) Mazet, F., *et al.*（2005）Molecular evidence from *Ciona intestinalis* for the evolutionary origin of vertebrate sensory placodes. *Dev. Biol.*, **282**, 494-508

参考文献

内田 亨・山田真弓 編（1986）『半索動物・原索動物』, 動物系統分類学 **8**（下）, 中山書店
佐藤矩行 編（1998）『ホヤの生物学』, 東京大学出版会
Meinertzhagen, I. A., *et al.*（2004）The neurobiology of the ascidian tadpole larva: recent developments in an ancient chordate. *Annu. Rev. Neurosci.*, **27**, 453-485
佐藤ゆたか・佐藤矩行（2005）「ゲノムからみたホヤの発生と進化」,『蛋白質核酸酵素』, **50**, 774-779
日下部岳広・堀江健生 他（2005）「ホヤ脳神経系の分子行動遺伝学 ―感覚受容から運動制御まで―」,『月刊 海洋』, 号外 **41**, 52-60

11 魚の味覚と摂餌行動

清原貞夫・桐野正人

　ナマズ目，ヒメジ科，コイ科の魚類は高度に味覚系を発達させ，それぞれ特徴ある摂餌行動を行う．ナマズは全身で味を感じて，餌の存在に気づく段階から，探索，口内への取り込みを経て摂取するまでの一連の摂餌行動を味覚だけで遂行できる．ヒメジは2本のヒゲを巧みに使って海底を探り，餌を探し出すことができる．キンギョやコイは泥と餌を一緒に口腔内に入れるが瞬時にそれを選別し，餌は飲み込むが食べられないものは吐き出す．これらの行動を解発する味覚神経のしくみを明らかにする目的で，味蕾の構造・機能・神経支配，第1次味覚ニューロンの構造と機能，延髄に存在する第1次味覚中枢の構造と機能，第1次味覚中枢と脳幹・脊髄での反射経路を紹介する．

はじめに

　脊椎動物の下位を占める魚類はヤツメウナギ類，軟骨魚類，硬骨魚類からなり，その種の数は22,000あまりで，全脊椎動物の半数近くに及ぶ．なかでも硬骨魚類の繁栄はめざましく，種の数は20,000あまりで，魚類全体の90％以上を占める．これら硬骨魚は地球上のあらゆる水環境に適応し，それぞれに種固有の生態的地位を築き特徴ある摂餌行動をみせる．このため，硬骨魚の味覚系の構造と機能においては著しい多様性がみられ，比較解剖学・生理学の格好

図1 実験に用いたおもな魚種
　上：ゴンズイ (*Plotosus japonicus*), 中央：オジサン (*Parupeneus trifasciatus*), ヒメジの仲間, 下：コイ (*Cyprinus carpio*). 写真提供：本村浩之博士. →口絵6参照

の材料である．ここでは味覚について，筆者が過去に行ったゴンズイ (*Plotosus lineatus*), オジサン (*Parupeneus trifasciatus*), コイ (*Cyprinus carpio*) (**図1**) などでの研究成果を中心に，味蕾 (taste bud, **Key Word** 参照) の構造・分布・神経支配，第1次味覚ニューロンの構造と機能，第1次味覚中枢の構造・機能，脳内の味覚の投射経路について紹介し，味覚を介して摂餌行動が起こる神経のしくみについて解説する．

1 味蕾の構造

　硬骨魚の味蕾には形態が著しく異なる3種類の細胞が存在する (**図2**)[1-3]．内部に管状構造 (tubular structure) を多くもつt-細胞 (電子顕微鏡で観察す

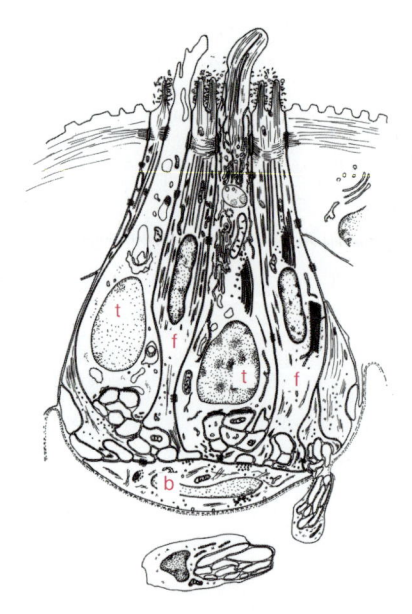

図2　魚類の味蕾の模式図
t：t-細胞，f：f-細胞，b：基底細胞．文献21より引用．

ると明るく見えるので明細胞ともいう），内部に細繊維（filament）を多くもつf-細胞（電子顕微鏡観察では暗く見えるので暗細胞ともいう），基底部にだけ存在する基底細胞の3種類である．t-細胞とf-細胞は長軸に伸びて味蕾の中の大部分を占め，味孔の部分で外界と接している．そこには，t-細胞の先端である棍棒状の突起と，f-細胞の先端部である微絨毛がみられる．

　t-細胞はf-細胞で周りを取り囲まれ，この形態は脳におけるニューロンとグリア細胞の関係に似ており，f-細胞はt-細胞の支持の役目を果たしていると考えられる．基底細胞は味蕾の基底部にだけ存在し外界に接することはない．その中にはやがてt-細胞かf-細胞に分化していく未分化の細胞と，機械受容性のメルケル細胞に酷似したものの2種類が存在するといわれている[4]．味蕾内の細胞は入れ替わり，これはターンオーバーといわれている．14℃，22℃では味蕾細胞はそれぞれ40，15日の平均寿命をもつ[5]．シナプス様構造はt-細胞と神経間に最も多くみられる．また基底細胞と神経間でもみられ，基底細胞が味蕾内で何らかの情報伝達に関与すると思われる．

これらの細胞の機能については，t-細胞を受容器細胞としf-細胞を支持細胞とする考えがある[4]．これはチャンネルキャットフィッシュ（*Ictalurus punctatus*）でアラニン受容体とアルギニン受容体の存在を組織化学的に調べた結果で支持されている．両受容体は1個の味蕾内にみられ，それぞれ異なったt-細胞の突起で確認されている[6]．一方，t-細胞とf-細胞とも受容器細胞であり，味覚情報は味蕾内細胞と神経繊維との間で伝達され，加えて味蕾内細胞間（たとえばf-細胞と基底細胞）でも伝達されるとする考えもある[5]．これらについてはまだ決定的な結論は出ていない．

2 味蕾の分布

魚類の味蕾は一般に口唇と口腔内にみられるが，魚種によっては唇から尾鰭に至る体表全体に分布するケースもある[2,3,5]．その最も極端な例がナマズ目に属する魚種である．ナマズの一種 *Ictalurus natalis* で体長25 cmのものでは，体表に分布する味蕾数は約175,000個で，全味蕾数の90％以上にも達する[4]．このうち胴体部に約100,000個ある．このように膨大な数の味蕾が体表に存在していることから，ナマズは体全体で味を感じ味覚によって餌を探す能力が高いといえる．コイ科の魚では，体表味蕾は頭部や胸鰭に限定されており味蕾のほとんどは口腔内にみられる．具体例として体長6 cmのモツゴでは，味蕾は口腔内に約6,600個あり，全体の86％にあたる[4]．

各部位での味蕾の分布を詳しくみてみると，味蕾が刺激を受けやすいように配置されており，それが摂餌行動と密接にかかわっていることがわかる．たとえば，ゴンズイとヒメジではヒゲの味蕾の分布は明らかに異なっている（図3）[1]．ゴンズイの味蕾の分布密度はヒゲの基部から先端にいくにつれ増加しており，面的には各ヒゲを前方に伸ばした場合，上顎のヒゲでは下側，下顎のヒゲでは上側が高密度で，次はその反対面に多く，側面には非常に少ないのが特徴である．すなわち，味蕾は各ヒゲの先端の吻側により多く分布する．ゴンズイの摂餌行動を観察すると，水中でヒゲを指のように使って餌を探すので，最も餌に接する機会の多い面の上皮に味蕾は集中的に存在しているといえる．一方，ヒメジの場合は，味蕾密度は先端にいくにつれ増加する点では一致する

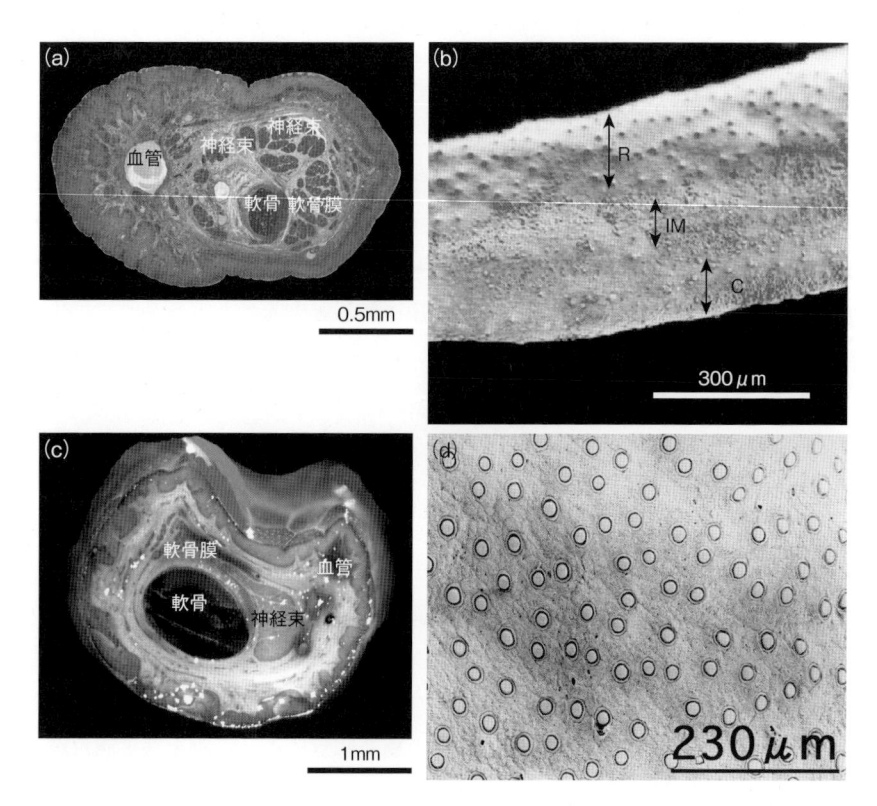

図3 ゴンズイとヒメジのヒゲの構造と味蕾分布
(a) ゴンズイのヒゲの横断面．(b) ゴンズイの鼻ヒゲ表面味蕾は吻側（R）に最も多く，ついで尾側（C）で，その中間（IM）ではほとんどみられない．(c) ヒメジのヒゲの横断面．(d) ヒメジのヒゲ表面で，味蕾は均等に高密度で分布している．文献8，9より改変引用．

が，面的にはヒゲ全体に一様に分布している（**図3**）．これは，ヒメジが海底の砂泥中にヒゲを入れて激しく動かしながら餌を探すのに都合がよいからであろう．

コイ科の魚の口腔内味蕾は，天井側に発達した口蓋器と鰓の支持器官である鰓弓（**Key Word**参照）の背側に隆起した鰓耙に高密度に分布する（**図7，11，12**も参照）．

3 味蕾の神経支配

味蕾は脳神経の**顔面神経**・**舌咽神経**・**迷走神経**に支配される[1-5, 7]. 体表と口腔内前方の上皮の味蕾は顔面神経に支配され，つづく口腔内上皮に存在する味蕾は前方から順に舌咽神経，迷走神経に支配される．以下にゴンズイのヒゲ，ヒメジのヒゲ，コイの口蓋器の神経支配について詳しく紹介する．

3.1 ゴンズイヒゲの味蕾の神経支配

ヒゲ神経は三叉神経と顔面神経の複合枝である．この神経枝はヒゲの先端に向かって走行しながら一定の間隔で分枝を出し，真皮と上皮との間で網目を形成する（**図 4a～c**）[1, 8]. 網目からは一定の間隔で表面に垂直に 1 対の繊維束が生じ，各繊維束はさらに二分してそれぞれ味蕾の底部に入り神経叢（**Key Word** 参照）を形成する（**図 4d**）. 味蕾内では神経繊維の大半は基底部で複雑に入り乱れているが，一部は神経叢の部分から垂直に数 μm 伸長して，その終末は楕円状に膨らむ（**図 4d**）．味覚神経繊維はシナプス部位で膨らんで終わるという電子顕微鏡での所見があるので，これらは味蕾内の細胞とシナプス結合していると推察される．1 つの網目は長軸 240～400 μm，短軸 100～250 μm の通常六角形を呈し，1 つの網目から多い場合 40～50 個の味蕾に入る繊維束がみられる．この網目はヒゲの先端にいくにつれ小さくなり，かつ口唇側とその反対側でより小さく，その間では非常に広くなる．つまり，網目が小さいと味蕾の分布密度が高いといえる．味蕾に入らないで上皮中や真皮中で終わる繊維も多数存在する．また，味蕾の周りに終わる繊維もしばしば観察され，これはいったん味蕾内に入った繊維の一部が味蕾の外周を取り囲むように走行するものである．

以上のことからわかるように味覚上皮組織に分布する神経繊維は，味蕾に終わる繊維，味蕾の周囲に終わる繊維と上皮で自由神経終末として終わる繊維の 3 種がある．味蕾内とその周囲に終わる繊維は顔面神経，上皮中に自由神経終末として終わる繊維は三叉神経と思われる[8].

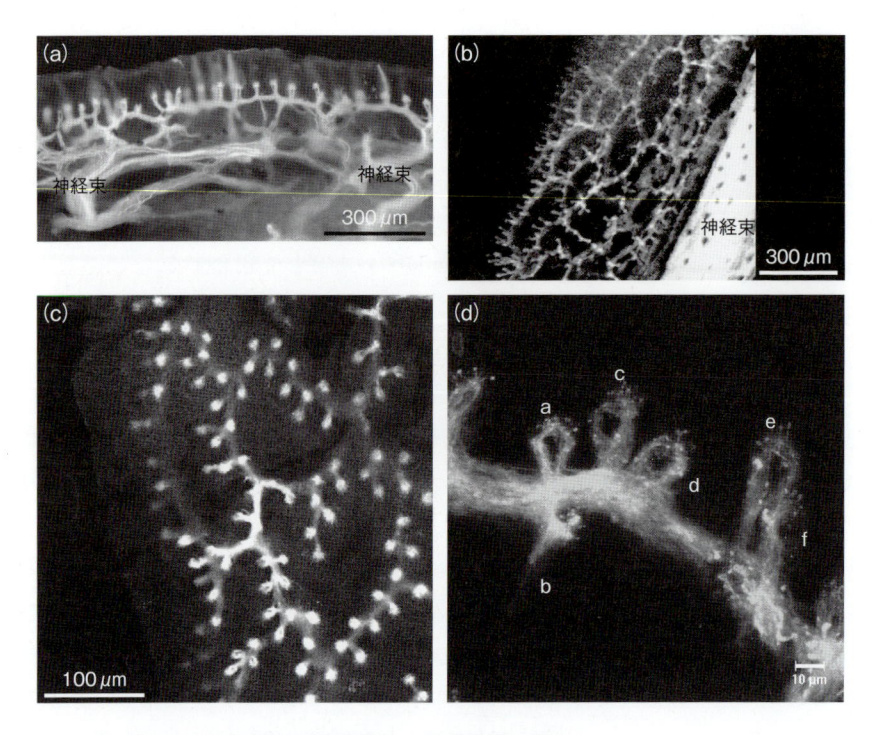

図4 ゴンズイのヒゲ上皮下で蛍光標識した神経繊維の分布
(a) ヒゲの縦断面の写真．深部の太い神経束より上に向かい多数の小束が伸びており表皮下の味蕾の内部に終わるのがわかる．味蕾も一部標識されている．(b) ヒゲの表面からみた標識繊維．写真の左側がヒゲの吻側を示し，多数の網目状の繊維束が標識されている．写真の右側は下に太い神経束が標識されているために表皮下の繊維束は識別できない．(c) 網目の拡大写真．味蕾に入る神経終末部位の高さとそこより17μm下側の2枚の共焦点レーザー顕微鏡写真を合成したもの．表皮直下の神経繊維束が網目を作り，そこより表皮方向に垂直に小繊維束が生じているのがわかる．網目から出る小繊維束は対になっており，個々の終末は味蕾の底部に入っている．右下の1つの網目から40個ほどの終末がみられ，同数の味蕾がその網目で支配されている．(d) 味蕾を支配する小繊維束の拡大表示．各小繊維束は味蕾に入る直前に二分して，味蕾の下端の両側から入り神経叢を形成する．一部の神経繊維はさらに上に伸びて，膨らんで終わる．aとb，cとd，eとfが対になっている．文献8より改変引用．

3.2 ヒメジヒゲの味蕾の神経支配

オジサンのヒゲ神経には明瞭な機能的な単位が存在する（図5）[9]．それは1つの**長軸神経束**とそれから直角に分岐して内側・外側へと走る2本の**環状神経束**からなる（図5，6）．1本の環状神経束はそれぞれが2本の終末神経束となり，これがさらに2本に分岐し，それぞれが平均7本の終末として終わる

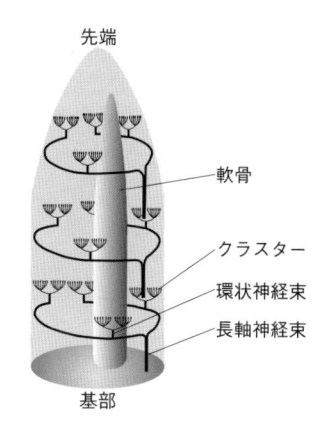

図中ラベル: 先端／軟骨／クラスター／環状神経束／長軸神経束／基部

図5　ヒメジのヒゲの味蕾の直行型の神経支配様式の模式図
1本の長軸神経束が機能的単位で，各長軸神経束はこれと直行する2本の環状神経束に分かれて4個のクラスター，合計約54個の味蕾を支配する．環状神経束の数はヒゲ1mmあたり15本．文献9より改変引用．

(**図6b**)．1本の終末は1個の味蕾に入り込んでいるので（**図6d**），1本の終末神経は2×7＝14個の味蕾のクラスターを支配する．すなわち，1本の環状神経束は14×4＝56個の味蕾を支配することになる．ヒゲの1mmあたりの環状神経束の数を測定して，ヒゲに存在する環状神経束と全味蕾数を推定することができる．たとえば，体長20cmのオジサンは約4cmの長さのヒゲをもち，1mm中に約15本の環状神経束があるので長軸神経束の総数は15×40＝600本で，味蕾総数は600×56＝33,600個と推定される．

個々の神経終末は味蕾の底部中央から入りそこに神経叢を形成する（**図6d**）．この神経叢は茸状にほぼ水平に広がり，神経叢からさらに上に伸長する繊維や，味蕾周囲を走る繊維はほとんどみられない．味蕾の存在しない上皮中やその下の真皮中にも，自由神経終末として終わる神経繊維がときおり観察される．一方，ヒメジの特徴として太い軟骨の周りの軟骨膜の表面や内部に終わる太い繊維が多数存在し，これらの繊維はヒゲの曲がり具合やどのような方向に力がかかっているかを中枢に伝えていると推察される．

オジサンでは長軸神経束，環状神経束そして味蕾下部の小束に含まれる神経繊維の数も解析されている[9]．長軸神経束，環状神経束および個々の味蕾に入る小繊維束に含まれる繊維の数は約90本とほぼ一致しているので，長軸神

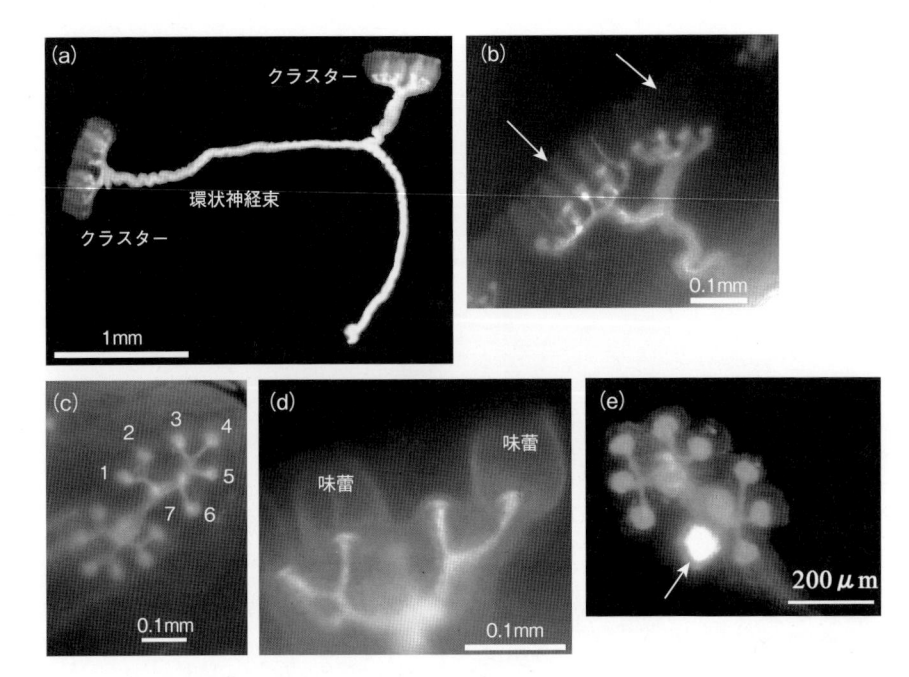

図6 ヒメジのヒゲでの環状神経束とクラスターの関係
(a) 蛍光顕微鏡下で標識した1本の環状神経束を単離したもの．2本の終末神経枝があり，その上に味蕾のクラスターがある．(b) 環状神経束より生じた終末神経枝の分岐．終末繊維束は分岐して，2つのサブクラスターを形成（矢印）．(c) クラスターの表面写真．サブクラスターは7個の終末を形成し，1個のクラスターは14個の終末からなる．(d) 終末神経枝の分岐の様子と味蕾内での終末．個々の終末は味蕾に終わる．(e) クラスター内の終末どうしの連絡．1個の味蕾に色素を注入（矢印），同一クラスター内のすべての終末が標識される．文献9より改変引用．

束に含まれるすべての繊維が分岐をくり返し，56個の味蕾を支配していることになる．脊椎動物の味覚繊維は末端で分岐し複数の味蕾を支配するということは定説になっているが，具体的に支配する味蕾の数を明らかに示したのは，おそらくこのヒメジの例が最初であろう．1個の味蕾に入る1本の神経繊維はさらに味蕾内で枝分かれして，複数の味蕾細胞を支配していると想像される．

3.3 コイの口腔内味蕾の神経支配

コイ科の魚類では味蕾は口腔内に圧倒的に多い[2,3]．味蕾は口腔内天井の前

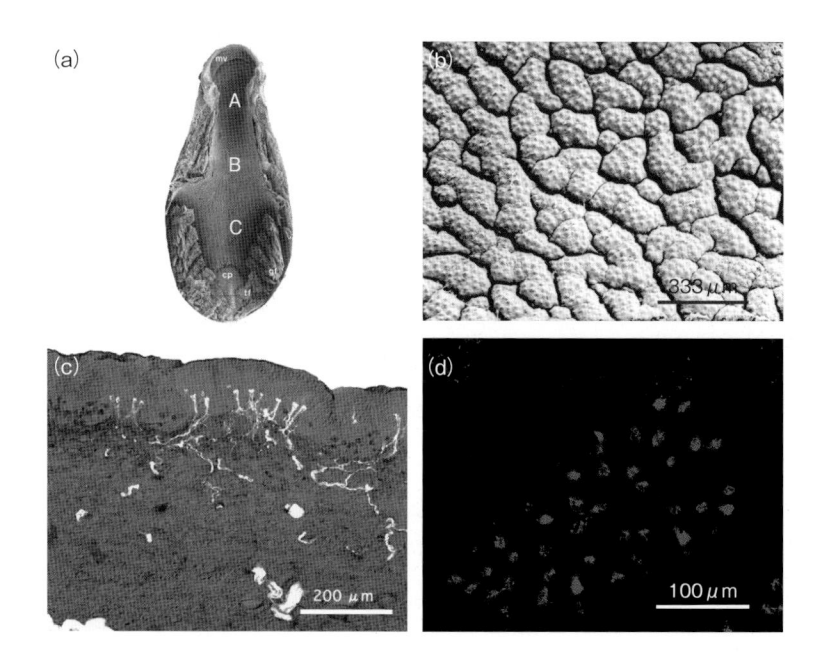

図7 コイの口腔天井後方の口蓋器での味蕾分布と神経支配
(a) コイの口腔天井でCの部位が口蓋器．(b) 口蓋器表面の走査電子顕微鏡像．多数のこぶがみられ，個々のこぶには10〜40の味蕾がみられる．(c) 口蓋器の横断面で神経繊維が標識されている．中央のこぶに多数の神経繊維が終わり，個々の終末は味蕾の中で神経叢を形成している．(d) 1個のこぶの表面から70μmの位置の共焦点レーザー顕微鏡による断層撮影像．味蕾に終わる神経繊維の終末の集塊がみられる．文献22より改変引用．

方の部分では体の前後に走る畝の頂上部に直線的に並ぶ（**図7a**）．後方にいくにつれ，この畝の頂上部が広くなり前後に直行するような形で切れ目が入り，味蕾はやはりこの畝の頂上に配置する．この畝は口蓋器ではさらに細かく切れてさまざまな大きさのこぶ状になり，味蕾はこのこぶの表面に集中的に存在する（**図7b**）．このように口腔内のいずれの場所でも，味蕾は上皮の最も高い部分に存在し，低い位置の上皮には存在しない．これは，味蕾が味覚と機械刺激を最も受けやすい位置に分布するためと考えられる．

　これらの味蕾の神経支配様式は口腔内の前後で異なる．前方の部分では神経は前後に直線的に走り，そこより規則的に2〜6個の神経小束が生じてそれぞれ味蕾に入る．このことより，1本の神経繊維の受容野は前後に広がり内外側

方向にはほとんど広がらないことがわかる．すなわち，口腔内前方では，魚は前後方向よりも内外側方向を鋭敏に識別していると考えられる．一方，口蓋器では個々のこぶに存在する味蕾が1つの単位となって1本の神経束に支配されている（図7c, d）．通常短径100 μm，長径200 μmの中に10〜30個の味蕾が存在している．したがって，口蓋器ではこの小さなこぶが1本の神経繊維の受容野になり，口蓋器表面が細かく区画されてそこでの味情報が局在的に迷走葉に伝えられていることになる．

4 第1次味覚ニューロンの形態と機能

　味蕾を支配する神経繊維の細胞体は，顔面，舌咽，迷走神経のそれぞれの脳神経節に存在する[7]．

　ゴンズイの胴体部の味蕾を支配するのは顔面神経の反回根枝である．この神経枝は，尾方から頭蓋内に入り，延髄に対して背外側の位置で反回根神経節を形成する．この神経節は頭部に繊維を送る三叉・顔面複合神経節から明確に区別でき，水平方向に肥大した部分として肉眼でも容易にその場所を判別できる（図8a）．神経節中の細胞体は球形で，その直径は17〜22 μmほどでほぼ同じ大きさである（図8b〜d）．核周部には発達した粗面小胞体，ゴルジ装置，ミトコンドリアが多数みられる．神経節内での細胞体は多くの場合，数10個集合してクラスターを形成する．しかしこれら細胞体どうしは直接接することはなく，グリア細胞の膜から構成される髄鞘様構造を介しており，電気的には絶縁されている（図8d）．これらの細胞体は，味蕾を支配する末梢繊維と，顔面葉に投射する中枢繊維を送る．これらの2種類の繊維の起始部は細胞体の両極に位置し，第1次味覚ニューロンは典型的な双極細胞である（図8b, c）．ゴンズイの末梢側繊維の直径は約3 μmぐらいで，中枢側繊維の約2倍である．このことより末梢側では活動電位はより速い速度で伝わると思われる．側線神経や聴覚神経の細胞体も双極細胞である点は同じであるが，これらのニューロンの末梢繊維と中枢繊維はほぼ同じ直径である．

　味覚ニューロンには，機械刺激に応答するものと化学刺激に応答するものが存在する．チャンネルキャットフィッシュでは両方の刺激に応じるものも報告

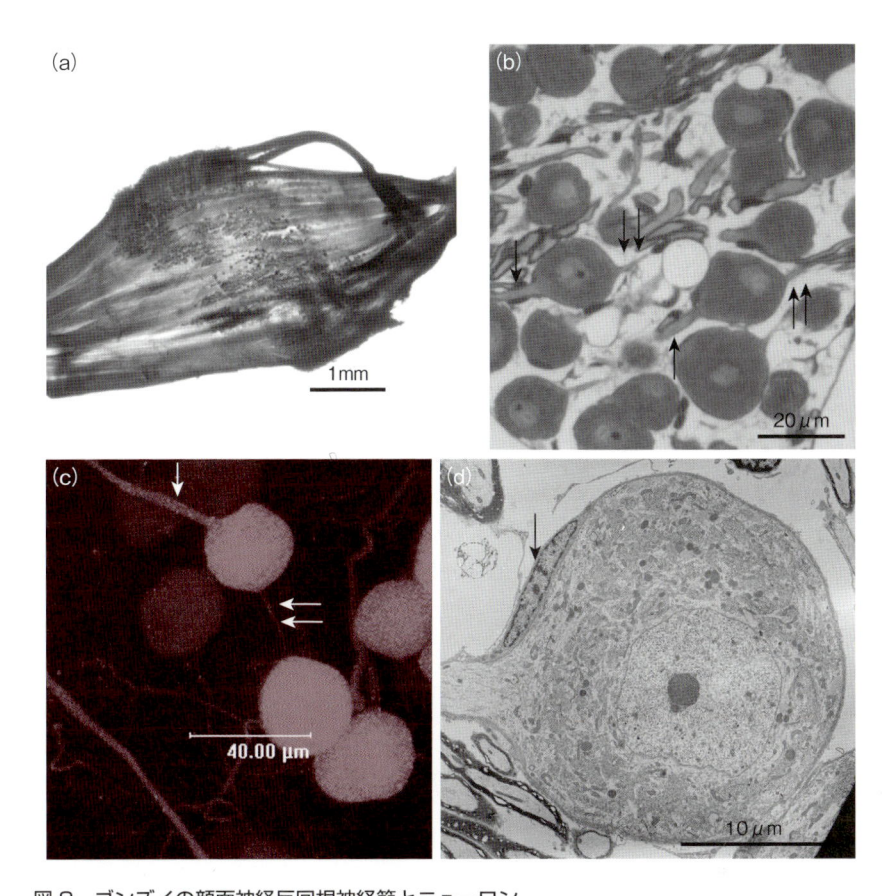

図8 ゴンズイの顔面神経反回根神経節とニューロン
（a）顔面神経反回根神経節で中央に多数の細胞体が存在する．（b）aの切片で細胞体から太い末梢繊維（1矢印）と細い中枢繊維（2矢印）が出るのがわかる．（c）は蛍光標識したニューロンで，太い末梢繊維（1矢印）と細い中枢繊維（2矢印）を出す双極細胞である．（d）は1個の細胞体の電子顕微鏡像．矢印はグリア細胞の核で，細胞体の周りはこのグリア細胞の膜で囲まれている．文献23より改変引用．

されている[10]．一方，ヒガンフグではいずれかにしか応答しない[11]．この魚の**機械感受性ニューロン**は，水流刺激に対して明瞭な動的応答とそれに続く定常的応答を示す．つまり，刺激が続いている限り一定の割合で活動電位を送りつづける．

化学感受性ニューロンの解析は上述の2種とハマギギなどで行われている．

これらのニューロンは，刺激効果を有する化学物質の継続的な刺激に対して動的な応答を示し，そののち2～3秒以内に応答は終わる[12]．つまり味覚器は嗅覚器に比べて順応が早いのが特徴で，化学刺激を受けても最初の数秒間だけに応答する．嗅覚器は環境の化学変化をより継続的にとらえることができ，それを行動発現に利用していると思われる．

一般に魚類の味物質として，アミノ酸，核酸関連物質，有機酸，胆汁酸，無機塩などが重要で，これらに対する応答性と感受性は魚種間で著しく異なる．このことに関しては，すでに多くの総説で詳しく述べられているのでここでは特に触れない[2,3,5]．

5 顔面味覚系と舌咽・迷走味覚系の役割

先にも述べたように体表面と唇およびそれにつづく口腔内上皮の一部に存在する味蕾は顔面神経に支配され，それより後方の口腔内に存在する味蕾は舌咽-迷走神経に支配されることから，味覚を顔面味覚系と舌咽-迷走味覚系に分ける[7]．両者の機能が異なることは行動学と解剖学的に明らかにされ，顔面味覚系は餌の探索と口腔内への取り込みに，舌咽-迷走味覚系は餌の飲み込みと吐き出しに関与している[5,7]．顔面味覚系が高度に発達した魚種，たとえばチャンネルキャットフィッシュでは，味覚は摂餌行動の最初の段階から重要な役割を果たし[7]，逆に体表面にまったく味蕾をもたないような魚，たとえばヒガンフグでは味覚は摂餌行動の最後の部分で役割を果たしている[4]．ヒガンフグに苦味物質であるキニーネを含ませた澱粉団子を与えると，魚はいったんそれを口腔内に取り込んだのち，吐き出す．これは，明らかに舌咽-迷走味覚系を介しての行動である．

6 第1次味覚中枢の構造と機能

2つの味覚系の末梢情報を運ぶ神経は延髄の臓性感覚域に投射して，第1次味覚中枢を形成する．これは延髄の臓性感覚域に存在する1対の縦長の感覚柱である．ここには前方から後方にかけて順に，顔面神経，舌咽神経，迷走神経

が投射する．味覚の発達した魚種ではこの感覚柱が膨隆して，顔面葉（facial lobe）と迷走葉（vagal lobe）に分化している．これら中枢の外形や細胞構築は魚種により著しく異なるが，共通してみられる構築として，体部位局在構築（somatotopic organization）がある．これは末梢の特定領域を支配する神経が中枢内の特定領域に投射し，中枢内で体の各部位が著しく拡大されたり縮小されたりするが全体としては連続的に表されていることである．ここでは，ナマズ型，ヒメジ型，コイ型の第1次味覚中枢について紹介する．

6.1 ナマズ型第1次味覚中枢

ゴンズイの場合，ほかのナマズの仲間と同様，顔面葉のほうが圧倒的に大きく，体表の味覚がより発達している（図9a）．顔面葉の前方2/3には，5つの前後に走る小感覚柱（小葉ともいう）が発達し（図9b，c），顔面葉後方1/3ではこれらの小葉は不明瞭になる．この顔面葉には，末梢の神経分枝が体部位局在的に投射する[1]．すなわち，内側下顎ヒゲ，外側下顎ヒゲ，上顎ヒゲ，鼻ヒゲ，反回根の各神経枝は，5つの小葉の内側から外側の順に別々に終わる．下唇神経枝と上唇神経枝は顔面葉後方の内側部と外側部におのおの終わり，口蓋の前方を支配する口蓋枝はこれらの中間の腹側部に投射する．これは各神経枝の終末部位がほとんど重ならない点で，ほかのナマズのものに比べてより明瞭である[7]．この構築は電気生理学的にも解析され[13]，機械刺激感受性ニューロンの受容野を指標にして，各ヒゲの遠位-近位軸はヒゲ小葉の前方から後方に，体の前後軸は顔面葉の後方から前方に表されることがわかった（図9d）．さらに，化学刺激感受性ニューロンがこの上に散在し，顔面葉には体性感覚地図に味覚感覚地図が重ねられた形になり，地図中では体全体のなかで特に味蕾の分布密度の高いヒゲと唇が拡大されていることがわかった．つまり，ゴンズイは遊泳中，いつでも体のどの部位が機械的あるいは味覚的に刺激されたかを同時にかつきわめて鋭敏に検出することができるようになっているのである．

ナマズのシンボルはヒゲであり，その数と長さは種により異なる．ゴンズイは先に述べたように4対のヒゲをもちほぼ同じ長さである．チャンネルキャットフィッシュは4対であるが長さが異なる．また，日本のナマズ *Silurus asotus* は2対で上顎ヒゲは長く下顎ヒゲは短い．ハマギギの一種 *Arius felis*

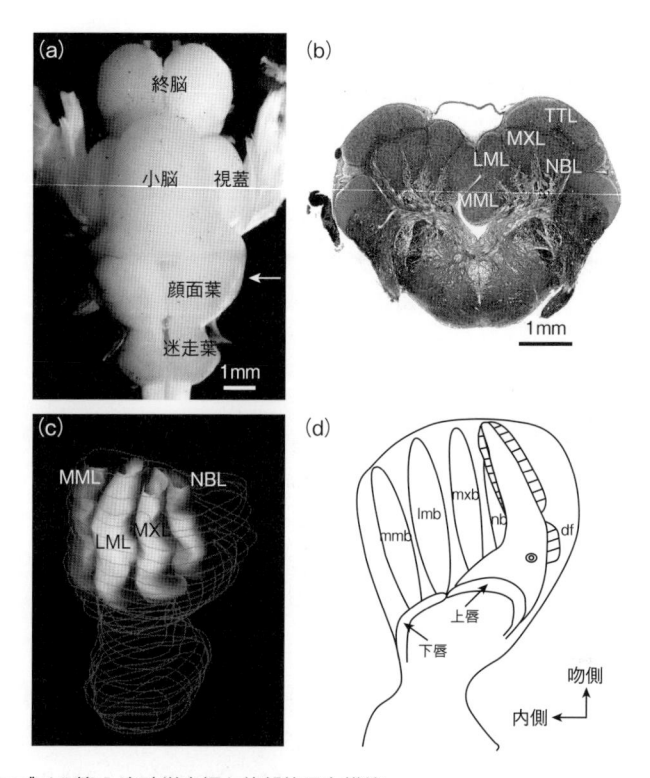

図9 ゴンズイの第1次味覚中枢と体部位局在構築
(a) ゴンズイの脳の背面写真で，延髄に顔面葉と迷走葉が隆起しているのがわかる．(b) aの写真の矢印のレベルでの延髄横断面．4つのヒゲ小葉と胴体小葉がわかる．(c) 右側の顔面葉でのヒゲ小葉の立体表示．各小葉が顔面葉後方から前方に伸び，顔面葉全体の2/3を占める．(d) 顔面葉の触覚と味覚地図の概念図．電気生理学的実験と形態学的実験の結果より作成した．文献25より改変引用．MML：内側下顎ヒゲ小葉，LML：外側下顎ヒゲ小葉，MXL：上顎ヒゲ小葉，NBL：鼻ヒゲ小葉，mmb：内側下顎ヒゲ，lmb：外側下顎ヒゲ，mxb：上顎ヒゲ，nb：鼻ヒゲ，df：背びれ．

は3対の長さが異なるヒゲをもつ．ゴンズイ以外のこれらの魚種についても，顔面葉の構築が解析され[1,4]，顔面葉にはその種がもつヒゲの数と長さに対応したヒゲ小葉と，それらの外側に胴体部に対応した1つの胴体小葉があり，これらの小葉は顔面葉後方から前方に伸長していることがわかった．さらに，顔面葉には末梢で顔面神経とほぼ同じ部位に分布する三叉神経繊維が局在的に投射し，顔面葉での地図形成に関与している[1]．

迷走葉については，チャンネルキャットフィッシュで調べられており[7]，各

末梢神経枝の投射域にかなり重なりがみられ，それほど明瞭な地図ではないようである．ナマズの仲間では，口の中に入れば餌の位置をそれほど細かく特定しなくてよいということになる．

6.2 ヒメジ型第1次味覚中枢

図10aはオジサンと近縁のホウライヒメジ（*P. pleurotaenia*）の脳の背面写真である[9, 14]．背面から見ると顔面葉は尾方にせり出した小脳におおわれているためにその左右の端しかみられないが，小脳の低部に接するほどに膨隆し

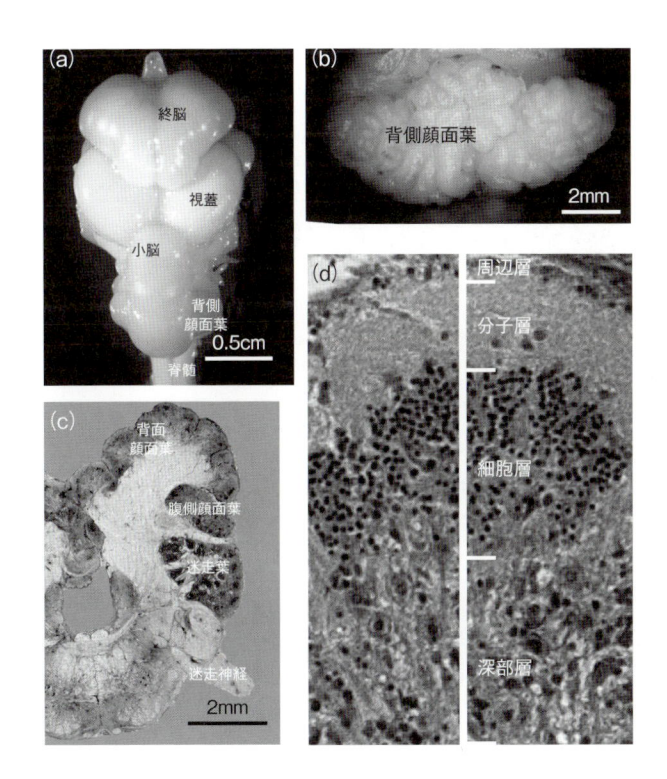

図10 ヒメジの第1次味覚中枢と体部位局在構築
(a) ホウライヒメジ（*P. pleurotaenia*）の脳の背面写真．背側顔面葉は小脳におおわれ，その左右端がみえる．(b) 背側顔面葉の表面．小脳を除去し，顔面葉の上の脳膜を除去．内側に組織が折り込まれ，皺が存在する．(c) 顔面葉の中間部の高さの延髄の横断面．(d) 背側顔面葉の小葉の横断面．小葉は上部の周辺層と分子層，中間部の細胞層，その下の深部層からなる．文献9, 14より改変引用．

ている．小脳を除去し顔面葉をおおう膜状の組織を除去すると，顔面葉の表面は滑らかでなく内側に折り込まれた皺（しわ）がみられる（図10b）．この部位を切片で観察すると，第1次味覚中枢は皺を有する背側顔面葉とその下に腹側顔面葉，さらにその下に迷走葉が存在するのがわかる（図10c）．腹側顔面葉と迷走葉はともに前後に伸びた感覚柱である．ヒメジの背側顔面葉には皺によって生じた多数の小葉がみられ，各小葉には，外側より周辺層，分子層，細胞層，深部層がみられ，細胞層にはさらに外側より小型，中型，大型細胞が層的に配置している（図10d）．このような層的な配置は腹側顔面葉と迷走葉ではみられない．ヒゲ神経束全体に蛍光標識した追跡物を与えると背側顔面葉が吻側から尾方まで全体が標識され，終末繊維は分子層に終わる．つまり，背側顔面葉全体がヒゲを表し，ヒゲが大きく拡大されている．腹側顔面葉には上顎枝と下顎枝の投射がみられ，この部位は上唇，下唇，口腔内上皮に対応している．さらに，背側顔面葉において1本のヒゲがどのように表現されているかを電気生理学的に解析されている．ヒゲは背側顔面葉で連続的に表され，その遠位近位軸は少

Key Word

味蕾（みらい）
脊椎動物の味覚の受容細胞は味細胞であるが，これは哺乳類などでは一般的に，舌の上皮中に，花の蕾（つぼみ）のような形をした球形の空間に存在している．これを味の蕾，すなわち味蕾とよぶ．細長い味細胞の先端の突起の膜に，味物質に反応する受容体が存在する．この受容体にはイオンチャネル型とGタンパク質と連関する代謝型受容体の2種類が知られている．

神経叢（そう）
神経繊維と味蕾の細胞の突起が入り乱れた網目状の構造．

鰓弓と鰓耙（さいきゅうとさいは）
硬骨魚類の鰓装置は5対の鰓弓からなる．各鰓弓の背側に隆起したものを鰓耙とよび，ここにも味蕾が高密度で存在する．鰓弓の腹側に延びる細長い突起を1次鰓弁（さいべん）という．たとえば，図11dでは口蓋器の下に左右各3対の鰓弓の横断面がみえ，その背側に鰓耙，腹側に鰓弁がみえる．鰓耙の表面と口蓋器の間で餌を挟んで餌の選別に関与する（図12）．1次鰓弁の両側には葉状の2次鰓弁が多数並び，そこに発達した毛細血管網でガス交換（外呼吸）を行う．

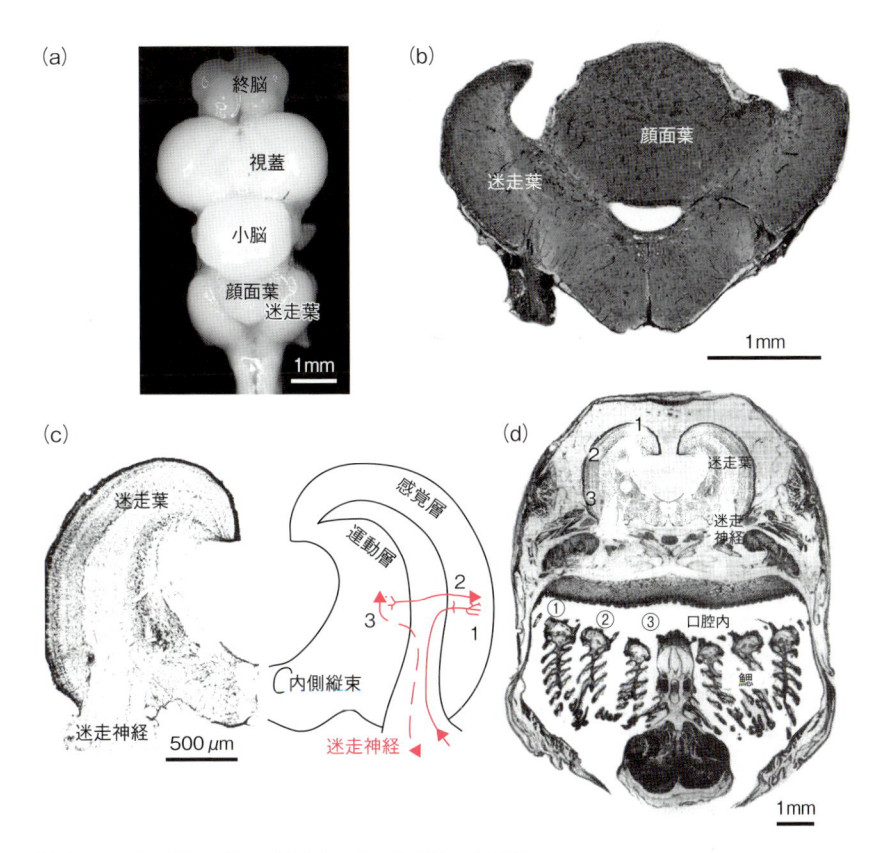

図11 コイ科魚類の第1次味覚中枢と体部位局在構築
(a)コイの脳の背面写真で,左右融合した顔面葉とそれを取り囲むように発達した迷走葉.(b)コイの延髄の横断面で,顔面葉と迷走葉がわかる.(c)キンギョの迷走葉の横断面で,左は神経染色した横断面で,右は迷走葉の感覚層,繊維層,運動層を示す.さらに感覚層は11層に,繊維層は2層,運動層は3層に分けられている.右の図には,迷走神経繊維(1)が感覚層に投射し,感覚層のニューロン(2)が運動層のニューロン(3)に情報を送る反射弓が示されている.文献25より改変引用.(d)キンギョの迷走葉の高さでの横断面で,背面に迷走葉の横断面が拡大して入れてある合成写真である.口腔内の外側①から内側③は迷走葉では背側①から腹側③に表されている.文献17,20より改変引用.

なくとも4回折れ曲がっている[9].

6.3 コイ型第1次味覚中枢

　コイ科魚類(コイ,キンギョなど)は全味蕾数の大半を口腔内にもち,口腔

内味覚が発達している．これを反映して迷走葉が著しく肥大し顔面葉を取り囲むように発達している（図11a, b）．顔面葉は左右が融合しているが，正中面で二分すると左右それぞれ同側の顔面神経の投射を受ける[15,16]．顔面葉の地図では，唇とそれに続く口腔内上皮が特に拡大され，胴体部を表す部位は顔面葉後方半分の背内側部位に存在する．

キンギョの迷走葉は外側から内側方向で，感覚領域，繊維領域，運動領域に区分される（図11c）．さらに，感覚領域は11層，繊維領域は2層に，運動領域は3層，合計16層に細分される[17]．繊維領域は，口蓋器，鰓弓・鰓耙などからの求心性繊維と迷走葉の感覚領域からの出力繊維の通路になっている．第14層は運動ニューロンが存在しその繊維は第15層を通って口蓋器の筋肉を支配する．

この迷走葉にはみごとな体部位局在構築が存在する．ここでは簡単に紹介し，詳しくは文献を参照してもらいたい[17]．口蓋器と鰓弓・鰓耙・鰓弁を含んだ口腔内では，その前方は迷走葉の前方に，後方は迷走葉の後方に表される．口腔内の外側から内側は迷走葉の背側から腹側に表される（図11d）．口蓋器からの入力は第6と9層に終わり，鰓弓と鰓耙からの入力は第4と9層に終わる．つまり，第9層は両方からの入力を受けていることになる．また，鰓弁の繊維は第2層だけに投射する．

7 ナマズ，ヒメジ，キンギョの味覚を介する摂餌行動の神経機構

第1次味覚中枢からの出力経路は，大きく分けて2つある．1つは，橋（脳幹の一部）の上行性第2次味覚核を経て間脳のさまざまな部位に達し，最終的に終脳にも投射する経路である[7]．この経路は味覚が学習などの高次機能に関与するためのものと推察される．その最大の特徴は，第1次味覚中枢でみられる体部位局在構築が完全に消失することである．たとえば，ゴンズイでは，顔面葉の各ヒゲ小葉からの出力は，上行性第2次味覚核の同側と反対側のすべての部位に達し，体の部位に関する情報は符号化されていないようである．もう1つは，第1次味覚中枢から脳幹のさまざまな部位に情報を送り，反射弓を形成する経路である．

次に，ナマズ，ヒメジ，キンギョの特徴ある摂餌行動の味覚反射経路を紹介する．ナマズ（*Ictarulus* 属や *Plotosus* 属）は，餌の存在に気づく（arousal）段階から，探索（search），口内への取り込み（uptake）の段階を経て，摂取（ingestion）に終わる一連の摂餌行動を味覚だけでも遂行できる[4,7]．また，先にも述べたように摂餌行動の最初の3段階は顔面味覚系が関与し，最後の摂取は舌咽・迷走系が関与している．摂餌行動の最初の段階は魚に遊泳行動をひき起こさせる必要があり，そのためには顔面味覚情報は脊髄の運動ニューロンに達しなければならない．これに関しては，ナマズとゴンズイの両方において，脳幹網様体内のニューロンを経由し脊髄に下行する経路と，顔面葉の胴体小葉から直接脊髄に下行する経路の2つの存在が明らかにされている[4,7,18,19]．脳幹網様体に投射する顔面葉内のニューロンはヒゲ小葉中に高頻度でみられ，胴体小葉中には現在までのところほとんど観察されていない．もし仮に，胴体小葉中には脳幹網様体に投射するニューロンがないとしたら，それを補うために胴体小葉から直接脊髄に投射があると推察される．魚類の遊泳行動の神経機構として，中脳の内側縦束核のニューロンが内側縦束を通して脊髄運動ニューロンに投射するのが主要経路として考えられている[4]．ナマズでもこの経路は当然存在すると考えられ，この経路と今回明らかになった2種の顔面葉-脊髄の経路が共同して，摂餌遊泳行動を制御しているものと推察される．顔面葉からは三叉運動核と顔面運動核にも情報が送られ，餌のついばみや口腔内での保持に関与している．一方，舌咽-迷走葉からの情報は疑核に伝えられ，ここに存在する遠心性のニューロンの軸索を介して口腔や咽頭の筋を直接的に収縮させ餌の飲み込みと吐き出しを可能にしている．

 ヒメジはヒゲをまるで手足のごとくみごとに動かして底の表面をなぞり，餌の気配があるとそれを砂の中に突っ込んで激しく動かし正確に餌を口の中にとらえることができる．このヒゲの運動は，ヒゲと下顎付近に繊維を送る舌顎枝を切断して末梢側を電気刺激することにより再現できる．この運動繊維は顔面葉下部に存在する顔面運動核から発する[14]．顔面運動核は，吻方亜核と尾方亜核の2つに分かれ，ヒゲの動きにかかわる筋肉を支配しているのはおもに顔面運動尾方亜核である．追跡物を顔面運動尾方亜核に注入すると，この亜核に対して背内側に位置し第4脳室に沿って発達した顔面中間核の細胞が逆行性に

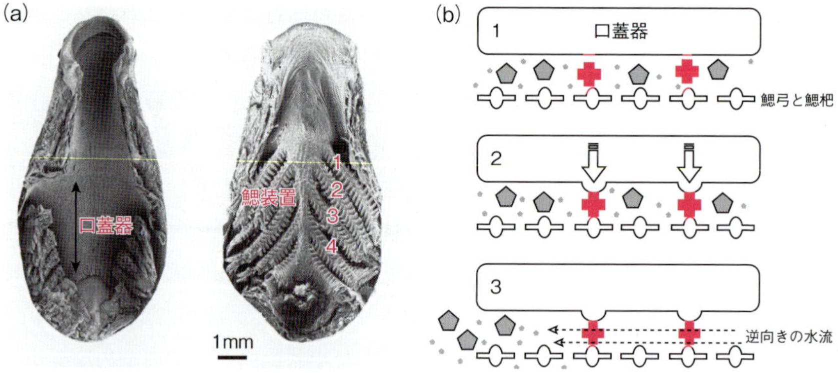

図12 コイ科の魚における口蓋器と鰓弓装置（鰓弓と鰓耙）での餌と基質の選別方法の模式図

（a）コイの口腔内の天井（左）と床（右）の走査電子顕微鏡像．天井の後半には口蓋器がみられ，その口蓋器には鰓弓（1～5）が面している．各鰓弓の表面の多数の隆起が鰓耙である．文献24より改変引用．（b）1は口蓋器と鰓装置の間の餌粒子（赤い十字形）と大小の基質（灰色の丸と五角形）が存在する．2は餌粒子が口蓋器と鰓装置に挟まれ，接触面に存在する味蕾により餌の味覚情報が迷走葉に運ばれ，運動ニューロンの活動によって生じる口蓋器の局所的隆起が餌粒子を固定しはじめている．（c）口蓋器のさらなる局所的隆起により餌粒子は口蓋器と鰓装置でしっかり固定され，そのとき口腔後方から前方に水が流れて基質が口から吐き出される．これらの一連の選別は図11bに示された味覚反射弓で起こる．文献20より改変引用．

標識された．背側顔面葉からこの顔面葉中間核に投射がみられることから，ヒゲの味蕾を支配する顔面神経繊維→背側顔面葉→顔面中間核→顔面神経運動ニューロンを介した反射弓の存在が示唆されている．今後，背側顔面葉内での情報伝達経路を解析し，この部位での体部位局在構築が運動ニューロンへの出力にどのように反映されているかを明らかにする必要がある．

　キンギョは水槽の底の砂に比重のある粒子状の餌を発見すると，餌と砂の混合物を口腔内に取り込み素早く選別を行う．つづいて，砂は口から吐き出され，餌は食道のほうに飲み込まれる．この餌と餌でないものの選別に迷走味覚系の反射弓が関与している．そのしくみは，次のように説明されている[20]．比較的大きな餌の粒子は口蓋器官のこぶ状の隆起（**図7b**）と口蓋器官の下にくる鰓装置（実際には鰓弓か鰓耙）の間に挟まれて固定される（**図12**）．この状態で水が口腔内の奥から前方に逆向きに流れて，砂が吐き出される．残った餌は，次に食道側に運ばれて飲み込まれる．餌が口蓋器官と鰓装置に挟まれてい

るときは，その表面の味蕾が刺激される．口蓋器官の味蕾からの情報は迷走葉の感覚領域の第6と9層に運ばれ，介在ニューロンの樹状突起と興奮性伝達を行う．鰓装置の味蕾からの情報は迷走葉の感覚領域の第4と9層に運ばれ，別の介在ニューロンの樹状突起と興奮性伝達を行う．この2種の介在ニューロンは軸索をその高さの運動域の運動ニューロンに送り興奮性伝達を行う．運動繊維は口蓋器の刺激を受けた味蕾の直下の筋肉に情報を伝えて筋肉を収縮させる．これにより，餌に接している口蓋器のこぶの部分は隆起して餌をしっかりと固定できる．末梢繊維と介在ニューロン，介在ニューロンと運動ニューロンとの間の両方のシナプス伝達物質はグルタミン酸であり，シナプス後膜には2種類のイオン透過型の受容体が共存し，シナプス伝達の制御に関与していることが明らかにされている．

おわりに

コロラド大学のThomas E. Finger教授が，20世紀の代表的な神経科学者であるT. E. Bullock教授の追悼論文[20]のなかで，彼から学んだこととして次のように述べている．"The world is full of wonderful forms of life each has an interesting story to tell, if only you take the time to listen（地球には伝えるべき興味ある物語をもったすばらしい生物で満ち溢れている．しかし，その個々の物語は，あなたが聞こうと努力するときだけわかる）"．30年以上魚類の味覚の比較解剖・生理を志したものとして，心うたれるメッセージである．ここで述べたようにゴンズイ，ヒメジ，キンギョの味覚による摂餌の神経機構について，その概要が少しだけわかりかけてきた．しかし，その大半は依然として謎のままであり自然の奥深さを感じる．さらに，今後もより多くの魚種で研究を系統的に進めることが筆者の夢であり楽しみでもあり，魚類の味覚の解明という目標に一歩ずつでも近づくよう実験に打ち込むつもりである．

引用文献

1) Kiyohara, S., Tsukahara, J. (2005) Barbel taste system in catfish and goatfish. *Fish chemosenses* (eds. Kapoor, B. G. and Reutter, K.), pp. 175-209, Science Publishers
2) Michel, W. C. (2006) *Chemoreception In The physiology of fishes*, third edition (eds. Evans, D. H., Claiborne, J. B.), pp. 471-498, Taylor & Francis
3) Hara, T. (2007) *Gustation, In Sensory Systems Neuroscience*, Fish Physiology Vol. 25 (eds. Hara, T., Zielinski, B.), pp. 45-96, Academic Presss, Elsevier
4) 清原貞夫 (2002)「魚類の味覚 —その多様性と共通性から見る進化」, 『魚類のニューロサイエンス 魚類神経科学研究の最前線』(植松一眞 他 編), pp. 58-76, 恒星社厚生閣
5) Caprio, J., Derby, C. D. (2007) Aquatic animal model in the study of Chemoreception. *The Senses: A Comprehensive Reference*, Vol. 4, Olfaction & Taste (eds. Firestein, S., Beauchamp, G. K.), pp. 97-133, Academic Press
6) Finger, T. E., *et al.* (1996) Differential localization of putative amino acid receptors in taste buds of the channel catfish, *Ictalurus punctatus. J. Comp. Neurol.*, **373**, 129-138
7) Kanwal, J. S., Finger, T. E. (1992) Central representation and projections of gustatory systems. *Fish Chemoreception* (ed. Hara, T. J.), pp. 79-102, Chapman & Hall
8) Sakata, Y., *et al.* (2001) Distribution of nerve fibers in the barbels of sea catfish *Plotosus lineatus. Fisheries Science*, **67**, 1136-1144
9) Kiyohara, S., *et al.*, (2002) The "goatee" of goatfish: innervation of taste buds in the barbels and their representation on the brain. *Proc. R. Soc. Lond. B*, **269**, 1773-1780
10) Davenport, C. J., Caprio, J. (1982) Taste and tactile recordings from the ramus recurrens facialis innervating flank taste buds in the catfish. *J. Comp. Physiol.*, **147**, 217-229
11) Kiyohara, S., *et al.*, (1985) Mechanical sensitivity of the facial nerve fibers innervating the anterior palate of the puffer, *Fugu pardalis*, and their central projection to the primary taste center. *J. Comp. Physiol. A*, **157**, 705-716
12) Kiyohara, S., Hidaka, I. (1991) Receptor sites for alanine, proline and betaine in the palatal taste system of the puffer, *Fugu pardalis. J. Comp. Physiol. A*, **169**, 523-530
13) Marui, T., *et al.* (1988) Topographical organization of taste and tactile neurons in the facial lobe of the sea catfish *Plotosus lineatus. Brain Res.*, **446**, 178-182
14) Kirino, M. *et al.* (2006) Primary taste center in the goatfish of genus *Parupeneus, Fisheries Science*, **72**, 461-468
15) Kiyohara, S., *et al.* (1985) Peripheral and central distribution of major branches of the facial taste nerve in the carp. *Brain Res.*, **325**, 57-69
16) Marui, T. (1977) Taste responses in the facial lobe of the carp, *Cyprinus carpio* L. *Brain Res.*,

130, 287-298
17) Morita, Y., Finger, T. E. (1985) Topographic and laminar organization of the vagal gustatory system in the goldfish, Carassius auratus. *J. Comp. Neurol.*, **238**, 187-201
18) Morita, Y., Finger, T. E. (1985) Reflex connections of the facial and vagal gustatory systems in the brainstem of the bullhead catfish, *Ictalurus nebulosus*. *J. Comp. Neurol.*, **231**, 547-558
19) Kanwal, J. S., Finger, T. E. (1997) Parallel medullary gustatospinal pathways in a catfish: possible neural substrates for taste-mediated food search. *J. Neurosci.*, **17**, 4873-4885
20) Finger, T. E. (2008) Sorting food from stones: the vagal taste system in Goldfish, Carassius auratus. *J. Comp. Physiol. A*, **194**, 135-143
21) Kitoh, J., *et al.* (1987) Fine structures of taste buds in the minnow. *Nippon Suisan Gakkaishi*, **53**, 1943-1950
22) 坂田陽子 他(2001)「コイの口腔内味蕾の神経支配様式」,『日本味と匂学会誌』, **8**, 685-686
23) 山下恵美 他 (2003)「魚類の第一次味覚ニューロンの形態と分離の試み」,『日本味と匂学会誌』, **10**, 497-500
24) Sibbing, F. A., Uribe, R. (1985) Regional specializations in the oropharyngeal wall and food processing in the carp (*Cyprinus carpio* L.), *Neth. J. Zool.*, **35**, 377-422

参考文献

日高磐夫(1991)「味覚」,『魚類生理学』(板沢靖男・羽生 功 編), pp. 489-518, 恒星社厚生閣

Reutter, K. (1992) Structure of the peripheral gustatory organ, represented by the siluroid fish Plotosus lineatus (Thunberg). *Fish Chemoreception* (ed. Hara, T. J.), pp. 60-78, Chapman & Hall

Finger, T. E. (2006) Evolution of taste. *Evolution on Nervous Systems*, Vol. 2 (eds. Kaas, J., *et al.*), pp. 423-442, Academic Press, Oxford

植松一眞 他 編 (2002)『魚類のニューロサイエンス —魚類神経科学研究の最前線』, 恒星社厚生閣

佐藤昌康・小川 尚 編 (1997)『味覚の科学』, 朝倉書店

日本味と匂学会 編 (2004)『味のなんでも小辞典 甘いものはなぜ別腹』, Blue Backs, 講談社

12　動物はどうやって衝突をさけるのか？

中川秀樹

　動物は自分に向かって衝突してくる物体を避けるすべをもたなければ実環境下で生きていくことはできない．脊椎動物と無脊椎動物はその神経細胞と神経系に大きな違いがみられるが，両者の実行する衝突回避行動（collision avoidance behavior）には，驚くべき共通点がある．この目的のために，衝突までの残り時間と接近物体の網膜像の大きさというおもに２つの手がかりを用いていることが，多くの動物を用いた行動実験から明らかとなっている．また，脳の中には，その行動発現の鍵となる衝突感受性神経細胞（collision sensitive neuron）が多くの動物で発見されている．そのなかでも特に研究の進んでいるのはハトとバッタで，彼らの脳には，確かにこの２つの手がかりを符号化している神経細胞が存在していることが実験的に証明されている．さらには，両者に共通してみられる網膜像の大きさを符号化する神経細胞の応答特性が，異なる構成要素と原理に基づいて，どのように生成されているかについても明らかにされつつある．

はじめに

　動物は実環境下で生存していくためには，敵をはじめとした接近してくる物体との衝突を回避しなければならない．これは，私たちヒトも昆虫も同様であ

る．そしてたいへん興味深いことに，これまで調べられてきたさまざまな種類の動物で，衝突を回避するための戦略は共通していることが知られている．この章では，まったく異なる構成原理からなる神経系をもつ脊椎動物と無脊椎動物が，いかにして同様の戦略を実現しているのかについて紹介する．

1 脊椎動物と無脊椎動物の神経細胞と神経系

　無脊椎動物でも脊椎動物でも，環境に適応した行動を発現するために最も重要な役割を果たすのは神経細胞である．ところが，両者の神経細胞には大きな違いが存在する．無脊椎動物の神経細胞は，一般的に細胞体とそれから伸びる第1次神経突起，そしてその先に複雑な枝分かれをした樹状突起，そしてさらにその先に長く伸びる軸索からなっている．一方，脊椎動物の神経細胞は，細胞体とそれから放射状に伸びている樹状突起，そしてやはり細胞体から出て長く伸びる軸索からなっている．この形態の違いは，信号処理の様式の違いを反映する．無脊椎動物の神経細胞は，樹状突起でほかの神経細胞からの入力を受けとり，やはり樹状突起の内部で多くの神経細胞からやってくる入力を統合する．そして，統合された結果は，軸索を伝わって次の神経細胞に伝えられていく．一方，脊椎動物の神経細胞は，樹状突起と細胞体でほかの神経細胞からの入力を受けとり，一般的にそれらの入力は細胞体の中で統合される．そしてその計算結果は細胞体から直接出ていく軸索を伝わって次の神経細胞へと伝えられる．このように，無脊椎動物では細胞体は信号処理にかかわらないのに対して，脊椎動物の細胞体は重要な役割を果たしている．

　これら，構造的，機能的に異なる神経細胞の集団がつくり上げる神経系についてみても，無脊椎動物と脊椎動物とでは大きく異なっている．無脊椎動物の神経系はほかの章に多くの実例が詳しく紹介されているように，多岐にわたっている．ここでは，のちに紹介する研究事例を考慮し，昆虫の神経系をその例として簡単に説明する．昆虫の神経系はいわゆるはしご状神経系で，体節ごとに存在する神経細胞の集団である神経節を，縦連合とよばれる軸索の束がつないでいる構造をしている．細胞体は神経節の中で周りを取り囲むように集まって配置している．樹状突起や軸索は細胞体に囲まれた空間の中で密に分布し，

互いにシナプス接続し，信号のやりとりをしている．この領域を神経叢とよぶ．一方，脊椎動物の中枢神経系は，脳と脊髄からなる．どちらも，細胞体と樹状突起の集団からなる灰白質と，軸索の集団からなる白質で構成されている．脳には皮質構造と神経核とよばれる構造が存在する．前者は，非常に多くの神経細胞が整然と層状構造をなし2次元的に広がる構造であるのに対して，後者は，比較的少数の神経細胞が雑然と集塊をなしている．大脳，小脳，中脳視蓋などが典型的な皮質構造を示し，間脳や延髄には，神経核が多くみられる．

このような神経系の構成原理の違いは，当然それが機能を果たす様式に大きな違いを生じる．実はこの違いは，無脊椎動物の神経機構と脊椎動物の神経機構の研究方法の違いとも深く関連している．無脊椎動物では，個々の神経細胞が行動発現においてたいへん重要な独特のはたらきをするため，そのふるまいを調べることで，それが形成する神経回路のはたらきに迫ることができる．同定可能な神経細胞というものが，無脊椎動物には存在する．同定可能ということは，その神経細胞に固有の名前をつけることができるということを意味しており，同じ種の動物であれば，同じ場所に必ずその同じ細胞が見つかるということをも意味している．このことは，同種の異なる個体を用いて，同じ神経細胞からくり返し活動を記録することを可能にし，特定の神経細胞のふるまいをくり返し調べることを可能にする．これに対し，同定可能な神経細胞をもたない脊椎動物の場合，活動記録の対象となる神経細胞は，同じような機能をもつ多くの神経細胞集団の中のどれか1つであり，けっして特定の神経細胞ではないのである．したがって脊椎動物の脳を研究する際には，つねに膨大な数の神経細胞の集団としてのふるまいを念頭においておかねばならない．脊椎動物の脳の研究に，数学的，理論的手法が欠かせない理由がここにある．

以上述べてきたように，進化系統樹のうえで，まったく異なるグループを構成する無脊椎動物と脊椎動物では，その神経細胞と神経系にも非常に大きな違いが存在している．読者の皆さんは，これほどまでに違う神経系をもつ動物たちは，それがもたらす適応的な行動においても，さぞや違った戦略をとっていることだろうと思われるかもしれない．しかしながら以下にみていくように，実は動物たちは，そのもっている神経細胞と神経系の大きな違いにもかかわらず，驚くほどよく似た生き残りのための戦略を採用しているのである．

2 さまざまな動物で共通する衝突回避行動戦略

　動物がさまざまな環境のなかで生き残っていくためには，襲ってくる敵や障害物との衝突を避ける能力が必要不可欠である．これがうまくできないと，敵に捕食されたり，着地に失敗して地面と衝突したりして，致命的な結果を招きかねない．このことは私たちヒトにおいてもまったく同様である．このような適応的行動ができるからこそ，不意に飛んできたボールを避けたり，現代の過密した交通状況のなかでも時速60 kmで車を運転し，目的地に向かうことができるのである．それでは，私たちヒトを含めて，動物はこの重要なタスクをいったい何を手がかりに，どうやって実行しているのだろうか．ボールが飛んできたとき，あなたはどのような情報をもとに素早く反対の方向に体を動かすのだろうか．前車との車間距離が近すぎると感じブレーキに足を載せるとき，あなたは，いったいその状況の何をもとに危険であると判断しているのだろうか．

　動物が接近してくる物体の網膜像のどのような特徴をもとに衝突の危険を察知できるのかを明瞭に定義したのは，Gibsonである．彼はその代表的著作の1つである *The Ecological Approach to Visual Perception*（『生態学的視覚論―ヒトの知覚世界を探る―』）[1]のなかで，放射相称に加速的に拡大し，接触前の最後の瞬間に拡大が爆発的な率に達する網膜像が，間近に迫った衝突を特定すると述べている．また，このような刺激のことをルーミングとよんでいる．それでは，動物は，このルーミング刺激（looming stimulus）のもつどのような情報をもとに，適応的な回避行動を実行することができるのであろうか．その網膜像からどのような変数を抽出し，回避行動のタイミングを制御しているのであろうか．

　この疑問に答えるために行われた最初の実験のデータは，陸地から遠く離れた海の上で得られた．カツオドリ（*Sula bassana*）という大型の海鳥がいる．彼らは，上空から魚を認めると，30 mもの高さから海面に向かって突っ込んでいく．その際，初めは舵とりのため翼を広げているが，入水の直前に海面との衝突による衝撃を和らげるため，翼を急速に真後ろに伸展する．LeeとReddishはこの行動のビデオフィルムを解析して，翼を閉じるタイミングが考

えられる変数のどれと最も相関が高いかを調べた[2]．その結果，翼は海面からの高さがある一定値に達したときに閉じられるのでもなく，またダイビングの速度がある一定値に達したときに閉じられるのでもなかった．それでは最もよくこのタイミングを説明できる変数は何であったのか．それは，海面との衝突までの残り時間（time to collision）であった．ただし，この残り時間はすべてのダイビングにおいて一定の値というわけではなかった．それは，ダイビングの持続時間とともに増加した．考えてみればこれは非常に適応的なことである．ダイビングの持続時間が長ければ，加速度によりそれだけ速度は速くなる．速くなれば残り時間の見積もりの誤差が生じやすくなり，衝突のダメージの危険も増大する．そこで，より早く翼を閉じることでこの危険を回避できると考えられる．もう1つ，同じく残り時間の情報を衝突回避行動に利用している例を紹介しよう．それは，カツオドリの研究の翌年に発表されたWagnerによるハエ（*Musca domestica*）の着陸行動の研究である[3]．彼は，黒い球形の物体にハエが着陸する際に速度を減少しはじめるタイミングが，考えられるどの変数と最も相関が高いかを，ビデオフィルムから再現した3次元の飛行軌跡の解析を行うことで明らかにしようとした．着陸直前のハエと球体との距離，球体の網膜像が占める角度，球体網膜像の拡大速度などは，いずれも異なる飛行軌跡のデータごとにばらばらの値を示した．このことは，これらの変数を手がかりに，着陸に備えて速度を減速しはじめるとは考えがたいということを意味している．これに対して，着陸直前の網膜像の拡大速度と網膜像の大きさの比（RREV値：relative retinal expansion velocity）はすべての飛行軌跡においてよく似た値を示し，ハエはこの値がある閾値を越えたときに減速を始めるということが強く示唆された．実は，このRREV値は，接近速度が等速であれば，衝突までの残り時間の逆数に等しくなる（**コラム**参照）．もちろん，着陸行動の多くは等速度で行われることはないが，この結果は，ハエの着陸行動においてもカツオドリのダイビング同様，残り時間が重要な手がかりになっていることを示している．

　それでは，すべての動物は残り時間を手がかりとして物体との衝突を回避しているといってよいのだろうか．ここで，1つ考慮しなければならない大事な点がある．それは，これまで説明してきた2つの例はいずれも，不動の物体に

向かって,動物みずからが接近しているということである.しかしながら,衝突を回避する必要があるのは,このような場合だけではない.草原で草を食んでいるウサギが,空から襲ってくるワシから逃げる場合を考えてみよう.ウサギの眼に映るワシの像は,カツオドリの眼に映る海面やハエの眼に映る球体と

column

コラム

等速度で接近する物体との衝突までの残り時間を網膜像のみから知ることができる

ある瞬間の網膜像のサイズと像の拡大速度の比を計算することで,等速度で接近してくる物体との衝突までの残り時間を知ることができる.ここでは,その理論について説明する.

今,物体のサイズを R,時刻 t での物体の距離を $z(t)$,物体の速度を V,そして,時刻 t での網膜像のサイズを $r(t)$,網膜像の拡大速度を $r'(t)$ とすると,

$$\frac{z(t)}{R} = \frac{1}{r(t)} \quad \cdots\cdots ①$$

が成り立つ.ここで,両辺を t で微分すると,

$$\frac{V}{R} = \frac{r'(t)}{r(t)^2} \quad \cdots\cdots ②$$

となる.式 ① より $R = z(t) \times r(t)$ となるので,これを式 ② に代入すると,$V/z(t) \times r(t) = r'(t)/r(t)^2$ となる.これを簡略化すると,

$$\frac{V}{z(t)} = \frac{r'(t)}{r(t)} \quad \cdots\cdots ③$$

を得る.ここで,$r'(t)/r(t) =$ RREV は式 ③ より衝突までの残り時間の逆数となるので,残り時間 τ は最終的に

$$\tau = \frac{r(t)}{r'(t)} \quad \cdots\cdots ④$$

として求めることができる.時刻 t での網膜像の視角 $\theta(t)$ からも,$R \ll z(t)$ ならば,

$$\theta(t) = \frac{R}{z(t)} \quad \cdots\cdots ⑤$$

という近似式が成り立つという条件のもと,同様の計算により残り時間 τ を求めることができる.

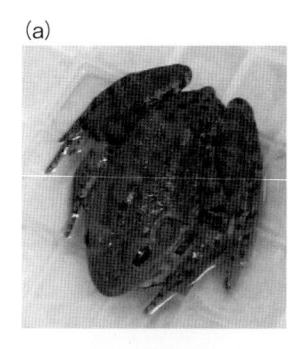

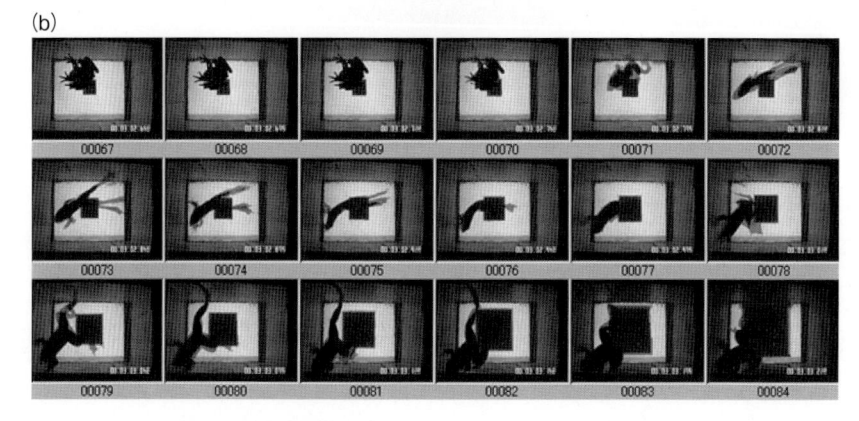

図1 ウシガエルとその衝突回避行動
(a) 実験に用いたウシガエル (*Rana catesbeiana*). (b) 接近物体のシミュレーション画像に対するカエルの衝突回避行動. ステージ下方から撮影した動画を連続静止画としてコンピュータに取り込んだもの. 像の2次元的な拡大が衝突回避行動を発現させる. →口絵7参照

まったく同じように, 放射相称に加速的に拡大し, 接触前の最後の瞬間に拡大が爆発的な率に達する. しかしながら, この場合は事情はまったく異なっている. ウサギは動かず, 動いているのはワシのほうである. このような場合でも, やはり動物は, 残り時間を手がかりに逃避行動をひき起こすのであろうか. このことを調べるために, われわれの研究室で, カエルを使って行った簡単な行動実験の結果をご紹介しよう[4].

実験にはウシガエル (*Rana catesbeiana*) を使用した. カエルは透明な実験台の上におかれ, 上面が透明なケースをその上から被せた. カエルの載った実験台の20 cm上にコンピュータのディスプレイを下向きに配置した. 実験台

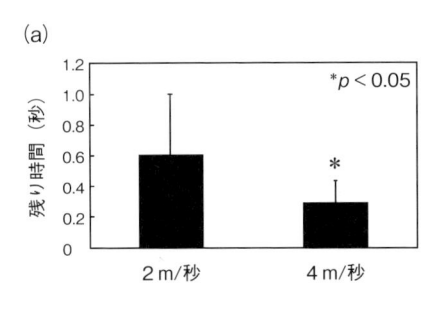

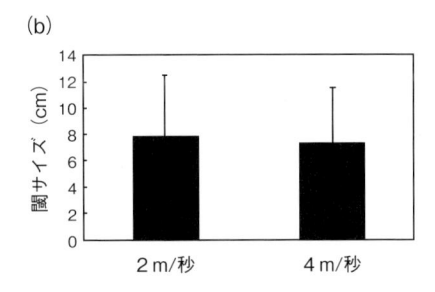

(a) のグラフ: 縦軸「残り時間（秒）」0〜1.2, 横軸 2m/秒, 4m/秒, *p < 0.05

(b) のグラフ: 縦軸「網サイズ（cm）」0〜14, 横軸 2m/秒, 4m/秒

図2　衝突回避行動で利用される手がかり
(a) 速度が毎秒2mおよび毎秒4mで接近してくる物体に対する衝突回避行動の開始時刻から衝突までの残り時間の平均と標準偏差．前者の残り時間は，後者のそれに比べて有意に大きかった．(b) 速度が毎秒2mおよび毎秒4mで接近してくる物体に対する衝突回避行動の開始時刻における，物体の画面上での大きさの平均と標準偏差．両者の間に有意な差はなかった．文献4より改変引用．

の下にはCCDカメラをセットし，カエルの逃避行動をお腹のほうから撮影する．こうして撮影された行動は，ビデオキャプチャーボードを介して解析用のコンピュータに取り込み，さまざまな変数に着目した画像解析を行うのである．アイデアはこうである．物体がカエルの頭上から毎秒2m，または毎秒4mで接近してきたとき，もしも衝突までの残り時間を手がかりに物体との衝突を避けているのならば，逃避行動開始時刻から衝突予定時刻までの残り時間が両者で等しくなるはずである．一方，もしも，網膜に映る物体の像の大きさを手がかりにしているとすれば，逃避行動開始時刻の網膜像の大きさが両者で等しくなり，衝突までの残り時間は，異なっているはずである．このことを確かめるために，カエルの頭上20 cmに設置したディスプレイに，6 mの上空から毎秒2 mまたは4 mで接近してくる黒い35 cm四方の物体の網膜像を再現したものを提示した．この実験では，物体は実際に動物に接近しているわけではないし，ましてや，いつまでたっても衝突などしない．しかし，それでも，カエルは，このあり得ない衝突を避けようと全力でジャンプする（**図1**）．このことは，実際はおそらく，敵の接近に伴い生じるであろう音や，空気の動きも衝突予測に役立つかもしれないが，最も重要な手がかりはGibsonが述べているように拡大する網膜像であることを示している．さて，実験結果に移ろう．**図2**をみていただきたい．(a)に示したのが，異なる2種類の速度で接近してくる物

体に対する衝突回避行動の衝突までの残り時間の平均値と標準偏差である．一方，(b) に示したのが，回避行動を始めた瞬間のディスプレイ上での刺激のサイズの平均値と標準偏差である．これらに統計的手法を適用することで，前者には，速度間で有意な差が存在するのに対し，後者にはそれがないことが判明した．この結果は，カエルは接近してくる空からの敵を回避するために，ダイビングするカツオドリや着陸するハエとは違って，残り時間を手がかりとして利用するのではなく，網膜に映る物体の像の大きさ（retinal image size）を判断基準にしていることを示している．

　実は，接近物体からの回避行動を網膜像の大きさを手がかりとしているという実験結果はほかの動物でもいくつか報告されている．その最も初期のものは，おそらく，Schiff によって 1965 年に行われた古典的な実験であろう[5]．当時はまだコンピュータのディスプレイを使用して容易に刺激を作成できる時代ではなく，彼はそのかわりとして，光源に向かって移動する物体の陰影を光源と反対側のスクリーンに投影する，シャードーキャスティングデバイスとよばれる装置を用いて実験を行った．この装置を用いて，急激に拡大，縮小する像がシオマネキ（*Uca pugnax*）というカニの一種と，ヒヨコに与えられた．その結果，どちらの動物も 25° で像の拡大を停止した場合には回避行動はほとんど観察されず，像が 30° から 35° に達したときに，顕著な回避行動が観察されることがわかった．もう 1 つ，Robertson と Johnson によって行われた飛翔中のバッタ（*Locusta migratoria*）を用いた巧みな実験の結果をご紹介しよう[6]．バッタは大群となって行動することがある．この群集相とよばれる状態にあるバッタは，飛翔中，さまざまな方向に飛んでくる隣接する仲間との衝突を瞬時にして避ける必要に迫られている．Robertson と Johnson はその手がかりが何かを，風洞の中に吊るした仮想飛翔中のバッタに，さまざまな大きさや速度の物体を接近させることで調べた．その結果，衝突を避けるために，腹部を急激に上に向けて動かしはじめるタイミングから衝突までの残り時間は，物体の大きさや速度に依存して変わることが示された．一方，物体検出から腹部運動の開始までの遅延時間を考慮に入れると，回避行動開始時に接近物体の占める視角は，物体の大きさや速度にかかわりなく一定の値であることが判明した．この結果は，飛翔中のバッタは，接近物体の網膜像が約 10° を越えたときに，回避行動を発

現するということを示している．

　これまでに紹介してきた，多くの研究者によるさまざまな種類の動物の衝突回避行動の研究から，動物は物体との衝突を避けるために，その種類にかかわりなく，おもに2つの戦略を採用していることがわかっていただけたかと思う．1つ目は，衝突までの残り時間がある値に達したとき回避行動を開始するという戦略であり，もう1つは，接近物体の網膜像の大きさがある値に達したときにそれを開始するという戦略である．そして，前者はおもに動物自身が不動の物体に向かって接近していく際に用いられ，後者は静止している動物に物体が接近してくる場合に用いられている．では，なぜこのような戦略の違いが進化の過程で生まれてきたのであろうか．動物が不動の物体に向かって接近していく場合，動いているのは動物自身であるので，その接近行動のタイミングはみずから制御可能である．したがって，加速度の存在や，軌道の変化によって複雑となる残り時間の計算を行うための時間的余裕をみずから生み出すことができる．そのため，前者の例として紹介した，カツオドリのダイビングやハエの着陸行動のように，より正確なタイミングでの行動制御が必要とされる場面で残り時間を手がかりとした戦略が用いられるのではないだろうか．一方，物体が動物に向かって接近してくる場合，動物は接近物体の動きを制御するすべをもたないので，時間的余裕のない場合が多いであろう．したがって，行動の正確なタイミングの決定よりも，とにかく衝突を回避するための単純な速い処理が望まれる．カエル，シオマネキ，ヒヨコ，そしてバッタで採用されている網膜像の大きさを手がかりとする戦略がこの目的のためには適していると考えられる．

3 衝突回避行動の神経機構

3.1 ハトとバッタの衝突感受性神経細胞

　1992年，WangとFrostは，ハト（*Columba livia*）の脳の中に衝突までの残り時間を符号化している神経細胞が存在するというたいへん衝撃的な論文を発表した[7]．筆者にとっても，現在の研究テーマにのめり込むきっかけとなった印象深いこの研究について，まずはご紹介しよう．彼らは，コンピュータで

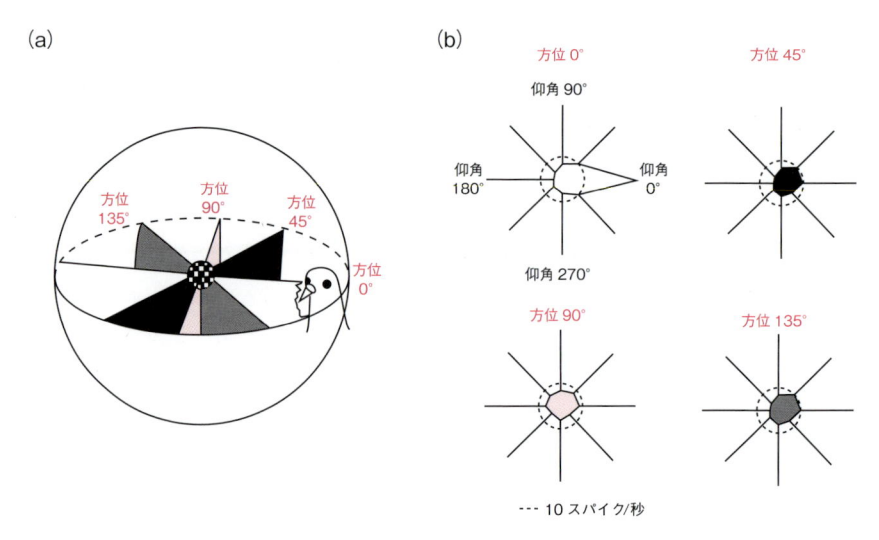

図3 ハトの衝突感受性神経細胞の応答特異性
(a) WangとFrostが行った実験方法の模式図．ハトの前の仮想3次元空間でサッカーボール状の球体を，その中心から4つの方位面上の45°間隔の放射状の軌道に沿って動かした．(b) 4つの面上の45°間隔の軌道に沿った物体の動きに対する衝突感受性神経細胞のスパイク数を，それぞれの軌道上にプロットしたグラフ．衝突を意味する方位0°，仰角0°の刺激に対してのみ，大きな応答を示している．文献7より改変引用．

　作成したバーチャルリアリティーの手法を用いて，ハトに3次元空間における物体のさまざまな運動を提示した．Schiffがシャドウキャスティングデバイスを用いて研究を行っていた時代とは隔世の感があるが，実験に用いられる技術の進歩が新たな発見を生み出す大きな原動力となっていることを改めて実感させられる．ハトは，仮想3次元空間に作成された，方位0°，45°，90°，135°の4つの面上に存在する合計26の軌道上を動く白黒のパネルからなるサッカーボール状の物体を提示された．方位0°の面とはハトの正中面に相当し，90°の面はそれとは垂直で，ハトの前額面に平行な面に相当する（**図3a**）．WangとFrostは，このようなさまざまな方向に動く物体を提示しながら，ハトの視床にあるロツンダス核とよばれる神経核から神経細胞の応答を記録した．

　145個の神経細胞から記録を行った結果，そのうちの24個の細胞が，方位0°の面上の仰角0°の軌道上を動くときのみ，大きな応答を示すことを発見した（**図3b**）．この軌道というのは，ハトにとってまさに衝突コースに相当する．

つまり，これらの神経細胞は，3次元空間中をハトに向かって正面衝突してくるような物体に対してのみ応答を示す衝突感受性神経細胞にほかならない．これらの神経細胞は，衝突物体を検出するのに適したいくつかの特性を示した．まず，片眼視野の受容野はたいへん大きく，およそ視角にして110°にも達する広い範囲をカバーしていた．このことは，この神経細胞が，片眼視野のどの方向から接近してきても，衝突を検出することができるということを意味している．次に，この衝突物体への応答の特異性が，非常に厳密であることが示された．これらの神経細胞の応答は，衝突コースからわずか3.3°ずれただけでも半分まで減少した．最後に，これらの神経細胞は，接近してくる物体の網膜像の拡大には応答を示すが，ハトみずからが動き，物体に接近するときの同様の刺激には応答をほとんど示さないことがわかった．

彼らがこの実験で示したのは，以上の発見にとどまらなかった．彼らは続く実験で，15 m の衝突コースを毎秒3 m で接近してくる直径10 cm，20 cm，30 cm，40 cm そして50 cm の物体をハトに提示した．その結果，衝突感受性神経細胞はいずれの場合も衝突1秒前から活動を始め，そのレベルを衝突の瞬間まで維持した（**図4a**）．さらに彼らは，同じコース上を毎秒1.5 m，2 m，3 m，5 m，そして7.5 m で接近してくる直径30 cm の物体をハトに提示した．結果は先とまったく同じで，いずれの場合も衝突1秒前から始まった活動が衝突の瞬間まで続いた（**図4b**）．これら2つの実験結果から明らかになったことは，彼らが発見した衝突感受性神経細胞は，どのような大きさの物体であれ，どのような速度で接近する物体であれ，物体との衝突前1秒になったときに活動を始め，ハトにそれを知らせる機能をもっているということである．つまり，この発見は，動物が衝突回避行動に利用する1つ目の重要な手がかりとして紹介した衝突までの残り時間を実際に符号化している神経細胞が動物の脳の中にあるという驚くべき事実を初めて世に知らしめたのである．

Frost のグループはさらにこの研究を進めることで，ハトのロツンダス核には衝突までの残り時間を符号化する τ ニューロン（τ neuron）以外に，ρ ニューロン（ρ neuron），η ニューロン（η neuron）という2種類の応答特性の異なる衝突感受性神経細胞が存在することをつきとめ，1998年に発表した[8]．ρ ニューロンと名づけられた衝突感受性神経細胞は，より大きな物体またはより

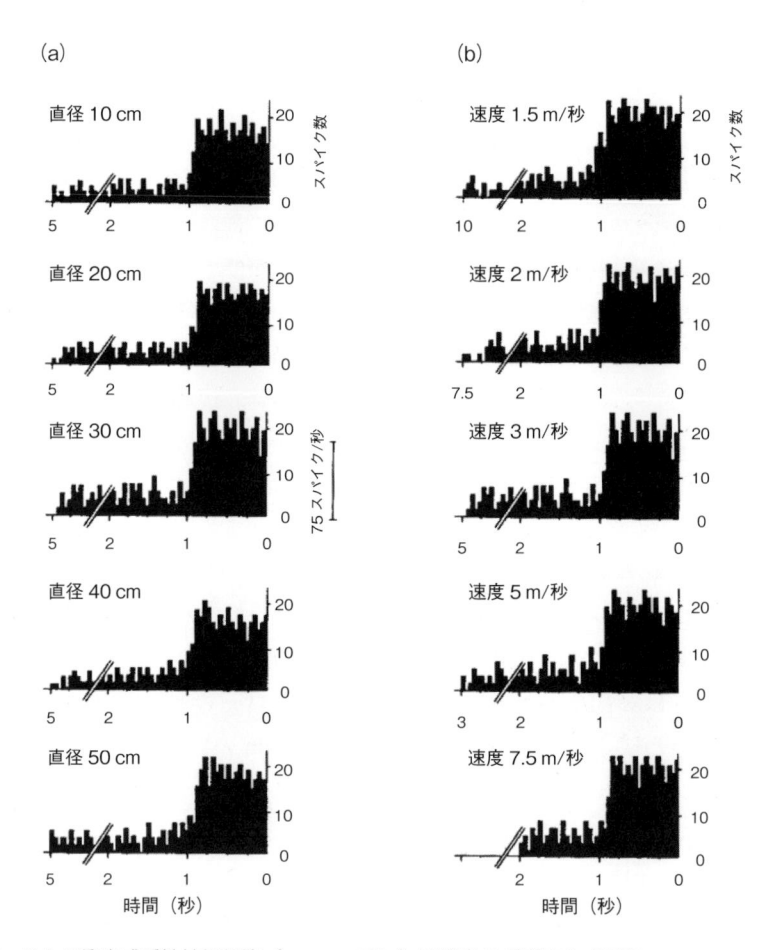

図4 ハトの衝突感受性神経細胞（τニューロン）は衝突1秒前をしらせる
(a) 直径10 cmから50 cmのさまざまな大きさの接近物体に対する衝突感受性神経細胞の活動パターン．いずれの場合も15 mのコースを毎秒3 mで接近している．すべての大きさの物体に対して，衝突1秒前に活動を始め，衝突の瞬間までその活動は持続している．(b) 毎秒1.5 m～毎秒7.5 mのさまざまな速度で接近する物体に対する衝突感受性神経細胞の活動パターン．いずれの場合も15 mのコースを直径30 cmの物体が接近している．すべての速度の物体に対して，衝突1秒前に活動を始め，衝突の瞬間までその活動は持続している．横軸の0秒が衝突時刻を示している．文献7より改変引用．

遅い物体に対してより速く応答を開始し，その応答はτニューロン同様に衝突の瞬間まで高い活動を維持した．このことは，ρニューロンが衝突物体の網膜像の拡大速度を符号化している可能性を示唆した．ηニューロンと名づけられ

たまた別の衝突感受性神経細胞の応答パターンには，ほかにみられない独特の性質がみられた．それは，これらが衝突前にはっきりとした応答のピークをもち，衝突の瞬間には応答はすでに減少しはじめているという点，および大きな物体，遅い物体に対してはρニューロン同様より速く応答を開始するが，その応答の立ち上がりがより緩やかになるという点である．それらはいずれも，網膜像の拡大速度とは相いれない性質である．それでは，ηニューロンは接近物体のどんなパラメータを符号化しているのであろうか．実はηニューロンと同様の応答パターンを示す神経細胞がすでに数年前に Hatsopoulous らによってバッタ（*Schistocerca americana*）の脳神経節の中で発見されていた[9]．LGMD，DCMD とよばれる同定可能なこれらの衝突感受性神経細胞の応答特性については，その符号化しているパラメータを含めたいへん詳細な研究がなされているので，最後にそれらの研究についてご紹介したいと思う．

バッタの脳の中にある **LGMD**（lobula giant movement detector：視小葉巨大運動検出ニューロン）と，そのすぐ後ろにシナプスで接続し，飛翔やジャンプの中枢へと情報を伝えていく **DCMD**（descending contralateral movement detector：下降性反対側運動検出ニューロン）は，1960 年代から多くの研究者の関心を集めてきた．初期の研究では，これらの神経細胞はその方向や方位にかかわりなく，小さな動く物体に対して応答を示し，動物自身の動きによってひき起こされるような視野全体の動きでは抑制を受けるものとして一般に認識されていた．しかしながら，1977 年に Schlotterer が初めて，DCMD が急速に接近してくる物体に対して最もよく応答を示すという事実を発見した[10]．そのあとに続く Rind らのグループによる詳細な応答特性の研究から，これら 2 つの神経細胞が，バッタの衝突感受性神経細胞にほかならないことが証明された[11]．1995 年，Hatsopoulous らは DCMD が接近物体のどのようなパラメータを符号化しているのかを定量的な解析とモデルによる応答の曲線近似によって調べた[9]．毎秒 2.5 m で接近してくる 6 cm の正方形をバッタに提示したところ，DCMD の応答はハトのηニューロン同様衝突前にピークに達し，そののち減少に転じた（**図 5a**）．彼らが行ったことは，DCMD の応答パターンを最もよく再現できる，像の大きさ$\theta(t)$と，像の拡大速度$\dot{\theta}(t)$からなる関数を見つけるということであった．このアイデアは，バッタのような昆虫は両眼視

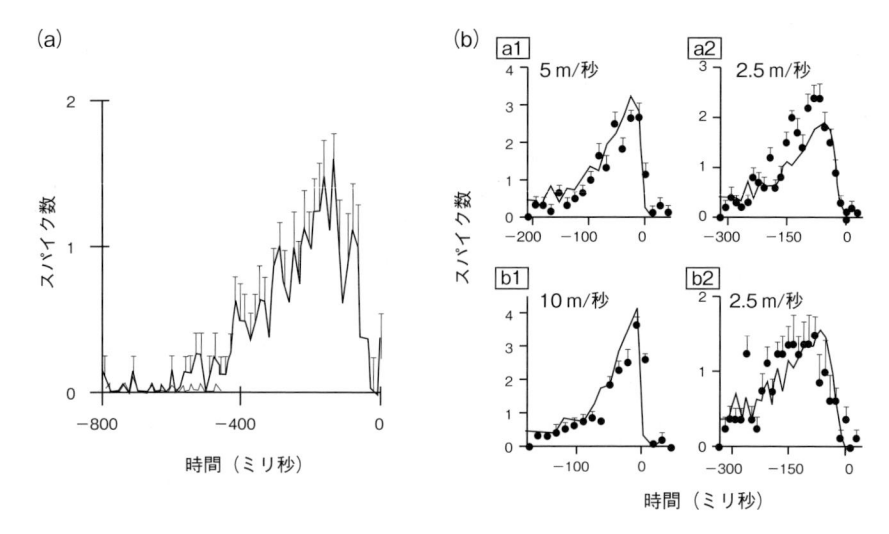

図5 バッタのDCMDニューロンの活動パターンとモデルによる曲線近似
(a) 毎秒2.5 mで接近してくる6 cmの正方形に対するDCMDの活動パターン．横軸0ミリ秒が示す衝突時刻の前に活動はピークを迎え，そののち減少に転じている．(b) a1, a2：それぞれ毎秒5 m，毎秒2.5 mで接近してくる3 cmの正方形に対するDCMDの応答パターン（黒丸）と，$f(t)=C\dot{\theta}(t)e^{-\alpha\theta(t)}$（$C=1.22\times10^{-3}$，$\alpha=8.59$ rad^{-1}）による曲線近似．b1, b2：それぞれ毎秒10 m，毎秒2.5 mで接近してくる4 cmの正方形に対するDCMDの応答パターン（黒丸）と $f(t)=C\dot{\theta}(t)e^{-\alpha\theta(t)}$（$C=1.22\times10^{-3}$，$\alpha=8.59$ rad^{-1}）による曲線近似．いずれの場合も関数はDCMDの応答パターンをよく再現している．文献9より改変引用．

領野が狭く，接近物体を検出するには網膜に映る2次元像を手がかりにしていると考えられるので，その2次元像から簡単に得られるこれら2つの情報をもとに応答が構成されているという考えに基づいている．先にも述べたように，DCMDは小さい物体に特異的に応答を示す．そこでまず，彼らはDCMDの応答が物体の大きさに依存してどのように変化するのかを，視野を横切るさまざまな大きさの正方形を用いて調べた．その結果，応答は物体の大きさが大きくなるにつれて，指数関数的に減少していくことが明らかとなった．そして，この応答の大きさ依存性と像の拡大速度を単純にかけあわせた関数，

$$f(t) = C\dot{\theta}(t)e^{-\alpha\theta(t)} \qquad (C, \ \alpha\text{は定数}) \qquad (1)$$

がDCMDの応答を非常によく再現することができることを発見したのである（図5b）．ところで，この式がいかに単純とはいえ，この式をじっと眺めてい

ても，DCMDやηニューロンが衝突物体のもつどのパラメータを符号化しているのかはわからない．Gabbianiらはこの式をもとに数学的，理論的考察を行うことで，そのパラメータの正体を明らかにした[12]．その詳細をここで述べることは避けるが，彼らの考えの概要についてできるだけ簡単にご紹介してみよう．

神経の活動が上述の式(1)で記述できる場合，物体の半分の大きさ(l)と接近速度(v)の比と，神経活動のピークから衝突までの残り時間(t_peak)の間には，次のような直線関係が成り立つことが導き出せる．

$$t_\text{peak} = \alpha \frac{l}{v} - \delta \quad (\delta \text{は応答遅延}) \tag{2}$$

この条件のもと，活動のピークのδ前の衝突物体の網膜像の大きさ，$\theta_\text{threshold}$を計算で求めると，

$$\tan \frac{\theta_\text{threshld}}{2} = \frac{1}{\alpha} \tag{3}$$

となる．このことは，DCMDの応答のピーク直前の網膜像の大きさは，物体の大きさにも速度にも依存せず，一定の値

$$2\tan^{-1} \frac{1}{\alpha}$$

であることを意味している．彼らが調べたバッタのDCMDの場合，この値は，24°であった．これらの理論的考察から，式(1)で記述される応答を示すDCMDやηニューロンは，実は接近物体の網膜像がある一定の値になったことを検出する**閾値検出器**（angular threshold detector）としてはたらいていることが示されたのである．そしてこの発見は，また，動物が衝突回避行動に利用する2つ目の重要な手がかりとして紹介した網膜像の大きさを実際に符号化している神経細胞が動物の脳の中で発見されたということを意味しているのである．

3.2 衝突感受性神経細胞の応答はどのようにして形成されるのか

この章の最初に，脊椎動物と無脊椎動物の神経細胞とその神経系がどれほど違っているかについて述べた．しかしながら，これまでの説明でご理解いただ

けたように，脊椎動物であるハトと，無脊椎動物であるバッタの脳の中にまったく同じ計算原理に従って衝突物体を検出する神経細胞が存在するのである．神経系を構成する素材とその構成原理は違っていても，実環境下で生き抜くために，彼らは同じような装置を進化の過程で発達させてきたのである．この章の最後に，ハトとバッタは，その衝突感受性神経細胞である，LGMDやηニューロンの閾値検出器としての機能をどのような方法で実現しているのかについて簡単に紹介することにする．

脊椎動物の神経細胞は，集団として機能を果たす．したがって，ηニューロンも，1つの神経細胞というよりも，同様のふるまいをする神経細胞群の中の1つと考えねばならない．この制約は，具体的な応答生成機構を研究するうえでは大きな障壁となっており，この機構を説明することのできる実験的証拠はまだ得られていない．しかしながら，FrostとSunは2004年の総説で，考えられるメカニズムについて提案している[13]．彼らは衝突感受性神経細胞の応答は，ロツンダス核に情報を送る中脳視蓋の局所運動検出細胞からの入力の時空間的統合によって生成されると考えている．衝突感受性神経細胞の広い受容野は，ある点を中心に同心円状に配列する複数の局所運動検出細胞の受容野から構成されており，それぞれの運動検出細胞は，同心円の中心から放射状に動く物体にのみ応答すると仮定する．このような受容野構成をしていれば，その入力を統合する衝突感受性神経細胞は，同心円の中心から拡大する網膜像を特異的に検出することができるであろう．

式 (1) をみていただきたい．この式から，ηニューロンの機能を実現するためには像の大きさ$\theta(t)$とその拡大速度$\dot{\theta}(t)$を検出する必要があることがわかる．彼らは，後者は同心円状に並ぶ運動検出細胞の速度選択性によって符号化され，前者はその受容野の中心からの距離によって符号化されていると考えている．では，バッタのLGMDに関してはどのようなメカニズムが提案されているのであろうか．無脊椎動物であるバッタのLGMDはηニューロンなどとは違い同定可能な神経細胞である．これは，神経回路を研究するうえでの大きな利点となっており，この神経細胞の応答生成機構に関してはGabbianiらのグループを中心として，さまざまな実験的操作に基づく証拠が数多く蓄積されてきている[14]．式 (1) からDCMDは像の大きさと像の拡大速度の積を計

算していることがわかる．DCMDのシナプス前ニューロンであるLGMDはこれら2種類の独立した入力をその樹状突起上に受けとっていることがわかっている．後者は扇状に広げた樹状突起上で受けとる動きと速度に依存する興奮性の入力によるものであり，前者は別の樹状突起領域で受けとられる視野の広い範囲にわたる光のオン，オフ刺激に対する抑制性の入力によるものである．それでは，神経細胞が入力のかけ算を行うとはいったいどういうことであろうか．シナプス電位の時間的，空間的な加重によって，神経細胞が足し算や引き算を実行するというのは，単純で理解しやすい．しかし，かけ算となるとそのメカニズムを想像するのは容易ではない．これに関して，Gabbianiらはこの神経細胞はそれぞれの入力の対数変換を行い，その線形和を計算し，その計算結果を再び指数変換することでかけ算を実行しているという仮設を提案している．残念ながら，この対数変換がどこで，どのようなメカニズムによって実行されているかはまだ不明なままであるが，最終的に計算結果を得るための指数変換は，LGMDが樹状突起で統合されたシナプス後電位を活動電位の発火頻度に変換する際に実行しているという可能性について実験的な証拠が示されている．

　以上述べてきたように，脊椎動物と無脊椎動物は，その神経系の構成要素と構成原理は大きく異なっているにもかかわらず，それぞれの神経系に適した方法により，同じ計算原理に基づく情報処理を行い，身に迫る危険を回避することで，長い年月を生き抜いてきたのである．

おわりに

　異なる原理に従って神経系を発達させてきた脊椎動物と無脊椎動物は，同じ計算原理に基づいて衝突回避行動を行っている．このことは，この計算原理が進化の歴史のなかで動物たちが見つけた最適解の1つであることを示唆している．したがって衝突感受性神経細胞の応答生成メカニズムの研究は，両者の神経系の情報処理様式の一般的な機能原理を明らかにするとともに，母なる自然を設計者とする移動ロボット制御のアルゴリズムの開発に役立つことが期待される．

引用文献

1) J. J. ギブソン（1985）『生態学的視覚論 —ヒトの知覚世界を探る—』, pp. 245, サイエンス社
2) Lee, D. N., Reddish, P. E.（1981）Plummeting gannets: a paradigm of ecological optics. *Nature*, **293**, 293-294
3) Wagner, H.（1982）Flow-field variables trigger landing in flies. *Nature*, **297**, 147-148
4) Yamamoto, K., *et al.*（2003）Input and output characteristics of collision avoidance behavior in the frog *Rana catesbeiana*. *Brain Behav Evol*, **62**, 201-211
5) Schiff, W.（1965）Perception of impending collision: A study of visually directed avoidant behavior. *Psychol Monogr*, **79**, 1-26
6) Robertson, R. M., Johnson, A. G（1993）Retinal image size triggers obstacle avoidance in flying locusts. *Naturwissenschaften*, **80**, 176-178
7) Wang, Y., Frost, B. J.（1992）Time to collision is signaled by neurons in the nucleus torundus of pigeons. *Nature*, **356**, 236-238
8) Sun, H., Frost, B. J.（1998）Computation of different optical variables of looming objects in pigeon nucleus rotundus neurons. *Nature Neurosci*, **1**, 296-303
9) Hatsopoulos, N., *et al.*（1995）Elementary computation of object approach by a wide-field visual neuron. *Science*, **270**, 1000-1003
10) Schlotterer, G. R.（1977）Response of the locust descending movement detector neuron to rapidly approaching and withdrawing visual stimuli. *Can J Zool*, **55**, 1372-1376
11) Rind, F. C., Simmons, P. J.（1992）Orthopteran DCMD neuron: A reevaluation of responses to moving objects. I. Selective responses to approaching objects. *J Neurophysiol*, **68**, 1654-1666
12) Gabbiani, F., *et al.*（1999）Computation of object approach by a wide-field, motion-sensitive neuron. *J Neurosci*, **19**, 1122-1141
13) Frost, B. J., Sun, H.（2004）The biological bases of time-to-collision computation. *Time-to-Contact*（eds. Hecht, H., Savelsbergh, G. J. P.）pp.13-37, Elsevier
14) Gabbiani, F., *et al.*（2004）Multiplication and stimulus invariance in a looming-sensitive neuron. *J Physiol Paris*, **98**, 19-34

参考文献

F. デルコミン（1999）『ニューロンの生物学』, 南江堂
Lee, D. N.（1976）A theory of visual control of braking based on information about time-to-collision. *Perception*, **5**, 437-459

索　引

【数字】
5放射相称 ………………………… 145

【欧文】
γ-アミノ酪酸（GABA）………… 48, 181
η ニューロン …………………………… 227
ρ ニューロン …………………………… 227
τ ニューロン …………………………… 227
FMRFアミド ………………………… 104
GABA　→ γ-アミノ酪酸
GABA作動性 ………………………… 181
GABA作動性神経 ……………………… 48
GnRH ………………………… 100, 185, 188
NGIWYアミド ………………………… 157
otx …………………………………………… 44
RNA干渉法 …………………………… 47, 48

【あ行】
アクチノコリン …………………………… 12
アメーバ …………………………………… 19
アメフラシ類 ……………………………… 74
アメリカカブトエビ …………………… 124
アロモン ……………………………… 14, 15
アンフィド ………………………………… 59

異シナプス的 ……………………………… 81
インパルス ………………………………… 74

ウシガエル ……………………………… 222
ウニ ……………………………………… 159
ウミホタル ……………………………… 123
ウミユリ ………………………… 145, 149
運動検出細胞 …………………………… 232
運動検出ニューロン …………………… 229
運動神経節 ……………………………… 171
運動ニューロン ……… 2, 64, 89, 118, 171
鰓引き込め反射 …………………………… 81
オオタイヨウチュウ ……………………… 12
オキシトシン ……………………… 98, 106
オキシトシンファミリー ………………… 98
オジサン ………………………………… 193
オニグモ …………………………… 130, 141
オプシン ………………………………… 175
温度走性 …………………………………… 63

【か行】
介在ニューロン ………………… 2, 64, 89
概日リズム ……………………………… 141
外節 ……………………………………… 175
外側神経環 ………………………………… 39
外側神経系 ……………………………… 148
回転行動 ………………………………… 132
開放血管系 ……………………………… 112
カイロモン ………………………… 14, 17
化学感受性ニューロン ………………… 203
化学走性 …………………………………… 62
学習 …………………………………… 65, 81
仮足 ………………………………………… 13
下側神経系 ……………………………… 148
可塑性 ……………………………………… 31
可塑的変化 ………………………………… 65
硬さ可変結合組織 ……………………… 152
カタユウレイボヤ ……………………… 169
カツオドリ ……………………………… 219
活動電位 …………………………………… 11
カテコールアミン ……………………… 183
過分極 ……………………………………… 11
加齢 ………………………………………… 67
感覚繊毛 …………………………………… 59

感覚ニューロン ······················ 2, 59	後中眼 ································ 131
感覚ニューロンの多様性 ············ 83	興奮性後シナプス電位 ············· 81
感覚胞 ································ 171	興奮性神経伝達物質 ················ 177
感桿型視細胞 ······················· 175	コガネグモ ··························· 130
感作 ··································· 81	骨格系 ································ 147
管状神経系 ····························· 3	骨片 ··································· 153
環状神経束 ··························· 198	コリン作動性ニューロン ··········· 180
管足 ····························· 147, 159	ゴンズイ ······················ 193, 195
眼点 ··································· 171	
顔面神経 ····························· 197	【さ行】
顔面味覚系 ··························· 204	細胞間接着 ···························· 14
顔面葉 ························· 205, 206	細胞間認識機構 ······················ 14
冠輪動物 ······························ 92	散在神経系 ······················ 3, 22, 24
記憶 ··································· 81	閾値 ··································· 84
機械感受性ニューロン ············· 203	閾値検出器 ··························· 231
キャッチ結合組織 ··················· 152	色彩弁別 ······················· 136, 140
求婚ダンス ··························· 136	嗜好性 ································· 68
棘皮動物 ····························· 145	視細胞 ······················ 45, 131, 175
巨大ニューロン ······················ 88	シナプス ····························· 197
忌避行動 ······························ 61	シナプス結合 ························· 74
忌避物質 ······························ 61	視物質 ································ 175
筋原性 ························· 111, 120	視柄腺 ································· 94
	刺胞 ······························· 23, 37
クモヒトデ ··························· 149	刺胞細胞 ······························ 29
グリシン作動性 ····················· 181	刺胞動物門 ······················· 23, 37
グルタミン酸作動性ニューロン ··· 178	シャコ ································ 116
クロール行動 ························· 78	収縮性結合組織 ······················ 156
群体ボヤ ····························· 169	重力感知機構 ························ 172
	受容器 ··································· 1
結合組織 ····························· 156	順応 ··································· 66
原生生物 ································ 9	松果体 ································ 176
	衝突回避行動 ························ 219
コイ ····························· 193, 209	衝突感受性神経細胞 ················ 227
効果器 ··································· 1	触手 ··································· 13
甲殻類 ································ 110	食道反射 ······························ 34
交感神経系 ···························· 33	自律神経系 ···························· 33
硬骨魚 ································ 192	神経幹 ································· 92
後側眼 ································ 131	神経環 ····················· 36, 59, 92, 149
後退運動 ······························ 64	神経管 ································ 170

神経管の出現	5
神経筋接合部電位	115
神経原性	111
神経細胞の出現	5
神経索	59, 171
神経節	74, 92
神経腺	187
神経叢	208, 218
神経伝達物質	2, 48, 177
神経突起	24
神経複合体	185
神経分泌細胞	158
神経ペプチド	25, 46, 98
心臓神経節	110, 112
心臓拍動機構	110
髄液接触ニューロン	177
水管系	147
スティコピン	157
生体防御系	14
脊索	170
舌咽神経	197
舌咽-迷走味覚系	204
摂餌行動	195, 211
接合	18
摂食	76
摂食行動	27
摂食制御	28
セロトニン	48, 182
セロトニン作動性	88
全か無か	80
前進運動	64
前側眼	131
センチュウ（線虫）	56
前中眼	131
ぜん動反射	34
繊毛運動	11
繊毛型視細胞	175
ソライロラッパムシ	11

【た行】

第1次味覚中枢	204
体腔上皮神経叢	152
大静脈神経分泌系	93
体性神経系	33
耐性幼虫	58, 69
体部位局在構築	205
タイヨウチュウ	19
多シナプス回路	85
脱慣れ	32
脱皮動物	92
脱分極	11
脱糞反射	34
段階的	80
単シナプス回路	85
単シナプス反射回路	82
単体ボヤ	169
中枢神経系	1, 37, 43
中枢神経系の出現	5
中枢パターン発生器	76, 186
腸管神経叢	34
長軸神経束	198
チロシン水酸化酵素	48, 183
定位行動	133
定型行動	76
テトロドトキシン	112, 120
テンシリン	155
頭足類	91
同定ニューロン	75
棘	153
ドーパミン	182
トリコシスト	15

【な行】

内側神経環	38

内柱 …………………………………… 187
ナマコ ………………………………… 153
慣れ …………………………… 31, 64, 81
慣れの解除 ……………………………… 81
軟体動物 ………………………………… 74

脳 …………………………… 44, 187, 218
脳食道下塊 ……………………………… 93
脳食道上塊 ……………………………… 93
脳神経節 ……………………………… 187
脳深部光受容細胞 …………………… 177
ノルアドレナリン …………………… 182

【は行】

背側神経系 ……………………………… 3
ハエ ……………………………………… 28
ハエトリグモ ………………………… 130
はしご状神経系 ………………… 3, 217
バソプレシン ………………… 98, 106
バソプレシンファミリー ……………… 98
ハト …………………………………… 225
バリコシティー ……………………… 100
反口側神経系 ………………………… 148

比較神経生物学 ………………………… 7
光受容器官 ……………………………… 45
光受容細胞 …………………………… 175
ヒドラ …………………………………… 23
ヒメジ ………………………… 195, 207
表皮神経叢 …………………………… 150
表皮ニューロン ……………………… 172
非連合学習 …………………………… 65, 81

フェロモン ………………… 14, 18, 69
副交感神経系 …………………………… 34
副松果体 ……………………………… 176
腹側神経系 ……………………………… 3
腹側神経索 ……………………………… 44
腹足類 …………………………………… 74
付着突起 ……………………………… 171

フナムシ ……………………………… 117
プラナリア ……………………………… 42
ブレファリズマ ………………………… 12
分光感度 ……………………………… 140

平衡器 ………………………… 171, 172
ペースメーカー ……………… 111, 118
ペプチド ………………………… 93, 185

防御行動 ………………………………… 79
傍輓帯細胞 …………………………… 160
放射神経 ……………………………… 150
ホヤ …………………………………… 168
ポリプ …………………………………… 39
ホロキニン …………………………… 157

【ま行】

マダコ …………………………………… 93
マボヤ ………………………………… 170

味覚系 ………………………………… 192
味覚中枢 ……………………… 207, 209
味覚ニューロン ……………………… 202
味覚反射経路 ………………………… 211
味蕾 …………………………… 193, 195, 208

眼 ………………………………………… 45
迷走神経 ……………………………… 197
迷走葉 ………………………… 205, 206
メラトニン ……………………………… 51
メラニン ……………………………… 174
メラニン色素細胞 …………………… 175
免疫組織化学 ………………………… 37, 99

網膜 …………………………… 132, 134
モノアミン類 ………………………… 182

【や行】

ヤコウチュウ …………………………… 13

誘引行動 ･････････････････････････････ 62
誘引物質 ･････････････････････････ 62, 65
遊泳行動 ･････････････････････････････ 79
ユウレイボヤ ･･･････････････････････ 174

抑制性介在ニューロン ････････････････ 85
抑制性神経支配 ･････････････････････ 85
抑制性神経伝達物質 ･･･････････････ 181

【ら行】

ルーミング ･･････････････････････････ 219
ルーミング刺激 ･････････････････････ 219

連合学習 ･･･････････････････････ 65, 66, 137

ロブスター ･･････････････････････････ 113

【Key Word】

D-アミノ酸 ･････････････････････････ 97
RNA干渉法 ････････････････････････ 47
抗体染色（免疫組織化学）･･･････････ 37
鰓弓 ･･･････････････････････････････ 208
鰓耙 ･･･････････････････････････････ 208
刺胞 ･･･････････････････････････････ 37
刺胞動物門 ･････････････････････････ 37
神経叢 ･････････････････････････････ 208
前駆体タンパク質 ･･･････････････････ 97
全載標本 in situ ハイブリダイゼーション
　　法 ･･･････････････････････････････ 47
中枢神経系 ･････････････････････････ 37
ポリプとメジューサ ････････････････ 37
味蕾 ･･･････････････････････････････ 208

MEMO

MEMO

MEMO

MEMO

MEMO

[担当編集委員]

小泉 修（こいずみ　おさむ）

1975年　九州大学大学院理学研究科生物学専攻博士課程 修了（理学博士）
現　在　福岡女子大学人間環境学部 教授
　　　　日本比較生理生化学会 会長
専　門　神経生物学
主　著　『神経系の多様性：その起源と進化』（編著，培風館），『摂食行動のメカニズム』（共著，産業図書），『ブレインサイエンス最前線 '95』（共著，講談社）

動物の多様な生き方 5
Diversity of Animal Life 5

さまざまな神経系をもつ動物たち
神経系の比較生物学

Animals Having Various
Nervous Systems:
Comparative Biology
of The Nervous System

2009 年 7 月 25 日　初版 1 刷発行

編　者　日本比較生理生化学会　ⓒ 2009
発行者　南條光章
発行所　共立出版株式会社
　　　　〒112-8700
　　　　東京都文京区小日向 4 丁目 6 番 19 号
　　　　電話　(03) 3947-2511（代表）
　　　　振替口座　00110-2-57035
　　　　URL http://www.kyoritsu-pub.co.jp/

印　刷
製　本　　錦明印刷

社団法人
自然科学書協会
会員

検印廃止
NDC 480, 481.17
ISBN 978-4-320-05691-6　　Printed in Japan

JCOPY ＜(社)出版者著作権管理機構委託出版物＞
本書の無断複写は著作権法上での例外を除き禁じられています．複写される場合は，そのつど事前に，(社)出版者著作権管理機構（電話 03-3513-6969，FAX 03-3513-6979，e-mail: info@jcopy.or.jp）の許諾を得てください．

日本比較生理生化学会 編

動物の多様な生き方

小泉 修・酒井正樹・曽我部正博・寺北明久・吉村建二郎 編　（敬称略, 50音順）

比べることでみえてくる，動物の多様な生き方・多彩な進化過程。
その魅力を動物学に興味をもつ人たちに広く伝えたい ──
日本比較生理生化学会が，総力をあげて編集する新シリーズ。

　私たちにとってかけがえのないこの地球上には，動物・植物などさまざまな生物が生きている。これらはそれぞれ姿，形，大きさ，また生きる場所も違うように，多様性に満ちている。日本比較生理生化学会ではさまざまな対象動物を用いて，異なる研究手法と異なる階層で，動物の示す生理現象を研究している。その結果，同じ生命現象を扱っても得られる研究結果は多様なものになる。これらは比較することにより，特定の生物現象をより多くの視点から眺めることができ，理解を深めることができる。さらには，どのようにして現在の姿になったかという系統進化的な観点から眺めることも可能にする。そのようにして生物学はますますおもしろくなる。その結果が，本学会の総力を結集して取り組んだ本シリーズ「動物の多様な生き方」である。
　本シリーズでは，「光と動物のかかわり」，「昆虫の行動の神経生物学」，「動物の運動」，「動物の学習」，「神経系と行動」などの本学会が得意にする分野を取り上げ，動物の生理現象の多様性のおもしろさが詰め込まれたものになっている。読者の方々が，本シリーズを読まれ，動物がもつ驚くべき能力，適応の巧みさ，そして多様性のすごさを実感いただければ辛いである。

初学者でも読みやすいよう，重要な用語はKey Wordとして解説。また，関連の深いトピックスもコラムとして充実。

① 見える光，見えない光：動物と光のかかわり
担当編集委員：寺北明久・蟻川謙太郎・・・・・・・・・・・・・・・・・・A5判・258頁・定価3,675円(税込)

② 動物の生き残り術：行動とそのしくみ
担当編集委員：酒井正樹・・・・・・・・・・・・・・・・・・・・・・・・・・・・・A5判・262頁・定価3,675円(税込)

③ 動物の「動き」の秘密にせまる：運動系の比較生物学
担当編集委員：尾﨑浩一・吉村建二郎・・・・・・・・・・・・・・・・・A5判・248頁・定価3,675円(税込)

④ 動物は何を考えているのか？：学習と記憶の比較生物学
担当編集委員：曽我部正博・・・・・・・・・・・・・・・・・・・・・・・A5判・定価3,675円(税込)　2009年8月刊行予定

⑤ さまざまな神経系をもつ動物たち：神経系の比較生物学
担当編集委員：小泉 修・・・・・・・・・・・・・・・・・・・・・・・・・・・・・A5判・256頁・定価3,675円(税込)

共立出版　http://www.kyoritsu-pub.co.jp/